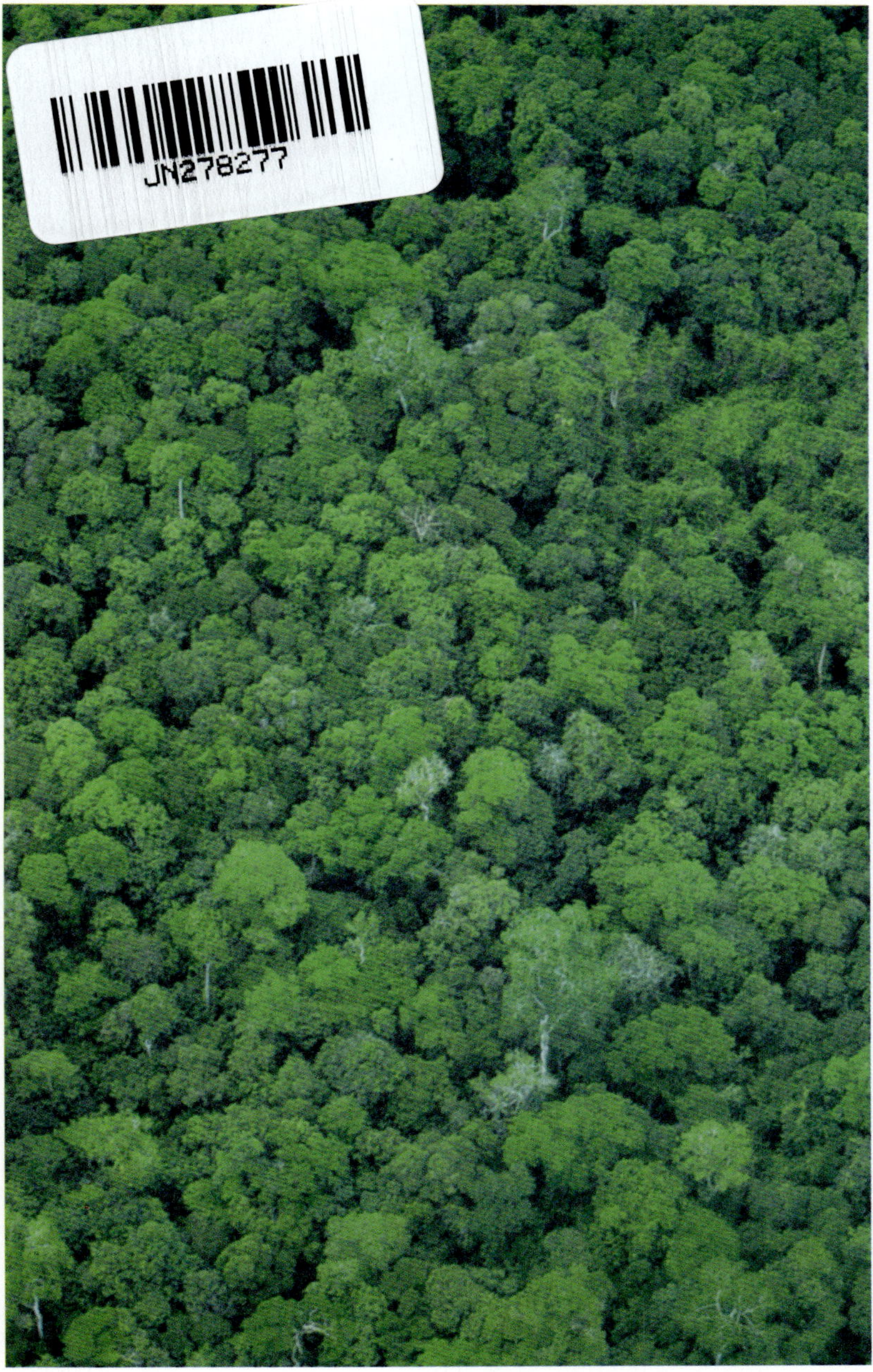

口絵 1　写真の内容は本文・口絵説明でさらに詳しく解説されています。

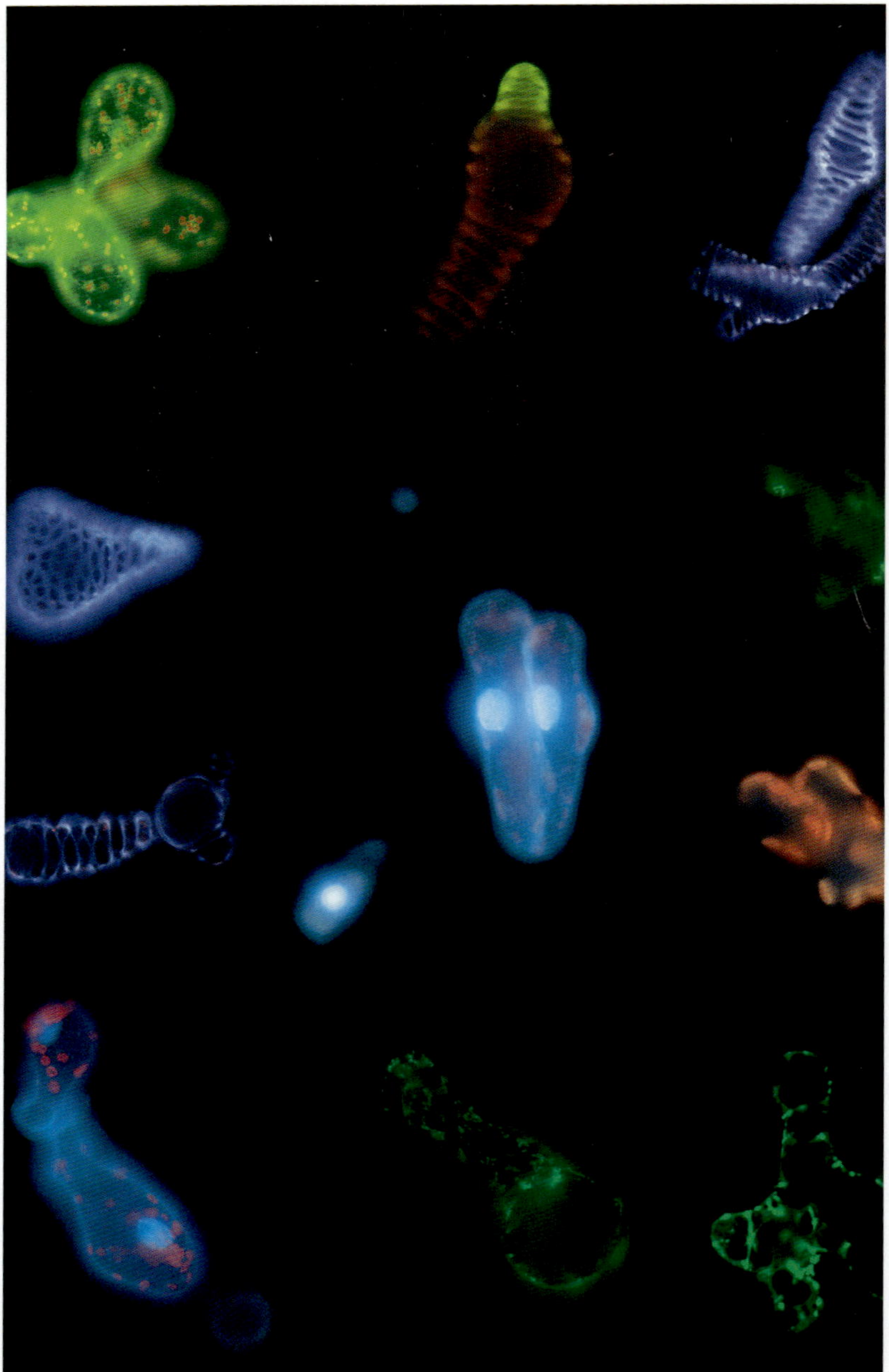

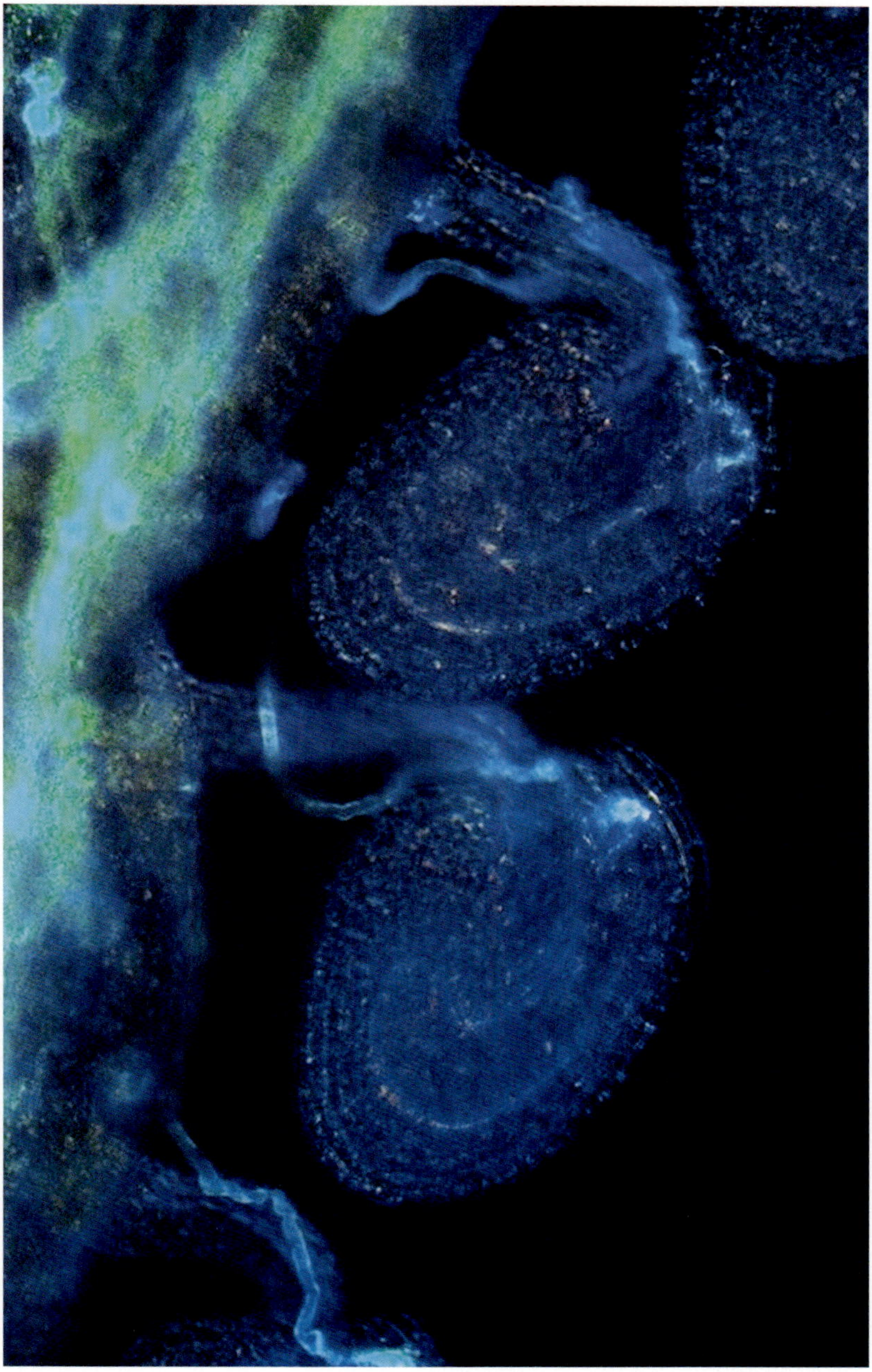

口絵 3

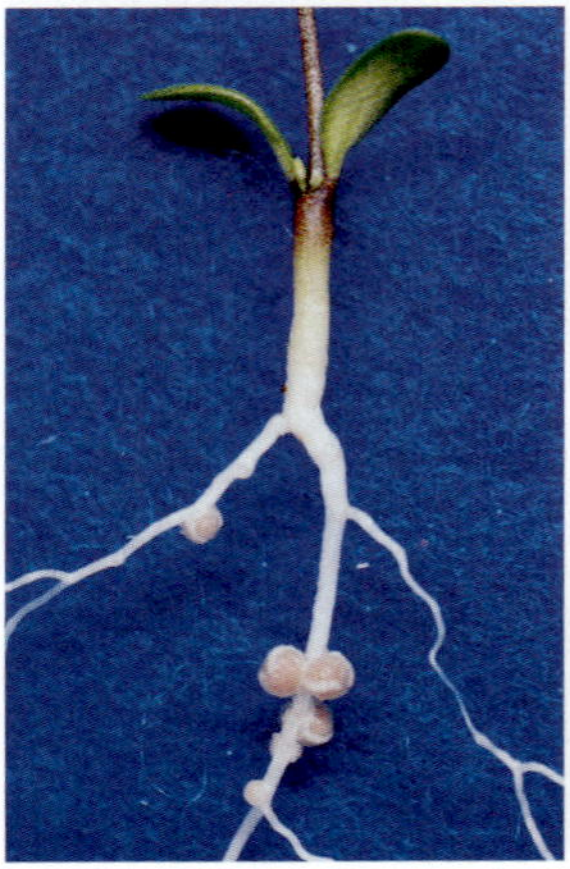

HYBRID RICE

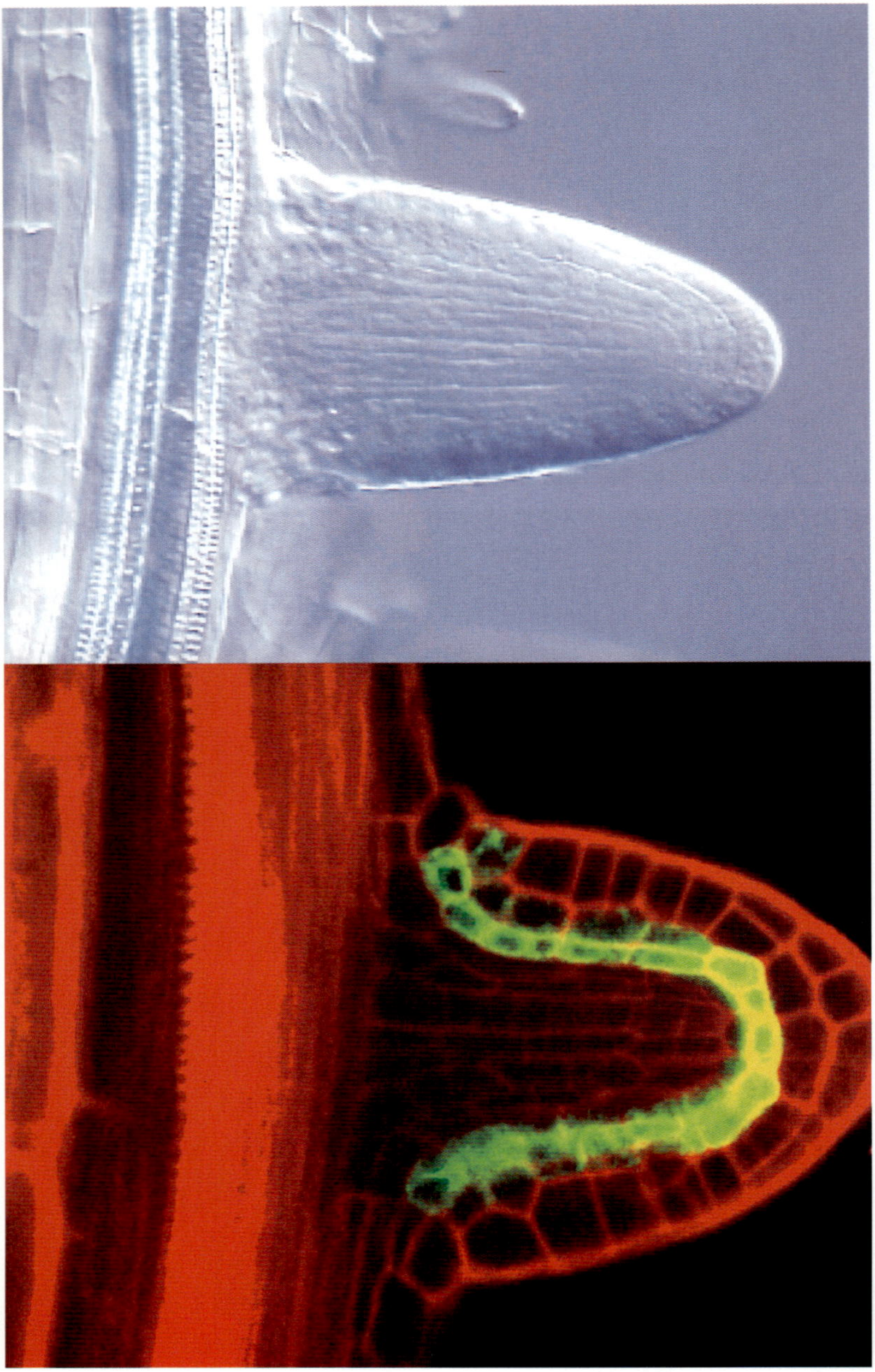

2005. Feb. 12
2005. Mar. 14
2005. Mar. 16
2005. Mar. 19
2005. Mar. 22
2005. Mar. 27
2005. Mar. 29

ASAHI SENSHO

朝日選書 821

植物の生存戦略

「じっとしているという知恵」に学ぶ

「植物の軸と情報」特定領域研究班 編

朝日新聞社

目次

5章　受精のメカニズムをとらえた！

6章　根　植物の隠れた半分　深城英弘……123

7章　根における共生のいとなみ　川口正代司……141

10章 「第2の緑の革命」に向けて

植物の生存戦略
「じっとしているという知恵」に学ぶ

「植物の軸と情報」特定領域研究班編

はじめに

先日、インド哲学を研究している知人と話しているとき、こんなことを聞きました。ヨーガ行者の行《ぎょう》の1つに「木に化す」というのがあるのだそうで、1本足で手を上げて立ち、じっと動かないでそのまま何日も過ごすのだそうです。動くことをやめ、植物と一体化したときに、ヒトには何が見えてくるのでしょうか。

現代社会では、ヒトは動くことができるという能力を過剰に発揮し、疾風怒濤《しっぷうどとう》のごとく人生を終えていきます。この疾風怒濤の生き様《ざま》は、さまざまな箇所での軋轢《あつれき》を生み、のびのびとした生活を奪っているようにも見えます。奇妙なもので、その対極にある生きものとして、地球は植物を進化させてきました。世界は植物と昆虫に支配されているといえるほど、多くの種類の植物が地球上に繁茂《はんも》しています。動くことにエネルギーを使わず、太陽のエネルギーを変換して最小限のエネルギーを有効利用しながら、地球上で何億年もの時を生き抜き繁栄してきた、ヒトの大先輩である「植物の知恵」に、ヒトが学ぶことはないのでしょうか。

私たちは科学者です。行者のように自ら植物と化して、世界を見てみることはできません。しかし、植物と長くしかも親しく接して、植物の優《すぐ》れた知恵に驚嘆《きょうたん》の思いを抱いてきました。この本では、そうした植物の生きる知恵について、みなさんに話してみたいと思います。

その前に、私たちは何者かということをお知らせしておく必要がありそうです。

本書の編者である私たち「『植物の軸と情報』特定領域研究班」は、文部科学省の学術支援のための科学研究費補助金をもらって、平成14年4月から19年3月までの5年間、研究してきた仲間です。科学研究費「特定領域研究」は、世界に先駆けて新しい研究領域をつくりだしていくことを目指すグループに与えられる科学研究費です。私たちが目指したのは、植物の形づくりの仕組みを、植物の「軸」とその軸の形成を支える「情報」の観点から解くことです。これまでに、このグループ研究に直接・間接に加わった研究者は80名で、私がそのグループ研究の代表者を務めていました。自分でいうのもなんですが、この5年間で非常に優れた成果を上げ、世界に誇るべき新しい研究領域をつくりあげることができたと思っています。

この成果は、英語の論文という形で、世界に発信されています。また、私たちは、毎年研究会を開いて、情報を交換し合っていますので、仲間の研究がとても進展し、植物についての新しい考え方が生まれてきているのを実感しています。そして思いました。こんなにおもしろい植物の世界を、研究者仲間の情報だけにとどめておいてよいのだろうか、もっと、社会に広く共有してもらうべきではないか、と。

そこで、読者のみなさんに身近に感じていただけそうな10のテーマ、「植物の形の成り立ち」「葉の形づくり」「花の誘導」「花の形づくり」「受精」「根の形づくり」「根における微生物との共生」「維管束《いかんそく》（器官を結ぶ栄養の運搬路）づくり」「植物ホルモン（器官を結ぶ情報）」「形づくりから作物の改良」を選び、植物の世界を見てもらうことにしたのです。本書ができるまでのいきさつについては、「あとがき」で、本書の編集作業を担当した塚谷裕一さんが書いていますので、そこに譲《ゆず》るとして、ここでは、それぞれのテーマを簡単に説明するとともに、その楽しみ方について書いていくことにしましょう。

第1章「植物と動物――どこが違うのか」は、田坂昌生さんに語ってもらっています。1枚の写真についての問いかけからはじまりますが、その答えの解釈がなんとも印象的です。それを手がかりに、植物と動物を対等に見る見方が語られています。田坂さんは、植物の分裂組織（植物のほとんどすべての細胞をつくりだす組織）の専門家なので、植物の細胞からはじまって体のつくり方にいたるまで、植物のユニークな形づくりの仕組みを熱弁しています。ここで語られているのは、植物の形のつくり方こそ、「じっとしているという生き方」の基になっているということです。

第2章は塚谷裕一さんのパートです。塚谷さんは葉の形づくりの専門家ですが、その造詣《ぞうけい》は深く、分子生物学から形態学、分類学、さらには進化学にまで及んでいます。「葉の形を決めるもの」というタイトルのこの章は文字どおり、葉の形づくりの秘密に迫っています。私たちは葉の形を見て植物の種類を言い当てることもあるように、葉の形は種に特徴的で多様です。この葉の形が、多様な環境下でほかの植物との競争に勝ち抜くために進化してきたものであるという塚谷さんの説は、説得力があります。葉は縦と横に広がり、面として太陽光を集めます。「その縦と横の広がりがそれぞれ別々の遺伝子によって制御される」また「葉の大きさを維持するうえで細胞の不足を細胞の拡張が補償する」という塚谷さんの発見は、植物の環境に対する柔軟性を示す事例として、とても興味深いものです。

第3章は「花を咲かせる仕組み」。70年もの間、人々が探し求めてきた「フロリゲン（花を咲かせる物質）」をついにとらえた、という話を、荒木崇さんに語ってもらいました。荒木さんたちの研究は、「サイエンス」誌が選ぶ2005年の世界的な発見の1つに選ばれています。葉の維管束《いかんそく》でつくられた「FT」という分子（たぶんタンパク質）が「師管《しかん》」を通って茎の先端（茎頂《けいちょう》）に運ばれ、そこで別のタンパク質「FD」と協調することで、「葉や茎をつくる茎頂」を「花をつくる茎頂」へと変える、というエキサイティングな話が語られています。荒木さんはたいへんな苦労のもとにこの大発見に行き着いていますが、その研究の歴史も、本書の見所の1つです。

つづいて第4章は、実際に花がどのようにできてくるかについて、「遺伝子の働きによる花の形づくり」というタイトルで平野博之さんに語ってもらっています。花の形づくりの原理はこんなにシンプルなのかということに、まず驚かされます。少し説明しますと、かかわっている遺伝子にはA・B・Cの3グループあって、双子葉《そうしよう》植物の場合、Aグループの遺伝子は萼《がく》（萼片）をつくり、AグループとBグループの遺伝子が一緒に働くと花びら（花弁）が、BグループとCグループの遺伝子が一緒に働くと雄しべが、Cグループの遺伝子だけが働くと雌しべができる、というのが定説です。さらに双子葉植物と単子葉《たんしよう》植物の違いに触れ、雌しべの形成だけは単子葉植物独自の仕組みがあることを、イネを対象にした自らの研究成果から語っています。植物の花の進化の観点からも、たいへんおもしろい話です。

第5章は本書のハイライトの1つです。タイトルも刺激的で「受精のメカニズムをとらえた!」。この章では東山哲也さんに、自らの研究を中心に語ってもらいました。「重複受精」という言葉はどこかで聞いたことがあるかもしれません。植物の中でももっとも繁栄している被子《ひし》植物の繁栄を支えるともいえる仕組みです。東山さんは、誰もこの目で見たことのなかったこの重複受精の瞬間を見えるようにすることに徹底的にこだわり、そして動画に記録することに成功しました。残念ながら本書では、静止画像でしか紹介できませんが、それでも衝撃的です。さらにその過程で、いろいろなことがわかってきたのですが、詳細は本文に譲ることにしましょう。

第6章の「根——植物の隠れた半分」では、深城英弘さんにより、根のおもしろさ・大切さが語られます。この章を読んで感じるのは、いかに私たちが根について無知なのかということです。「じっとしている」植物にとって、根は高性能のセンサーで、よりよい環境を探索するための重要な器官です。根が重力を感じて曲がること(重力屈性)を知っている人は多いと思いますが、重力を感じる本体がデンプンだと知っていましたか? 私は、この根の重力屈性を、ダーウィンとファーブルが研究していたという件に興味をもちました。ファーブルはあくまで観察に徹し、ここでは述べられていませんが、ダーウィンは実験を試みています。2人の研究者の資質がよくあらわれているといえます。

第7章「根における共生のいとなみ」では、植物にとって根が多様な生物との遭遇《そうぐう》の場であり、そこでは複雑なコミュニケーションが生まれていることが、根における「根粒菌《こんりゅうきん》」や「菌根菌《きんこんきん》」など微生物との共生の研究をもとに語られます。語っているのは、根粒形成の世界的な研究者の川口正代司さんです。地中にはいまだ同定もできない無数ともいえる微生物が住んでいます。植物は、その中に入り込んで、時には攻撃に遭《あ》い、時には攻撃し、時には共生という方法でお互いに協力関係を結びながら、複雑な世界を生き抜いています。このたくましさに驚嘆します。この研究からは、思わぬことがわかってきました。もしかすると、植物に脳があるかもしれないのです。正確にいうと、植物にもどこかに情報を統合し、指令を出す場があるかもしれないのです。根粒がたくさんできすぎると、この根から「根粒がたくさんできたよ」という情報が出ます。そして、これを受けて隣の根に、「もう根粒をつくらなくてもよい」という指令が出ます。このとき、情報はいったん地上に運ばれてから根に戻ってくるのです。まだわかっていませんが、どこかに情報を仲介するシステムがあるに違いありません。

第8章では私自身が維管束という植物の血管とも神経ともいえる組織について「4億年の歴史をもつ維管束」というタイトルで語ります。100メートルもある大木でも、根から吸った水や無機物が木の頂《いただき》まで運ばれます。心臓もないのにどうやって水を運ぶのだろうと不思議に思ったことがありませんか。この働きをするのが維管束という組織、その中でも道管《どうかん》という管です。大切な管なのに、死んだ細胞からできています。どうしてこんな細胞ができるのでしょう。死んだ細胞なのに、どうして働けるのでしょう。この章では、この道管の研究から見えてきた新しい植物の姿をお目にかけたいと思います。

第9章では、「成長をつづけるためのしたたかな戦略」というタイトルで、森仁志さんにより、植物ホルモンの多様な働きが語られます。植物ホルモンを知らずして植物を語るなかれ、体づくり、環境を感じ取ること、恒常《こうじょう》性の維持など、さまざまなところで、この植物ホルモンたちが細胞どうしが連絡をとりあうときのシグナルを伝える物質として活躍しています。このホルモンたちも植物の「じっとしているという戦略」と深く関連しています。なぜなら植物ホルモンは、植物の細胞に特徴的な「細胞壁《さいぼうへき》」という構造を簡単に通り抜けることのできるよう、とても小さい分子が進化の過程で選ばれてきたのです。細胞壁のために、細胞は堅く頑丈《がんじょう》なつくりになります。動き回らない植物には、このような丈夫な細胞が都合がよいのです。

第10章の「『第2の緑の革命』に向けて」では、今後、植物科学の果たすべき役割が、芦苅基行さんにより語られます。9章までで私たちは、植物の生存戦略のおもしろさを語ってきました。しかし、学問的におもしろいだけではなく、植物科学は食糧問題や環境問題などの解決にも役立つのです。具体的な例として、50年ほど前に世界の急激な人口増を支えた多産なイネの品種が、実は「ジベレリン」という植物ホルモンの変わり種であったという、芦苅さんたちの発見が語られます。ということは、ジベレリンをはじめとする植物ホルモンの働きを制御することで、たとえば味が良くてたくさんの粒をつけるイネの品種を短期間に開発できる可能性が出てくるわけです。この結果をもとに、すぐそばに迫っている世界的な食糧不足に、植物科学者としてどのように対応できるかが、具体的な戦略をもって述べられています。

さて、駆け足で全10章の内容を見てきました。読者のみなさんがどのような読み方をするかは、もちろん自由です。私たちとしては、しばしば、ゆがんで伝えられる植物のおもしろさではなく、等身大での植物のおもしろさを伝えたつもりでいます。これにより、植物の体の成り立ちの基本的な理解や中学や高校で習った内容の正しい形での復習（しばしば、教科書の内容は新しい生物学を伝えていないのですが）も可能でしょう。植物という生物の不思議さを実感できるでしょうし、植物の生物としての精緻《せいち》さを実感するかもしれません。植物の生き方の高い経済性に思いを馳《は》せるかもしれません。植物に魅せられた研究者たちの生態については、共感を覚えていただけるといいのですが。いかがでしょうか。地球にある生きものは、ヒトだけではないのです。さまざまな生きものがユニークな行き方で共生しているのです。若い人たちにもぜひ読んでもらってそのことを理解してもらいたいなと思っています。

現在、植物科学は動物やヒトの科学と比べても、もっとも進んだ学問の1つとなっています。そのために、本文中ではしばしば難解な言葉や仕組みが語られることがあります。これは上級者クラスの内容です。むずかしかったら、最初はここを飛ばして読んでみてください。それでも十分に楽しめると思います。そして、理解が進んだらあらためて読んでみてください。そのときに、植物ワールドはさらに大きな拡がりをもって迫ってくるはずです。

福田　裕穂

２００７年４月

1章

植物と動物

どこが違うのか

◉田坂昌生

生命は、約38億年前に海の中で生まれたとされています。生物が陸上で暮らすようになったのは、地球の歴史の中ではかなり最近のことで、植物が陸上に進出したのは、約5億年前といわれています。最初の陸上生物である昆虫は、それに遅れること約1億年、両生類はさらに約4000万年遅れて陸に上がりました。本書で扱う「被子《ひし》植物」は、約1億4000万年前ころにあらわれた、植物の中でももっとも進化した一群です。以来現在にいたるまで、植物と動物はともに繁栄してきたといえます。

ふだんの生活の中で、私たちはどのくらい植物の存在を意識しているでしょう。**図1-1**を見てください。「何が写っていますか」と聞かれたときに、多くの人がまず、「シカ」と答えるのではないでしょうか。しかし、よく見てください。この写真の中の「生きもの」の大部分は植物です。動物である私たちはつい動物を中心に考えてしまいがちですが、周囲を注意深く見渡せば、驚くほどたくさんの種類の草花や木が、いたるところに目につくはずです。にもかかわらず私たちはどうしても、自分たちに比較的近い哺乳《ほにゅう》類のイヌやネコ、あるいはカラス、ハト、スズメのような、どちらかというと大型の動物にばかり注目してしまいます。

図1－1　「この写真には、何が写っているでしょう」(写真提供：奈良市観光協会)

どちらも成功した植物と動物の「生存戦略」

植物と動物では、姿も形も生き方もまったく異なっています。植物と動物の見分けがつかない、という人はまずいないでしょう。しかし、ここであらためて両者を比べてみましょう。

セコイアという植物は、地上部が１００メートル以上にまで成長するといわれています。一方、動物はというと、シロナガスクジラの約34メートルが最大で、セコイアの3分の1くらいの大きさです。

スギが１０００年以上生きるといわれているのに対して、動物では長寿の代表として知られるクジラやカメでも、せいぜい１００年から１５０年といわれています。

植物は一生の間、移動することなく同じ場所で生活していますが、動物はあちこち動いて場所を変えながら生活しています。これが植物と動物のいちばん大きな違いでしょう。

植物は「葉緑素《ようりょくそ》」をもち、太陽光のエネルギーによって、空気中の二酸化炭素と水から、生きていくためのエネルギー源となる糖を合成することができます。これが「光合成」です。太陽の光も空気も水も、どこにでもあるありふれた材料ですから、動き回って探す必要がありません。むしろ、下手に動くと、いまよりも日当たりや水事情の悪いところに行ってしまうかもしれません。

一方で動物は、自前でエネルギー源となる物質をつくりだすことができません。ほかの動植物を食べて栄養を摂取するため、動き回って餌《えさ》となる生きものを探す必要があるのです。

さて、いま見てきたように植物と動物は、姿がかなり違うだけでなく、エネルギーを獲得する方法もかなり違います。これらの違いをまとめると、動物と植物では「体のつくり方」と「環境に対する応答の仕方」がまったく異なる、と表現することができます。植物も動物もたくさんの細胞からできた多細胞生物ですが、細胞の性質や器官のつくり方はまったく異なります。この違いが体の大きさの違いや形の違いに反映されてきます。これが「体のつくり方」の違いで、この点はあとでもう少し詳しく説明します。また、植物は芽生《めば》えた場所から動きませんから、その場所の環境に応じて生活様式や姿を変えて生きていきます。それに対して、動物は自分に合う環境を選んで移動します。これを一言でいうと「環境に対する応答の仕方」の違いです。

現在繁栄している植物や動物の「体のつくり方」と「環境に対する応答の仕方」は、これらの生物が地球上で長い時間をかけて進化してきた間に、淘汰《とうた》をくぐり抜ける過程で獲得してきた性質を反映しています。植物と動物はともに現在陸上で繁栄しています。しかし、「体のつくり方」も

「環境に対する応答の仕方」も大きく異なります。このことは、両者のたどって来た進化の道筋、つまり「生存戦略」が大きく異なったことを示しています。それにもかかわらず、両者ともそれぞれの戦略がうまく機能して、淘汰圧をくぐり抜けてきたわけです。

ここからは、植物の「体のつくり方」について、動物と比較しながらもう少し詳しく解説していくことにしましょう。

植物の体を構成する3つの器官

まず、植物と動物の体がどのようなパーツによってできているのかを見ていきましょう。

植物も動物も、その一生は1つの受精卵からはじまります。受精卵は細胞分裂を繰り返すことで、さまざまな役割を果たす性質の異なった細胞をたくさんつくりだします。同じような性質の細胞が集まって「組織」を形成します。動物の場合「筋組織」とか「神経組織」、植物では「表皮《ひょうひ》組織」「分裂組織」などがあります。いくつかの異なる組織が集まって、1つの機能を果たす「器官」を形成します。この器官が、体をつくる大きなパーツにあたります。

動物の器官には、脳、目、肺、胃、筋肉、血管、骨など実に多くの種類があります。さらに似たような機能を果たす器官をまとめて「器官系」と呼びます。器官系にまとめてもまだその数は多く、消化器系、循環器系、内分泌系、神経系、運動器系などがあります。これは総合病院の診療科の名前に相当しますね。

それに対して、植物の器官は、茎、葉、根の3つしかありません。花も器官ではないか、と思う方もあるかもしれません。しかし、萼《がく》（萼片）、花びら（花弁）、雄しべ、雌しべといった花を構成する器官は、それぞれ葉が変形したものと考えられています。極端にいえば、茎を上下からぎゅっと押し縮め、短くなった茎に複数の葉が規則的に配列されたものが花なのです（花の構造については、第3章と第4章で詳しく説明されています）。

以上のように、器官の種類は動物のほうが圧倒的に多く、植物の器官の種類はきわめて少ないという違いがあります。このことが、植物と動物の体づくりを決定的に違うものにしているのです。動物のように、パーツの種類が多ければ、さまざまなパーツを組み合わせることが可能で、非常に複雑な体をつくりあげることができます。それに対して、植物は3つの種類のパーツしかないため、単純な体づくりをしていきます。

植物の姿を思い浮かべてみてください。地上部では茎と葉が単調に繰り返され、地下部では根がずっとつづいています。植物は動物のように異なる器官を組み合わせるのではなく、同じ器官を繰り返すことで体をつくりあげているのです。

植物は細胞を積み重ねる

植物のすべての茎の先端と根の先端には、細胞をつくりだす「分裂組織」という部分があります。この部分でつくりだされた細胞が、根や茎や葉を形成していきます。

茎の先端（茎頂《けいちょう》）では新しい細胞をどんどん上に積み重ねて伸長していき、根の先端（根端《こんたん》）では下方向に細胞を積み重ねることで根を地下深くへと伸ばしていきます。地下部では根という1つ

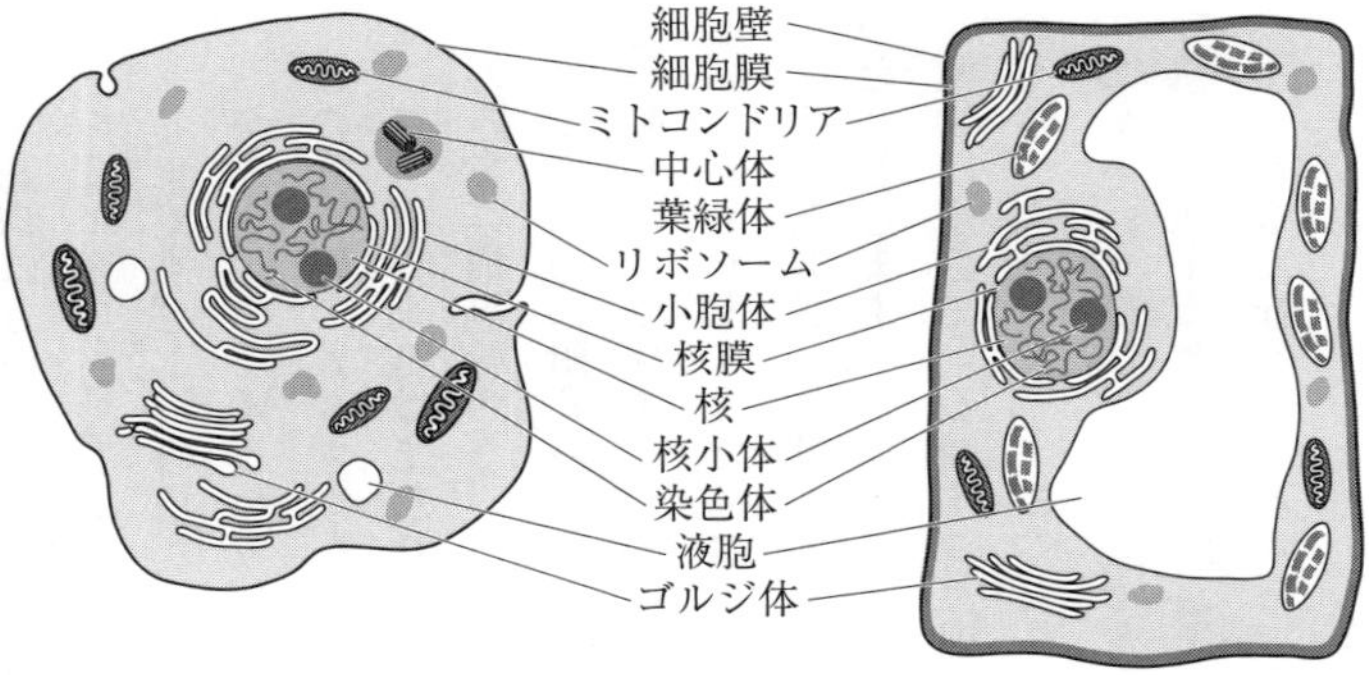

図1－2　動物細胞（左）と植物細胞（右）
比較しやすいように同じくらいの大きさで描いてあるが、実際は植物細胞のほうがずっと大きい。大きさ以外のもっとも大きな違いは、植物細胞には細胞壁があり、葉緑体をそなえていること
（http://evolution.berkeley.edu/evosite/lines/IIDmolecular.shtml を参考に作図）

の器官がずっとつづくだけなので、単純に細胞を積み重ねていけばよいのですが、地上部では茎と葉という2つの器官がつくられます。そのため、細胞の積み重ね方には少し工夫が必要です。基本的に、茎の先端にある分裂組織は常に茎となる細胞をつくっていますが、葉がつくられるときは、分裂組織の一部が細胞を多くつくるようになり、その部分だけがぷくっと盛り上がります。この膨《ふく》らみはどんどん大きくなり、次第に葉を形成します。そして、葉にならない部分では、一定の速さで細胞をつくりだし、均等に細胞を積み重ねることで茎をつくっていきます。

このように、体をつくるときに「細胞を積み重ねる」という方法をとるためには、細胞にある程度の大きさと頑丈さがなければなりません。そこで、植物細胞の性質を理解するために、動物細胞と比較してみましょう（**図1－2**）。

まず、細胞の大きさを比較してみましょう。植物にも動物にもいろいろな大きさの細胞がありますが、たとえば植物細胞の1辺を約50マイクロメートル（1マイクロメートルは1ミリの1000分の1）とすると、動物細胞の1辺は約10マイクロメートルです。1辺の長さについていえば、植物細胞は動物細胞より5倍大きいことになりますが、これが3次元の立体となると、5×5×5で125倍も植物細胞のほうが大きいことになります。

このくらいの大きさになると、細胞がある程度堅くなければ重力によってつぶれてしまいます。そこで、植物細胞はまわりを堅い殻で覆《おお》うことで、そのままの形を維持できるようにしています。この殻を「細胞壁《さいぼうへき》」といい、動物細胞にはありません。相対的に小さな動物細胞では、そのままの状態でも重力に耐えることができます。そして、柔らかいために動物細胞は形を変えたり、体の中を移動したりできます。このように細胞が小さく、形を変えられることは、動物が体を柔軟に動かし、しかも移動するためにはたいへん有利です。反対に、大きくて堅い植物細胞は、形を変化させることは物理的に困難です。そのため植物は、動きが制限され、大きな衝撃を受けると折れてしまったりもします。

植物は生きている間ずっと細胞をつくりつづけます。そのため、1000年もの間ずっと細胞をつくりつづけると、すごく大きな木になります。また、地上部が大きくなるとともに根も大きくなっていき、一般的には、地上部と地下部の大きさはほぼ同じだといわれています。間隔をとらないで植物を植えると地上部があまり大きく育たないのは、地下部がぎゅうぎゅうになって根を張るスペースがなくなっているからです。

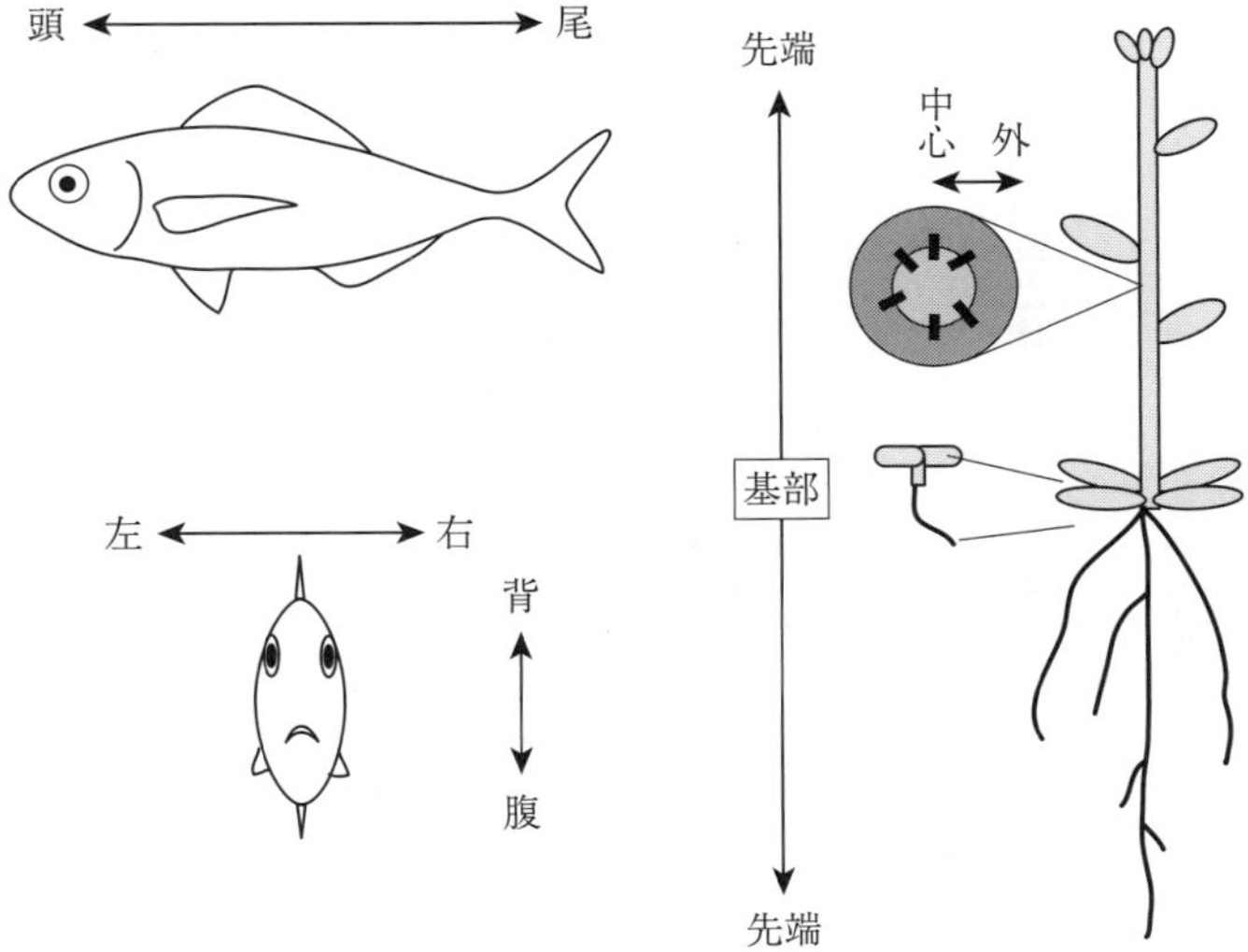

図1-3　動物と植物の体の軸
動物には、頭(上)と尾(下)、前(腹)と後ろ(背)、右と左を決める3本の軸がある。小さな芽生えから成長する植物の場合、体の上下、内側と外側は決まっているが、左右は決まっていない

一生つづく植物の発生

生物が受精卵から完全な成体になるためには、どのようなメカニズムが組まれているのでしょうか。こういったことを研究する学問を「発生学」といいます。

発生を考えるときには、まず、体の「軸」を見ていきます（**図1-3**）。

たとえば、私たちヒトの体で見ると、頭から足にかけての軸が1本、右手・左手というように左右の軸が1本、腹と背中を通る前後の軸が1本と、全部で3つの軸があります。つまり、体の上のほうと下のほう、右と左、前と後ろがそれぞれ決まっているのです。この3つの軸は、動物に共通に存在する軸です。

一方、植物の軸はどのようになっているでしょう。茎と根は地表に対して垂直に伸びています。これが1つの軸です。丸太の断面に年輪が同心円状にいくつも重なっているのを見たことがあるでしょう。これが茎の中心から外にかけての軸です。植物にはこれら2つの軸があり、上と下、内側と外側は決まっているけれど、右と左、前と後ろは決まっていません。

軸の数が2つか3つかで、体づくりの考え方は大きく異なります。動物の場合、軸が3つあることで、体の各部分がそれぞれ「位置情報」をもつことになります。たとえば、「目は頭部前方の左と右に1つずつ」ある、といったように。それにひきかえ植物では、花が体の上のほうにあることはわかりますが、果たしてそれが左側なのか右側なのか、後ろなのか前なのかを判断することができません。

動物の体づくりでは、「胚《はい》」の各部分に「お前は何になれ」という指令が出され、それに従って、形や役割の異なった細胞ができてきます。これを「細胞の分化」といいます。そして最終的に、正確な位置に適切な器官ができてきます。また、動物の基本的な体の構造は、卵から孵《かえ》ったり母体から生み出される前の胚の段階で、ほとんどが完成されています。私たちと赤ちゃんの体を比べてみてください。赤ちゃんが大人になるまでに、体に新しく加わる器官はありません。つまり、胚の段階でつくられた体は、そのままの構造を維持したまま、サイズだけが大きくなり、成熟していくのです。

このように最初に精密な構造がつくられていると、逆境に陥《おちい》ったときに自分で判断し、移動することで悪条件から逃れることができます。判断のための器官、すなわち神経器官があることも、動物が植物と大きく異なっている点でしょう。そして高等な動物は集中した神経器官である中枢（脳）をもつことで、全身を1つの調和をもった動きで統御《とうぎょ》でき、さらに、思考という、より高次の生命現象をいとなむことさえできます。

動物の繁栄は個体数に依存しています。体の一部を損傷したり失ったりすることは、動物にとって死につながる可能性があります。したがって、動物はあらゆる情報を得られるように目や鼻、耳などの感覚器官をつくり、その情報を徹底的に管理するための精密な器官、すなわち脳をつくってきたのでしょう。感覚器官から得られた情報をもとに、脳が自分の置かれた環境や状況に応じて、つぎに何をするかを総合的に判断し、体を動かしたり、移動したりするという仕組みをつくりあげました。動物は、繊細で精密に機能する複雑な個体をつくる方向に進化してきたのです。

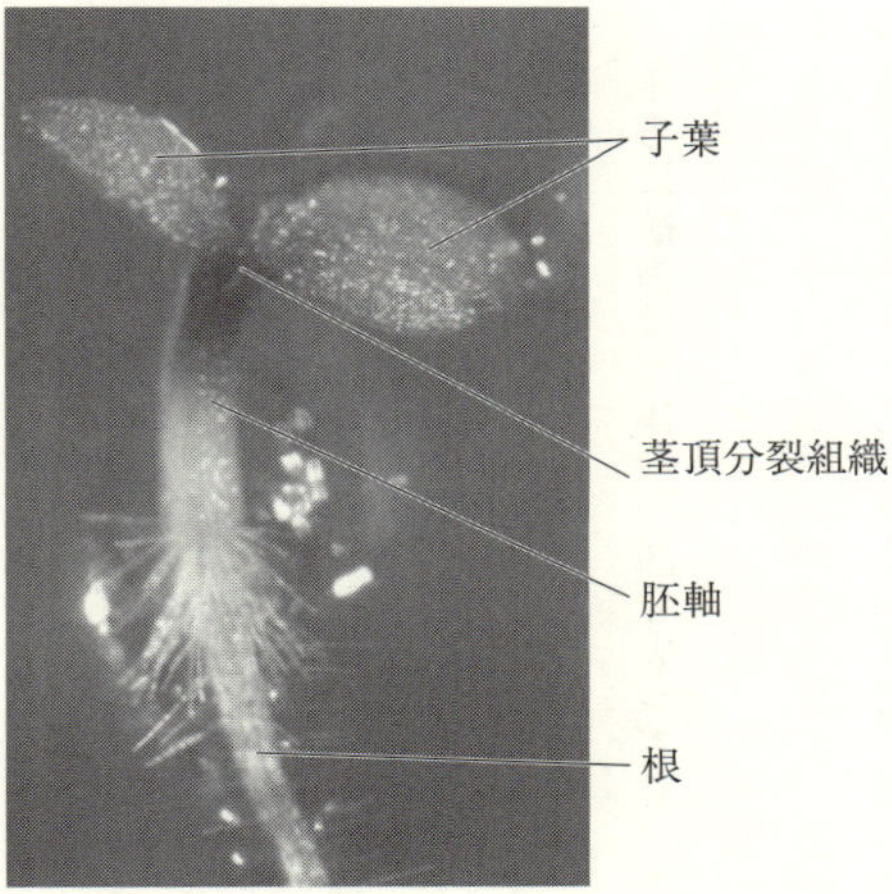

図1-4　「芽生え」の原型

つぎに、植物について考えてみましょう。植物の場合、種子の中の段階では、まだ「芽生え」の原型しかできていません（**図1-4**）。つまり、受精卵が種子をつくるまでの段階では、体づくりにおける基礎をつくっているにすぎません。そして、発芽してからその植物が一生を終えるまで、ずっと一定の体づくりを繰り返していきます。要するに、植物の発生は一生つづくのです。

また、植物はこのような体づくりをする過程で、発芽をしたあとでも、新しくつくった体の中に、枝になる分裂組織や側根《そっこん》になる分裂組織をさらにつくりだし、それらも細胞を増やしていくことができます。そのため1本ずつの植物は、これら分裂組織の働きを調節することで、最終的にどのくらいの背丈まで伸びるか、どのくらいの横幅まで育ってもだいじょうぶかを、育つ環境に合わせて柔軟に変えていけるのです。つまり、上部が遮《さえぎ》られていたり狭い隙間だったりといった不都合な環境に置かれても、植物は体の形を変更しながら、その環境に適した体をつくっていくことができます。

さらに植物は、体の一部を失っても、すぐに新しい枝や葉や根を出して、しっかりとその場で生きつづけていくことができます。牛や馬が植物の一部を食べてしまっても、まったく気にしないかのように、その植物は再び茂ります。また、枝が折れたりすると、残った体がもう一度枝を出して茂るだけでなく、折れた枝が新たに根づいて別の個体になったりします。このように、植物は非常にタフに地球上で繁栄し、存在しているのです。

体細胞の変異が子孫に引き継がれる

もう1つ、植物と動物で圧倒的に異なるのは子孫の増やし方です。

動物では、体細胞は発生の過程でさまざまな器官に分化していきますが、生殖細胞は非常に早い段階で、分化していない状態のまま、「特別な細胞」として別の場所に保管されます。そして、必要なときに生殖器官に移動して卵《らん》や精子に分化します。つまり、生殖細胞は発生の早い段階で、すでに運命が決まっているのです。このように動物は、発生の初期に生殖細胞を大事に取り分けて保管しているため、体の一部が大きな傷を受けてその個体が死ねば、生殖細胞も一緒に死んでしまいます。また、取り分けた生殖細胞が死んでしまうと、たとえ個体が生きていても、もはや子孫はつくれません。つまり、生殖細胞が死ぬと、その個体はつぎの世代を残せず、遺伝子はそこで途絶《とだ》えてしまうのです。

一方で、植物は生殖細胞を、必要に応じてそのつど、花の中につくることができます。植物でも動物でも、生殖細胞が子孫の繁栄にかかわる重要な細胞であることでは同じです。しかし、発生のはじめに取り分けておいた生殖細胞を生殖時期まで大事に守っている動物と比べると、植物における生殖細胞のつくられ方は、とてもいい加減だといえます。その反面、植物は花をつけた枝が折れても、母体に咲いている残りの花の生殖機能が失われることはありません。さらに、母体が生きているかぎり、新しい花をつぎつぎとつけていけますので、新しい生殖細胞をつぎつぎとつくりだしていけるのです。植物は子孫を残していく能力が非常に高いともいえます。

植物の生殖で特徴的なのは、体細胞に起きた変異がつぎの世代に引き継がれることです。たとえば、白い花を咲かせていた植物が、ある部分から赤い花を咲かせることがあります。これは「枝変わり」といって、植物体のある部分の体細胞に変異が起こり、その部分から先の枝に変異が引き継がれるために起こる現象です。動物ではこのようなことは絶対に起こりません。たとえば、自分ががんになったからといって、生まれる子どもががんになることはありません。つまり、体細胞が変異を起こしてがん細胞になっても、つぎの世代の子どもに、がん細胞は引き継がれないということです。生殖細胞に変異が起きないかぎり、子どもに変異は引き継がれないのです。これは、動物が生殖細胞を発生の初期に取り分けるという方法をとっているからです。

また、植物の一部を切って置いておくと、切り口から芽や根が出てきます。これは「挿木《さしき》」として古くから知られており、1つの個体から新たに別の個体をつくりだす技術です。元の個体と新しい個体は同一の遺伝子をもつので、挿木によって増えた個体は元の個体のクローンということになり、また、挿木によって増やした個体どうしも、すべてクローンです。

動物のクローンというと、私たちはどこか気持ち悪いもののような印象をもちますが、植物のクローンは自然界でふつうに生じており、昔から農業や園芸で広く利用されてきました。ナシの品種である「二十世紀」は偶然水分が豊富で甘い実をつける植物が見つかり、その木の枝を挿木にしてクローン化して増やしたことで、世の中に出回ることができたのです。イチゴの苗、ジャガイモやサツマイモなど、多くの果物や野菜の品種は、このようにクローンとして増やしたもので、私たちはそれを毎日食卓に載せて、おいしく食べているというわけです。

生きることは新しい器官をつくりだすこと

植物にとって生きることは、新しい器官をつくりだすことと同等の意味をもちます。とすると、器官をつくりだすための分裂組織は、植物にとっては非常に重要な組織であることがわかります。多くの植物学者が、どのようにして分裂組織がつくられ、どのようにして細胞を積み重ねていくか

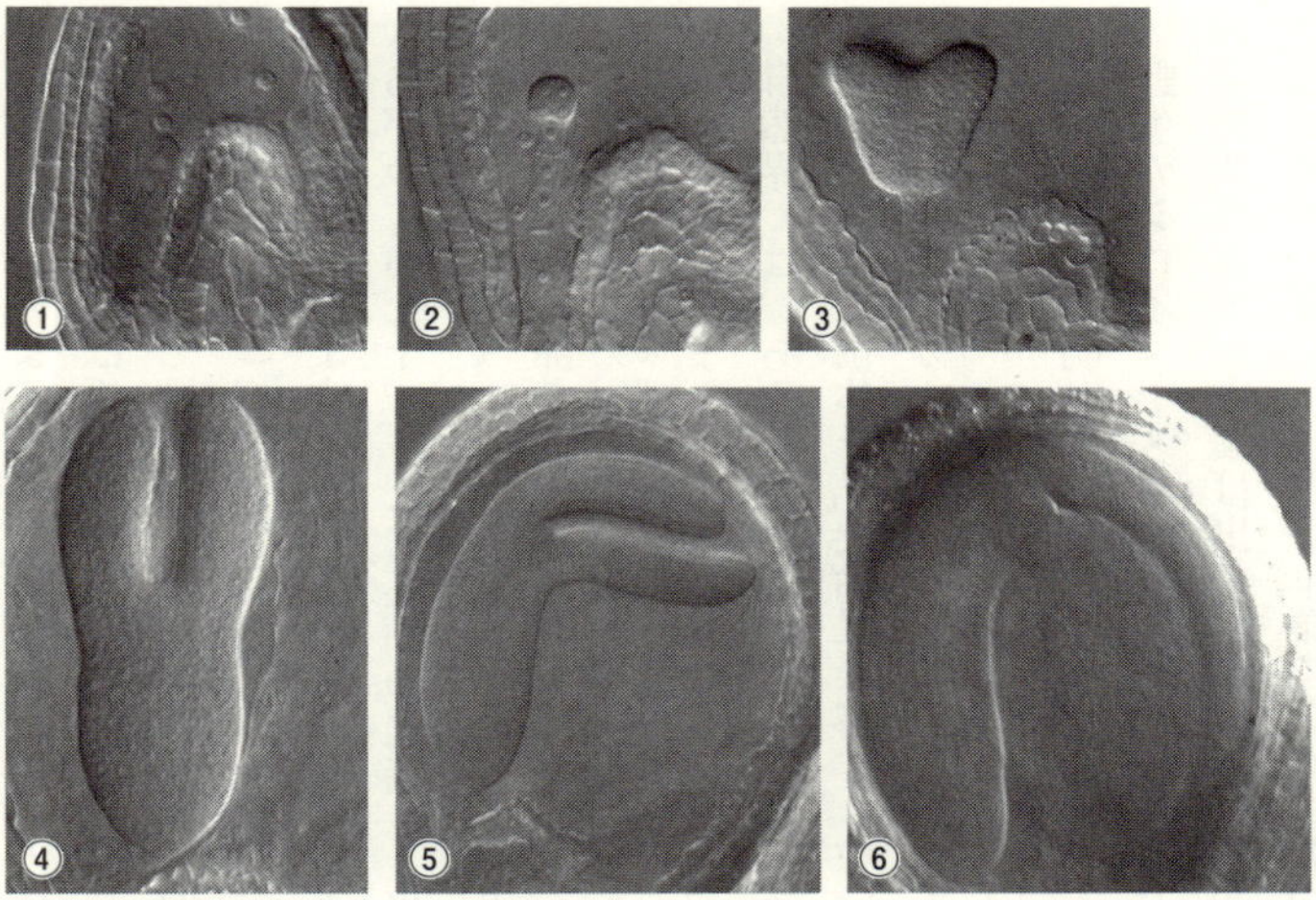

図1-5　受精卵が胚になるまで
受精卵①は細胞分裂を繰り返しながら②次第にハート形になり③、ハート形の上部がウサギの耳のように伸びて④子葉を形づくる⑤。⑥は完成した胚

を解き明かすことを研究テーマにしています。いくつかある私のテーマの1つも、そうです。本章を終えるにあたって、私たちの研究を少し紹介しましょう。

植物の一生は、種を蒔《ま》いて芽が出てきたところからはじまるように思えますが、種の中で、すでに植物は成長をはじめています。

被子植物の場合、花の雌しべの先（柱《ちゅう》頭《とう》）に花粉がつき（受粉）、雌しべの根元の「胚珠《はいしゅ》」の中の卵細胞と、花粉が発芽して伸びてきた「花粉管」の中の精細胞が受精することで、受精卵がつくられます（受精の仕組みについては、第5章参照）。受精卵は細胞分裂をはじめ、胚珠の中に胚がつくられます（**図1-5**）。芽生えで2枚の子葉が生じる双子葉《そうしよう》植物では、胚の形は次第にハート形になり、やがてハート形の上部がウサギの耳のように伸びて、のちにこの部分がそれぞれ1枚ずつの「子葉《しよう》」になります。胚が成熟すると、子葉は折れ曲がり、胚珠からつくられた種子の中に納まります。

成熟した胚は一般に、子葉、子葉の下に伸びる「胚軸《はいじく》」(子葉と根の間の、茎のように見える部分。茎でも根でもない)、「幼根《ようこん》」からなります(**図1-4**参照)。そして、種子が発芽すると、子葉が開いて胚軸が伸びます。このことからわかるように、胚の段階で、すでに植物の基礎となる構造はできあがっています。そして胚軸の先端(2枚の子葉の境目)と幼根の先端には、それぞれ分裂組織もきちんとできています。そして、これらの分裂細胞が、地上部では茎を伸ばし、葉を茂らせ、花を咲かせ、地下部では根を張っていくのです。

私たちは、この胚の形成過程に注目し、特に胚の段階でつくられる子葉の間にできる分裂組織について調べてみました。

自然界では、ある個体で遺伝子に突然変異が起こり、そのために異常な形質があらわれることがあります。この個体を「突然変異体」といいます。私たちは、本来なら2枚になるはずの子葉が、2枚に分かれずカップ状になっているシロイヌナズナの突然変体を見つけました。いま、植物の研究にはシロイヌナズナが使われることが多いのですが、なぜシロイヌナズナなのかについては、第2章に詳しく説明されています。

野生のシロイヌナズナの場合は、子葉ができるとそのあとすぐに本葉《ほんよう》が生《は》えてくるのですが、この突然変異体では本葉は出てきません。上から見るとよくわかります。野生のシロイヌナズナでは、2枚の子葉の間に、小さな本葉の芽が2枚つくられていますが、突然変異体では、カップ状をした

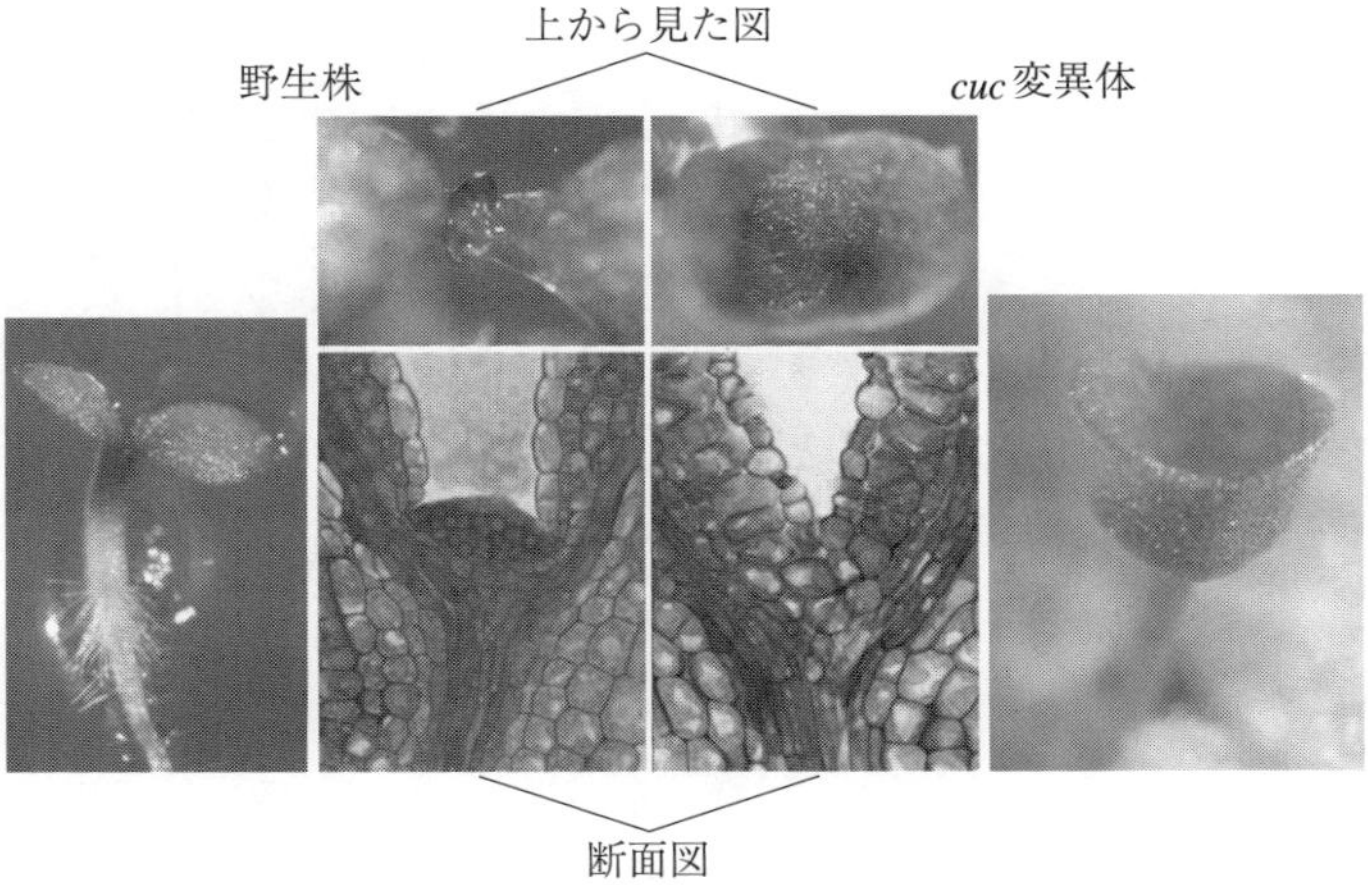

図1－6　野生株（左）と分裂組織のできない *cuc* 変異体（右）の比較

子葉の底には何もありません。縦に切って断面図を見てみると、野生株では、2枚の子葉の間の部分に小さな細胞の塊《かたまり》があります（**図1－6**）。これが分裂組織です。突然変異体の断面図には、野生株に見られるような小さな細胞はありませんでした。これらのことから、この突然変異体は、子葉を2枚に分ける働きと、子葉の間に生じる分裂組織をつくる働きをする遺伝子に異常が起こっていることが推測できます。逆にいえば、この遺伝子が子葉の分割と分裂組織の形成にかかわっているということです。

そこで、カップ状の子葉を形成する突然変異体において、どの遺伝子に異常があるのかを調べてみると、よく似た配列をもった2つの遺伝子に異常が起こっていることがわかりました。そこで子葉（Cotyledon）がカップ状（Cup-shaped）になることにちなんで、この遺伝子の名前を*CUC*（クック。CUp-shaped Cotyledon）と名づけ、それぞれ*CUC1*

遺伝子、*CUC2* 遺伝子としました。

CUC1 と *CUC2* は、ちょうど子葉が2枚に分かれて伸びていく時期に働く遺伝子です。*CUC1* と *CUC2* はハート形の胚のくぼみの部分（上から見ると帯状）で働き、野生株ではこの部分の細胞分裂が抑えられるために、両側の部分がウサギの耳のように伸びて子葉を形成するのです。そして、子葉の境目部分に分裂組織がつくられます。一方、*CUC1* と *CUC2* が両方とも働かなかった変異体では、ハート形のくぼみ部分の細胞分裂が抑えられず、側面全体が伸び上がり、その結果、カップ状の子葉が形成されます。

CUC1 と *CUC2* は、どちらか1つが正常であれば、2枚の子葉をつくり、分裂組織を形成しますが、*CUC1* と *CUC2* の両方の遺伝子が異常になったとき、はじめて分裂組織をもたないカップ状の子葉を形成します（**図1-7**）。分裂組織をもたないということは、この変異体はこれ以上成長できず、いつか死んでしまうということです。要するに、それだけ重要な働きをする遺伝子なので、駄目になったときのために保証として2つの遺伝子をそなえていると考えられます。

分裂組織にかぎらず、生きものは、生きていくために不可欠な現象を、たった1つの遺伝子に任せっきりにしたりはしません。たとえばもし、花を咲かせることと特定の遺伝子が1対1で対応していたら、その遺伝子に異常が起きるとただちに、その個体は花を咲かせることができなくなり、次世代を残すことができなくなってしまうからです（花を咲かせる仕組みについては、第3章と第4章で紹介されています）。いくつもの遺伝子が複雑にかかわっていて、どれかが駄目になっても、ほかの遺伝子が代わりをつとめることができる、そうした仕組みがつくられているのです。

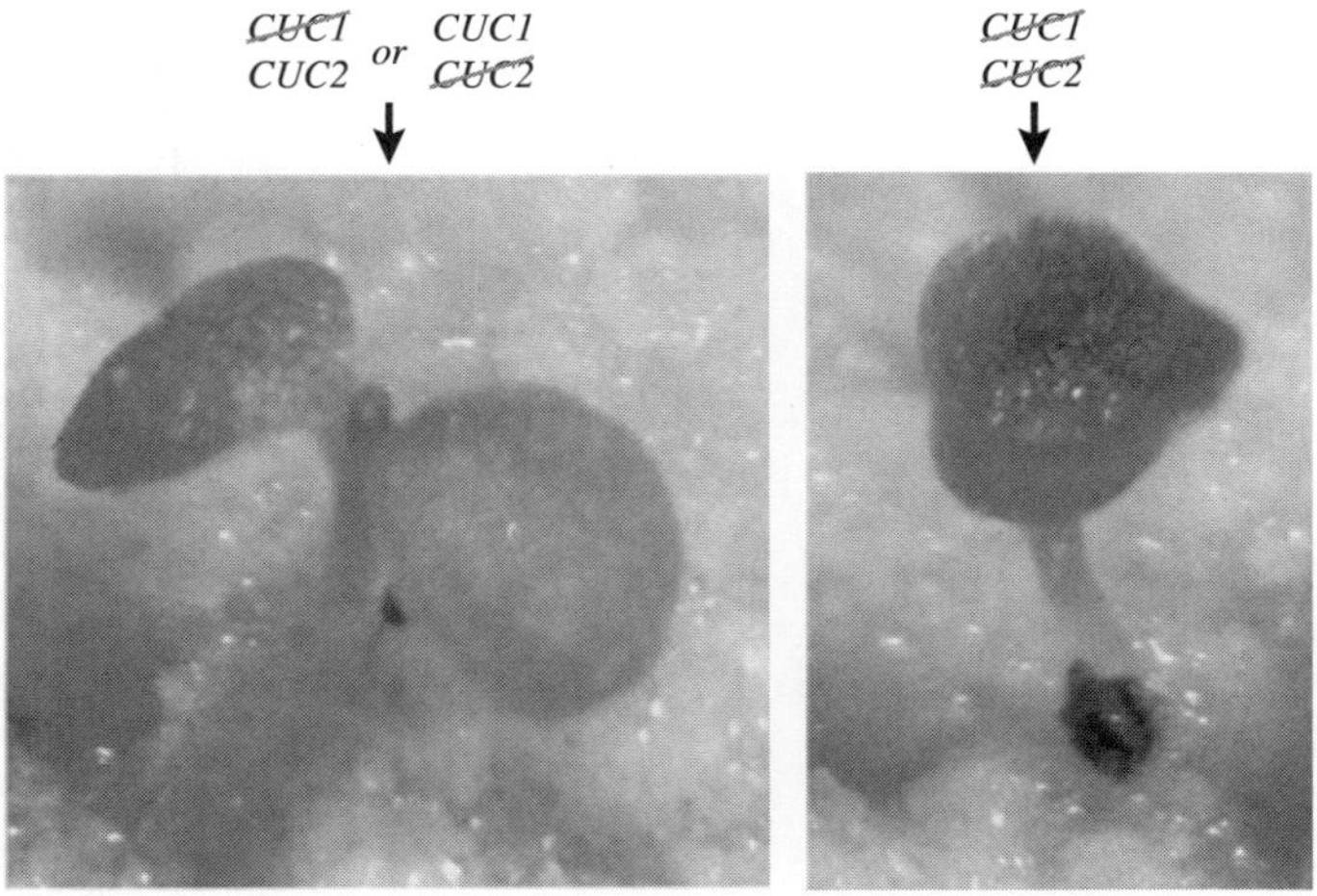

図1-7　*CUC1*と*CUC2*のどちらか1つが正常であれば、分裂組織はできる

さらに最近になって、仲間の遺伝子をもう1つ見つけました。この*CUC3*遺伝子も、胚発生のときに胚軸の上の分裂組織の形成や子葉の分離にかかわっていますが、*CUC1*や*CUC2*に比べると弱い働きしかしません。ところが、発芽したあとで、植物が葉の根元に枝になっていく新しい分裂組織をつくるときには、今度は*CUC3*が中心になって働き、*CUC2*も一緒に働きます。しかし、このとき*CUC1*はほとんど働いていません。生物は、よく似た遺伝子をいくつかもっていて、それらを発生の時期や体の場所に応じてうまく使い分けているようです。

　では、このような*CUC*遺伝子が働くと、どのようにして分裂組織ができたり、器官が分かれたりするのでしょうか。残念ながら、その具体的な仕組みはまだわかっていません。*CUC*遺伝子は「転写因子《てんしゃいんし》」といわれるタンパク質(CUCタンパク質)をつくる情報をもっています。転写因子はほかの多くの遺伝子のスイッチを入れて遺伝子が働くようにするためのマスターキーのような働きをします。ＣＵＣタンパク質がどのような遺伝子たちのスイッチを入れるのかを明らかにすることが、つぎに解き明かさなくてはいけない重要な問題です。私たちは、現在それを精力的に研究しています。

2章

葉の形を決めるもの

◉塚谷裕一

植物の多様な形づくりを理解するためには、葉の形づくりを知ることがもっとも重要です。それというのも、植物の地上部は、主に茎と葉から成り立っているからです。そのうち、茎はそれほど多様ではありませんが、葉はご存じのように、種によってあるいは品種ごとに非常にさまざまな形をとり、多様です。もっとも、花はそれ以上に多様な形を見せますが、これももとをたどれば葉が変形したものの集合体です。ですので、葉の形づくりが明らかになれば、地上部における植物の形づくりについては、おおむね理解できることになるのです。

葉の形にはさまざまなものがあります。単純な楕円《だえん》形の葉でも、細かったり短かったりと特徴がありますし、カエデのように切り込みが入っているものや、ヒイラギのように周囲にギザギザ（鋸歯《きょし》といいます）が目立つもの、クローバーやバラ、ナンテンのようにいくつもの単位に分かれているものなど、千差万別です。身のまわりに生《は》えている草の葉を集めただけでも、ご覧のとおり（**図2-1**）。植物の個性は葉にあらわれます。

また、中には食虫植物のウツボカズラのように、葉が非常に不思議な形になっている植物もあります（**図2-2**）。ウツボカズラの、この壺のような形をした部分は葉には違いないのですが、現在の知見では、葉のどこをどう変形したらこのような複雑な形になるのか、まったくわかりません。

そもそも、葉は光合成を行なう器官です。つまり、根から吸った水と、葉の表面にある穴（気《き》

図2－1　いろいろな葉

孔《こう》）から取り込んだ二酸化炭素とを原料として、太陽の光エネルギーを使って炭水化物を合成する器官です。植物はこの炭水化物を元手に、体をつくるさまざまな物質、タンパク質や脂質などもさらにつくりあげていきます。動物はそれを食べて自分の体をつくるわけですから、私たちの体をつくる物質の多くも、元をたどれば、こうした植物の働きによってつくられたものです。光合成は植物にとってばかりでなく多くの動物たちにとっても重要ないとなみといえましょう。

さてその光合成の場である葉の形としては、光を多く取り入れるため、太陽電池のシートのように面積の大きい平たい形がもっとも望ましいはずです。しかし、**図2－1**でもわかるように、

図2－2　不思議な形のウツボカズラの葉

実際にはそうなっていないのは、1つにはほかの植物との競争があるからです。植物は光の奪い合いから、常に陣地取り合戦や背丈比べを繰り広げています。そんな中、下手に大きな葉をつくって、それを呑気に平らに広げたりなどしていると、横から別の植物が茂ってきたときに、せっかくの葉が陰になってしまいます。となると、広い葉を1枚つくるよりは、危険分散のため、小さめの葉をたくさんつくったほうがよさそうです。あるいは柄を長くして、互いに重ならないようにするのも1つの手です。植物は進化の過程で、この問題を解決するさまざまな方法を手に入れてきました。植物の葉の形がいろいろなのは、その結果だと考えられます。

環境が決める葉の形

葉の形は環境によっても制約を受けます。その話もしておきましょう。熱帯の雨期は、激しい雨が降ると川の水位が上昇し、雨がやめば数時間で元の水位に戻る、ということの繰り返しです。し

図2-3　渓流沿い植物(右)は、近縁の陸地型の植物(左)より葉が細くなっている。いずれもヤブレガサウラボシ属のシダ

たがって、晴れているときは乾いていても、雨が降ればば濁流に没するため、植物が生えるには、本来適さない環境です。このような環境に適応した植物を、「渓流沿い植物」と呼んでいます。

このような植物の葉は、水没のおそれがない土地に生える近縁種に比べて、明らかに細くなっていることがわかります(**図2-3**)。魚の形を思い浮かべてみてください。水中を泳ぐ魚は、水の抵抗の小さい、細長い流線型をしています。渓流沿い植物は、葉が細いため、激しい川の流れの圧力に耐えることができるのです。しかし、このような細い葉では面積が小さいため、光合成の効率は決してよくありません。熱帯地域の平野部で、渓流沿い植物と通常型の近縁種とを隣合わせに育てれば、渓流沿い植物は成長が遅いため、近縁種との競争に敗れ、とたんに生息場所を失ってしまうでしょう。したがって渓流沿い植物がこのような形態をとることは、生存競争上明らかに不利です。

にもかかわらず、渓流沿い植物が厳しい環境で生息していられる理由はなんなのでしょう。

さきにも述べたように、植物が生き残っていくうえでもっとも障害となるのはほかの植物の存在です。特に熱帯地域は気温が高く、水や光も豊富で、植物の生育にとっては最適な環境なだけに、植物どうしの競争は激しいものがあります。しかしそのような地域でも、濁流による損傷を免れる手段をもたない通常の形の葉をもつ植物は、渓流沿いという環境では生きていくことができません。そのため渓流沿いには競争相手がいないのです。渓流沿い植物は光合成の効率を犠牲にしつつ、渓流沿いの厳しい環境に適応するとともに、競争相手の多い世界から逃れているというわけです。

あるいは水辺に生息する植物の中に、水中でも陸上でも育つ植物があります。たとえば、アワゴケ科のミズハコベやアカバナ科の*Ludwigia arcuata*は、水中では細い葉をつくり、陸上に育つと丸い葉をつくります。キンポウゲ科の1種*Ranunculus flabellaris*は、水中では細かく切れ込んだ葉をつくり、陸上では浅く鋸歯の入った丸みの強い葉をつくります。

水中と陸上の間に見られるこうした葉の形の違いは、「可塑性《かそ》」といって、植物のもつ柔軟性によっています。植物は環境の変化を感知して、葉の形づくりの機構を変えているのです。

以上のように、葉の形が種によって異なるのは、植物が暮らす環境と大きな関係があります。私たちは、その多様性をもたらす基本的な仕組みについて研究しています。

シロイヌナズナを使った研究

ここで、生物の形態形成の仕組みを知るために、私たちがどんな方法を使っているかについて少しお話ししましょう。

第1章でも話題になったように、形づくりの仕組みの背景にはかならず特定の遺伝子の働きがあるはずです。私たちはそうした大事な遺伝子をとらえたいと考えています。その場合、有効な手がかりは突然変異によって形が変化した個体（突然変異体）です。そういった変異体の変異の原因となっている遺伝子を調べれば、正常な形をつくるために必要な遺伝子の正体がわかるというわけです。私たちの研究室では、シロイヌナズナという植物を使って、葉の形づくりの変異体を探し出し、調べています。

シロイヌナズナ（**図2-4**）を使っていると書くと「なぜ、そんなマイナーな植物を?」と不思議に思うかもしれません。

図2-4 シロイヌナズナ。右上は花、左は果実の拡大

ここでは葉の形づくりの話からいったん離れて、シロイヌナズナを使う理由について説明します。

いま、植物の基本的な仕組みの研究をするうえでは、実際のところ、多くの植物学者がシロイヌナズナを研究材料としています。その理由は、一言でいってしまうとシロイヌナズナが「モデル植物」だからです。つまり共通課題となる種類なのです。もし、1人1人の研究者が別々の植物を使って研究すると、下手をした場合、個別のデータが増えていくだけになりかねません。それに比べ、ある特定の「モデル植物」に多くの研究者が集中して研究すれば、研究の効率が非常に高くなると期待できます。

私が大学院で研究をはじめた1980年代の終わりころ、シロイヌナズナを扱っている研究者はまだごく一部で、多くの研究者はそれぞれ、違う植物を使って研究をしていました。いまのように多くの研究者がシロイヌナズナを使うようになったのは、ここ十数年のことですが、そのおかげで近年、植物の遺伝子研究は飛躍的に進歩しました。

植物では現在、そうした共通課題のモデル植物として、シロイヌナズナのほかに、イネやミヤコグサなどが選ばれています。ちなみに動物学の分野でもモデル種が選ばれており、昆虫ではショウジョウバエ、哺乳《ほにゅう》類ではマウス、魚類ではゼブラフィッシュやメダカなどが主なモデルです。

ではつぎに、数多くの植物の中でなぜシロイヌナズナがモデル植物に選ばれたのか、説明しましょう。

第1に、栽培しやすいことが挙げられます。人間の居住環境に近い23℃くらいの温度で育ち、光に関しては直接太陽光に当てる必要がなく、室内の蛍光灯で十分です。また小さい植物なので、狭い実験室でもたくさんの個体を育てることができます。

第2に「自家和合性」であることです。リンゴやキウイフルーツ、アブラナなど、「自家不和合性」といって、自分の花粉を自分の雌しべにつけても実がならない性質の植物も少なくありません。

これでは遺伝学的実験が困難ですが、シロイヌナズナのように自家和合性ですと、同一の個体、つまり同じ遺伝子をもつものどうしで交配ができます。これは遺伝学の研究をするうえで非常に便利な性質です。

第3は――これがもっとも大事な点です――ゲノムのサイズが植物の中でもっとも小さいという点です。ゲノムとは、ある生物を生きものたらしめている遺伝子DNAの1セット分を指す言葉です。つまり生物を形づくり、生命活動を行なうための設計図全体をまとめて呼ぶ呼び名です。そのゲノムの中からある特定の遺伝子を見つける作業は、干草《ほしくさ》の中から一本の針を見つけるくらい、手間のかかる作業です。その点、ゲノムサイズが小さければ、それだけ目的の遺伝子を見つけるのが容易になります。1996年にはじまったシロイヌナズナのゲノムプロジェクトは、2000年という早い段階に終了しました。そのDNAに記された遺伝暗号の文字数（塩基数）は、日本の人口とほぼ同じ、1億3000万ほどでした。植物として最小です。

第4に、世界的な研究協力体制が整備されている点が挙げられます。現在、米国、英国、日本の3カ所にシロイヌナズナのストックセンターがあります。このストックセンターには、世界中の研究者から提供された突然変異体や遺伝子などの材料が収集されており、しかもこれらのコレクションは、世界中のどこからでも実費だけで配布される仕組みになっています。そのうえ、DNA配列など電子化されている情報は、コンピュータから容易にアクセスすることができます。また、毎年国際会議が開かれていて、研究者たちが自分たちの最新の研究を披露《ひろう》し合う場となっています。このような充実した協力体制は、シロイヌナズナ以外の植物には、まだ見られません。

葉の形をつくる4つの遺伝子

こうしたシロイヌナズナの価値が植物学の世界に知れ渡ったのは、1990年代に入ってからです。米国カリフォルニア工科大学のエリオット・マイロヴィッツ教授のグループが、シロイヌナズナを用いて、花のできる仕組みをエレガントに説明する「ABCモデル」を提唱したとき（詳しくは第4章を参照してください）、この発表は世界中の植物学者に衝撃を与えました。これを機に、多くの研究者がシロイヌナズナの研究材料としての価値を知り、次第に自分の研究材料をシロイヌナズナに移行していったのでした。

私が博士課程を終えた1993年ころは、ちょうどシロイヌナズナがモデル植物として脚光を浴びはじめたころでした。独立にあたり自分の研究テーマを設定する段となって、私は熟慮《じゅくりょ》のうえ、葉の形づくりを研究しようと考えました。もともと私は植物の姿の多様性に興味をもっていましたから、植物の形について今後調べてみたいと思っていたのですが、なにしろABCモデルの影響は大きく、花の形づくりをテーマとしている研究者は、当時すでにたくさんいました。根や胚《はい》の形づくりも、それを追いかける形でよく調べられていました。とすると、残るのは葉か茎です。これらはそのころまだ手つかずでした。

そのうち茎に関しては、それまでの経験から、調べるのはむずかしいと思いました。第1章で説明されているように、植物は茎の先端にある分裂組織で茎と葉をつくっています。断続的に1つ1つつくりだされる葉とは違い、茎は切れ目なくずっとつくられます。つまり、茎の場合はどこが形づくりの開始点か判然としません。一方で、葉の形づくりに関しては、その開始点をはっきり知ることができます。しかも葉は、花をつくる器官、花びら（花弁）や萼《がく》（萼片）や雄しべといった花器官の基本となる器官でもあります。実に大事な器官です。このような理由から私は、葉のほうをとることにしました。博士課程での研究の間に、さきに紹介した渓流沿い植物に似た葉をもつシロイヌナズナの変異体があることに気づいていたのも、その理由の1つです。1993年の秋のことでした。

それ以来、私たちは一貫してシロイヌナズナを主な材料に使い、葉の形づくりの仕組みを調べてきました。以下、ざっとこれまでの私たちの研究を紹介しましょう。

いまも触れたとおり、私はまず、渓流沿い植物と同様に葉が細くなるシロイヌナズナの変異体に着目し、これを調べはじめました。この変異体は「*angustifolia*」（「細葉《ほそば》の」という意味のラテン語。略称は「*an*（アン）」）といって、昔から知られていたものです。どう知られていたかというと、5本あるシロイヌナズナの染色体のうち、第1染色体の突端にある、遺伝子座位（遺伝子が乗っている場所）としてでした。つまり、「染色体地図」（それぞれの遺伝子が染色体上のどこにあるのかを示す図）をつくるときの目印です。ですからおそらく、当時、シロイヌナズナの遺伝学を扱っている研究室なら、世界中、どこでももっていた変異体だと思います。ところが、灯台もと暗しで、誰もこの変異体そのものについては興味をもっていませんでした。穴場だったのです。

さてこの変異体は、変異のその遺伝子座位が1カ所に特定されていることでおわかりのように、ただ1つの遺伝子が壊れた変異体です。そういう変異体があるということは、その原因遺伝子があ

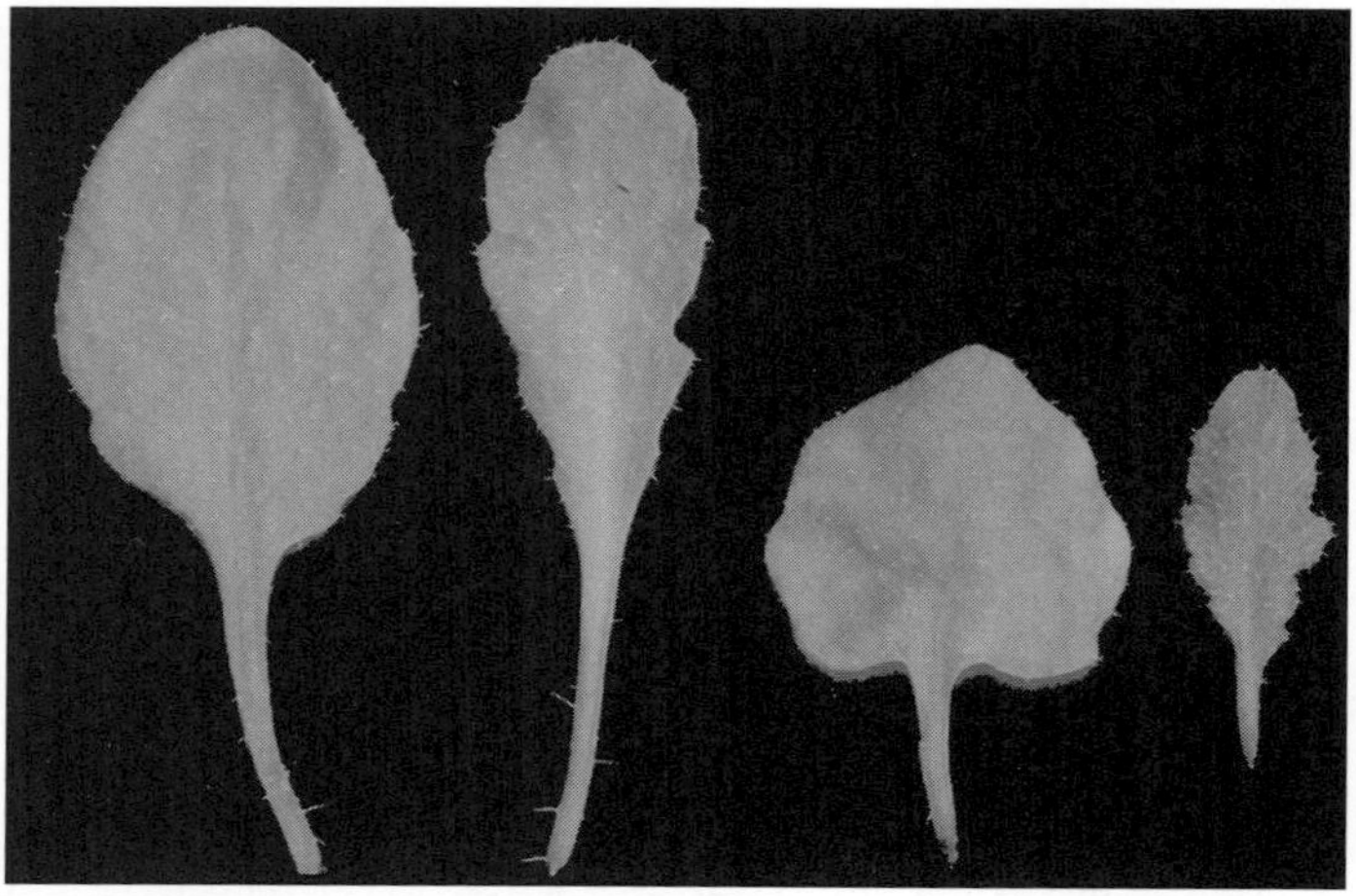

図2－5　葉の縦と横の長さは別の遺伝子が決めている。左から、野生型、葉が細い「*an* 変異体」、葉が短い「*rot3* 変異体」、*an* と *rot3* の二重変異体。二重変異体では、細くて短い葉がつくられる

ることを意味します。こういう場合、私たちはそういう仮想的な遺伝子の名前を、変異体の名前をとって呼ぶことにしています。ただし、変異体を小文字で表記するのに対して、その野生型の遺伝子には大文字を使います。この *an* 変異体の場合の原因遺伝子は、*AN-GUSTIFOLIA*（*AN*）ですね。

私はこの *an* 変異体の葉を見ていて、おもしろいことに気づきました。それまで多くの人はこの変異体の葉を「細長い」と形容していたのですが、これは錯覚《さっかく》だったのです。よく見てみると葉の長さは野生型と同じで、細いものの、決して長くはないのです。つまり、*an* 変異は葉の幅だけを細くする変異だということになります。当時は「細長い」と「細い」の、この大事な違いにまだ誰も気づいていませんでした。コロンブスの卵ですね。

さて、長さは同じで幅が異なる変異体があ

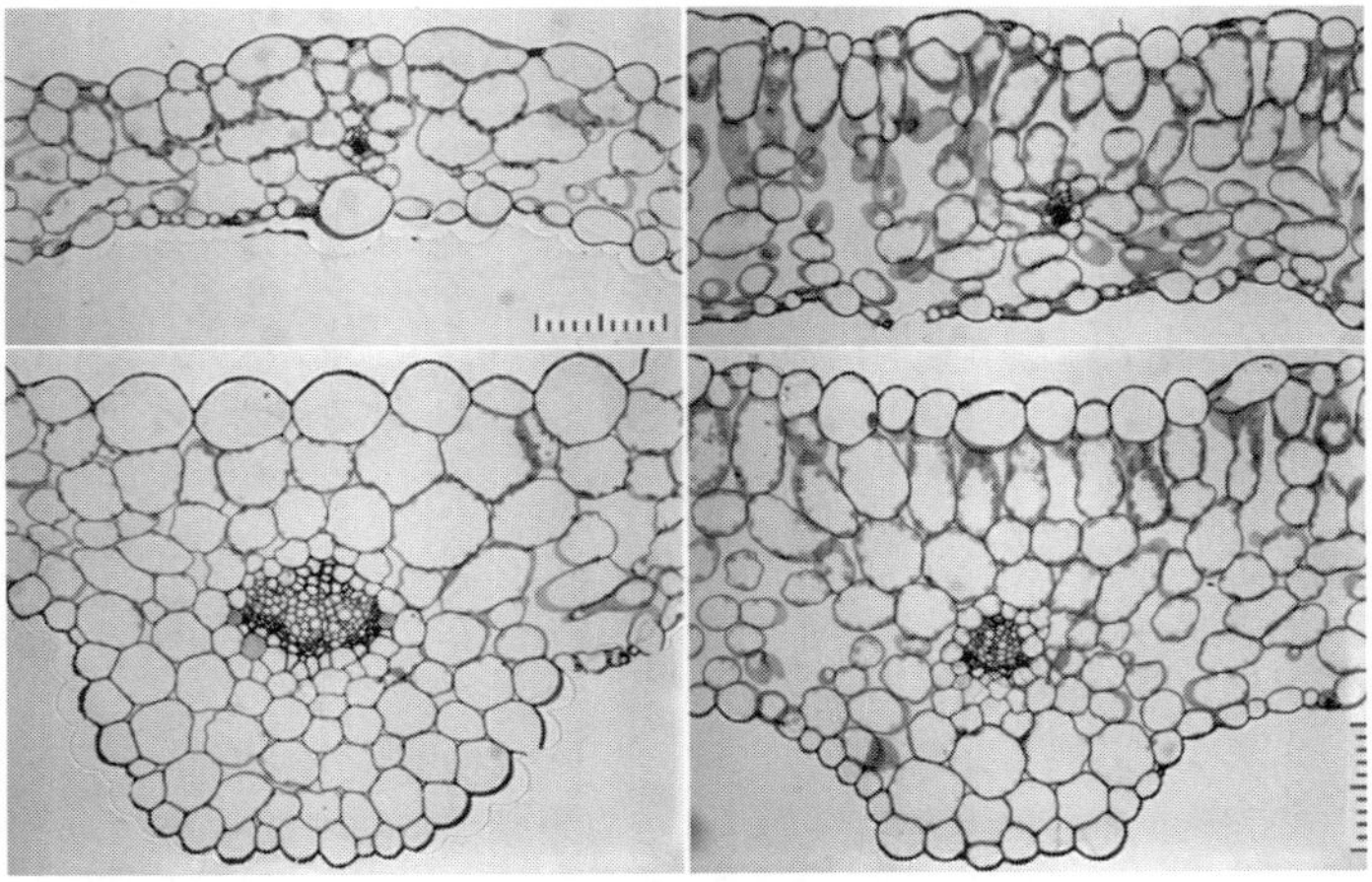

図2-6　*an* 変異体の葉の細胞（右）は、野生型（左）に比べて細くなっている。上段は葉身の部分、下段は主脈の部分の横断面。スケールは100μm

るということは、逆のものもあるはずです。つまり、長さだけ異常な変異体です。そんな変異体を探してみると、目論見《もくろみ》どおり、幅は同じで長さだけが短くなっている変異体を実際に見つけることができました。そこで、この変異体を「*rot3*（ロット3）」と名づけました。「*rotundifolia*」（丸葉の）の略称です。*an* と *rot3* の二重変異体は、細くて短い葉をつくります（**図2-5**）。以上の研究から、葉の横の長さと縦の長さを制御している遺伝子はそれぞれ別々にあること、しかもそれぞれの遺伝子は互いに独立に働くことが、新たにわかったわけです。

　また、細胞の形を観察してみたところ、細い *an* の葉では細胞の1つ1つの形も細くなっていて（**図2-6**）、短い *rot3* の葉では、逆に細胞が短くなっていました。ということは、*AN* や *ROT3* は細胞の形を調整することで、葉の形を決める遺伝子だということです。渓流沿いに生えているシダ植物の場合も、葉が細くなっている理由を調べてみると、細胞の形やサイズが変わることで葉が細くなるのだということが、当時知られていました。となれば、渓流沿い植物の進化には、*AN*や*ROT3*がかかわっている可能性もあるのではないでしょうか。私たちの研究室では、これらの原因遺伝子も相次いでクローニング（塩基配列を決めること）に成功し、いよいよ期待が高まりました。

細胞の数が減ると細胞が大きくなる

ところがこうして研究を進めているうちに、新たな課題が浮かび上がってきました。私たちの解析の結果、*AN*や*ROT3*の遺伝子が、葉の形をつくりあげていくうえで非常に重要なものであることは、ますます疑いの余地がなくなってきたのですが、その一方で、自然界での葉の形の多様性は、もしかするともっと別の遺伝子の変化によっている可能性が出てきたのです。というのも、いろいろ調べてみると、種子植物の場合は、渓流沿いで葉が細くなる原因が、従来知られていたシダの場合と異なり、細胞の形や大きさの変化にはない、ということが判明してきたからです。葉が細い原因は、葉をつくる細胞の数が横方向に減っていたからだったのでした。つまり種子植物の場合は、葉をつくる細胞の数を決める遺伝子があって、それが変化したことで渓流沿い植物が進化してきたと考えられます。

となれば、細胞の数をコントロールする遺伝子の変異体がかならずあるはずです。そう思ってもう1度シロイヌナズナの変異体を探してみると、縦方向に並ぶ細胞の数が少ない丸葉の変異体「*rot*

図2-7　葉の形づくりの４つのパターン。真ん中が野生型、細胞の形が細くなる *an* 変異体（左上）、細胞が短くなる *rot3* 変異体（右上）、横方向に並ぶ細胞の数が少ない *an3* 変異体（左下）、縦方向に並ぶ細胞の数が少ない *rot4* 変異体（右下）

4」と、横方向にも細胞が少なくて葉が細くなる「*an3*」を見つけることができました。推定したとおりです。これまでに、それぞれの原因遺伝子も、私たちの手で相次いでクローニングに成功しています。

ここまでの研究をまとめると、葉の形づくりにおいては、４つのパターンの遺伝子の働きがあるということができます。細胞の形によって葉の横の長さを決めるもの（*AN*）と縦の長さを決めるもの（*ROT3*）、細胞の数によって葉の横の長さを決めるもの（*AN3*）と縦の長さを決めるもの（*ROT4*）、この４つです（**図2-7**）。

しかし、これでおしまいではありません。科学は本来、研究すればするほど謎を生む学問です。私たちの場合も、これら４つの遺伝子の変異体のうち、*an3* に

図2 - 8　*an3* 変異体(右)では、野生型(左)に比べて細胞の数が約３分の１に減り、代わりに細胞が大きくなっている(細胞の写真提供：Ferjani Ali 博士)

不思議な現象が見られたことから、研究はさらにおもしろい方向に展開していきました。*an3* 変異体は、よくよく調べてみると、細胞の数が少なくなるとともに、細胞が大きくなっていることがわかったのです（**図2-8**）。これまでも、細胞の数が減ると、なぜか細胞が大きくなる傾向がある、という報告がいくつかされていました。ただし逆のパターンは起こらず、細胞の数が増えても、細胞が小さくなることはありません。つまり、一方向性の現象なのです。

実はこの現象には不思議に因縁《いんねん》があります。この研究よりはるか以前、私自身あるときこの規則性に気づき、細胞数の減少に対して、細胞が大きくなることで葉の面積をまかなうように見えることから、「補償作用」という名前をつけたことがあるのです。このときはまだ実例が少なく、特殊ケースの可能性もあったのですが、それ以降、つぎつぎと同様の報告がつづき、一般則である確率が高くなったので、2002年に葉の形づくりに関して英文解説記事の執筆依頼があったとき、「compensation」という英語名をつけて、あらためて発表しました。いまでは、補償作用は多くの研究者がその存在を認めるようになってきています。ちょうどそのことに関した議論を進めている最中に、さきほど述べた *an3* の現象に気づいたのです。なんという偶然でしょう。強い関心はもちつつも、なかば他所《よそ》ごとのような気でいたのに、すぐ手元に典型的な事例が見つかったというわけです。せっかくの好機、いまでは、この不思議な現象の仕組みを、なんとか解き明かしてみたいと思って研究を進めています。

本章の残りの紙幅もわずかですから、あとはざっと概略を述べることにしましょう。この補償作用の研究から、葉の形づくりは従来考えられていたほど単純なものではないことがわかってきまし

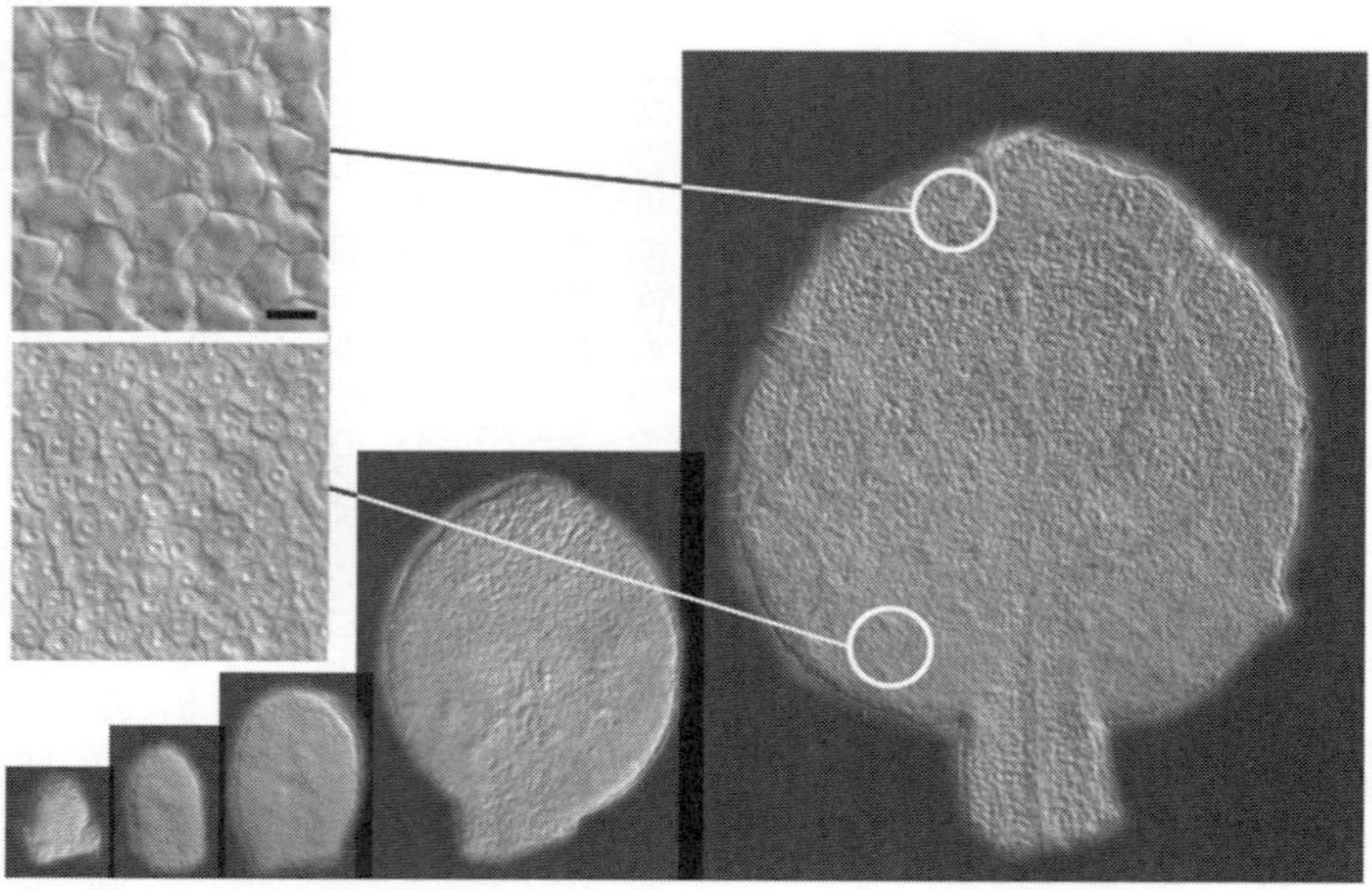

図2-9　左上の拡大写真に示すように、葉の原基の基部では細胞分裂が行なわれているため、細胞が細かく小さい。一方、先端部ではすでに細胞が大きく膨らんでいる（写真提供：堀口吾朗博士）

た。

補償作用は整理してみると、葉をつくる細胞の数が足りない、言い換えれば細胞分裂の程度が低いことが原因で、葉の細胞の1つ1つが大きく膨《ふく》らむ現象です。ここで不思議なのは、葉のつくられ方との関係です。葉の「原基《げんき》」（器官をつくりだす基になるもの）では、一般に基部で細胞分裂をしていますから、先端から先に葉は完成していきます（**図2-9**）。つまり、葉の先端にある細胞が完成した時点では、最終的に葉がどのくらいの大きさになり、葉に何個の細胞が使われるかが、まだ葉それ自身にもわかっていないはずなのです。それなのに、このとき、葉の先端の細胞はすでに、あるべき大きさになっています。つまり補償作用は、葉の全体の細胞の数が決まらないうちに起こるのです。もしかしたら、細胞分裂の様子を、葉の器官まるごとモニターする仕組みがあるのかもしれません。葉の形づくりを理解するためには、細胞だけに注目するのではなく、器官としての葉に何が起きているのかを調べる必要があるといえましょう。

エボ・デボ研究が明らかにする進化の仕組み

葉の研究はさらに広がっていきます。以上述べてきたように、シロイヌナズナの葉1つをとってみても、非常に多くの、複雑に入り組んだ遺伝の仕組みが見つかってきています。地球上にいろいろな姿形の葉があるという多様性は、こうした複雑なシステムが種ごとに少しずつ変化してきた結果だろうと思われます。このような、生物の体の形の違いがどのような進化を経てできてきたのかという問題は、昔から多くの生物学者を魅了してきました。それを明らかにするために、生物種の間で形態や発生を比較する研究が古くから進められてきたのは、ご承知のとおりです。

それに関しては近年、新たな研究手法が脚光を浴びています。生物の形態形成や発生の仕組みを遺伝子のレベルで比較し、それによって進化の仕組みを明らかにしようとする研究です。これは「Evolutionary Developmental Biology（進化発生学）」、略して「エボ・デボ」と呼ばれる研究分野です。

エボ・デボは生物学に革新的知見をもたらしつつあります。たとえばこれまで、ヒトとハエはまったく異なる仕組みによってその姿がつくられると思われていました。私たちヒトの眼と、ハエの複眼とは大きく異なります。私たちの手足と、ハエの脚もずいぶん違います。ところが遺伝子を解析した結果、実はヒトの眼とハエの眼、ヒトの手足とハエの脚は、それぞれ共通の遺伝子グループが働くことでつくりあげられていることが明らかとなってきました。つまり、生物の発生にかかわる基本的遺伝子群は、かなりの部分で共通なのです。逆にいえば、生物の種類ごとの姿の違いは、そうした基本的な仕組みのちょっとした変化として解明できるということになります。共通の遺伝子の言葉で、あらゆる生物種の体づくりや発生の仕組みを語れるようになれば、それらを比較することで、進化の道筋が歴然とあらわれてくるはずです。

いま、植物でもエボ・デボ研究が進められています。葉についても、基本的な形づくりの仕組みが、今回その一部をご紹介したように、日々明らかになってきています。モデル種におけるこうした知識をもとに、植物の種間で遺伝子を比較してゆけば、植物に共通な基本原理はどのようなものか、また、何が進化の過程で変更され、植物ごとの個性を生み出していったのかが解明されてゆくことでしょう。現在、その理解がはじまっています。

3章

花を咲かせる仕組み

「花成ホルモン」フロリゲンの探索

◉荒木　崇

春になると、桜前線北上のニュースが日本中を飛び交います。日本人にとってのサクラは、春の訪れを告げる生の象徴であると同時に、その散りぎわの美しさから、滅びの象徴でもありつづけてきました。厳しい寒さに耐えたつぼみが開花し、咲き誇り、やがて舞い散る様子の美しさに、人々は人間の生と死のいとなみを重ね合わせ、美しさを見いだしてきました。

しかしなぜ、植物は毎年同じ季節に花を咲かせるのでしょう。

花の咲く仕組みは、どのようなものなのでしょう。

植物にとって、つぼみをつけ花を咲かせるということは、成長の到達点です。種子が発芽してからすくすくと伸びてきた「生きるプログラム」が、そこから緩《ゆる》やかに死へと向かっていく分岐点でもあります。もちろん、サクラのように一生に何度も花を咲かせる植物もあれば、1度花を咲かせると枯れてしまう植物もあります。しかし、花が咲くということが、植物が成熟し、つぎの世代に命をつなげる段階に達したあかしであることは間違いありません。

このように植物の一生にとっての重大なイベントである「花が咲く」という現象は、昔から植物研究者たちの興味を引いてきました。花を咲かせる仕組みを理解することは、植物学のうえで重要なだけではなく、仕組みを理解したうえで制御できれば、農作物の生産技術向上にもつながります。

20世紀の前半から、植物の体の働きは「植物ホルモン」(第9章参照) と呼ばれるさまざまな物質によって調節されていることがわかってきました。このため、長い間にわたって、研究者たちは植物に花を咲かせるきっかけとなる植物ホルモンを追い求めてきました。「花咲爺さん」の灰のように、「ひとつかみ振りかければ、花が咲く」物質——そんな物質が存在するのではないか。この魅力的な問いは、多くの植物学者をとりこにしてきました。

ところが実に70年もの間、この問題は未解決のままでした。

フロリゲン探索の歴史

さて、ここまで「花が咲く」とひとくくりにしてきた言葉を、もう少し厳密に定義してみましょう。植物学では、花のつぼみ（花芽）ができはじめることを「花成《かせい》」といい、花が開くことを「開花」といって区別します。どちらも植物にとって重要なイベントですが、より大きな変化をともなうのは花成のほうです。なぜならば、それまでは新しい葉を生み出しながら成長をつづけてきた茎の末端が、成長を止め、これまでとはまったく違う組織である「花芽（つぼみ）」をつくりはじめるからです。この、植物にとっての一大イベントは、複雑な制御を受けて、慎重に実行されているに違いありません。実際、20世紀初頭から、植物が日長（昼夜の時間の長さ）や温度などの環境情報を手がかりにして、花成の時期を決めていることがわかっていました。

１９３７年、ソビエト連邦（当時）の植物学者、ミハイル・チャイラヒャンが「花成ホルモン」という概念を提唱しました。植物が光の方向に向かって伸びていくような現象に、ある特定の物質がかかわっていることはこれより前から知られていましたが、１９３１年、この物質の正体がつきとめられて「オーキシン」と名づけられました。植物の成長のさまざまな面の調節をつかさどる「植物ホルモン」というものが存在することがわかったことで、世界中の研究者が沸《わ》きたちました。チャイラヒャンは、植物の一生にとっての一大イベントである花成にも、なんらかの植物ホルモンがかかわっているのだろうと考え、花成にかかわるホルモン（花成ホルモン）を仮に「フロリゲン」と呼びました（植物ホルモンについては第9章を参照）。

その後も植物ホルモンとして「ジベレリン」や「サイトカイニン」といった物質が相次いで見つかったことから、花成ホルモンが見つかるのも時間の問題だと思われました。事実、つぎに述べるように、その後の研究で、花成ホルモンの存在を指し示す、数多くの証拠が見つかりました。

初期の証拠は、接木《つぎき》の実験から得られました。昼がだんだん短くなる（夜がだんだん長くなる）季節に花を咲かせる「短日植物」は、逆に昼がだんだん長くなる（夜がだんだん短くなる）長日条件のもとでは花成できません（**図3-1①**）。しかし、短日条件で育ててきた短日植物の台木に長日条件で育ててきた短日植物の接穂《つぎほ》を接木し、この接木全体を本来は花成しない条件である長日条件で育てると、それまで自身はまったく短日条件を経験したことのない接穂に花がついたのです（**図3-1②**）。また、日長の条件に応答した花成は、葉を取り去ってしまうと起こりませんが（**図3-1④**）、葉がついている別の植物と接木してやると花成が起こります。したがって、植物は明暗を葉で感じ取り、体内時計（概日時計）の働きによって長日条件か短日条件かを判断し、花成を引き起こしていることがわかったのです。

さらに、この葉で受け取った日長の情報が、どの部分を通っているのか、またどれくらいのスピ

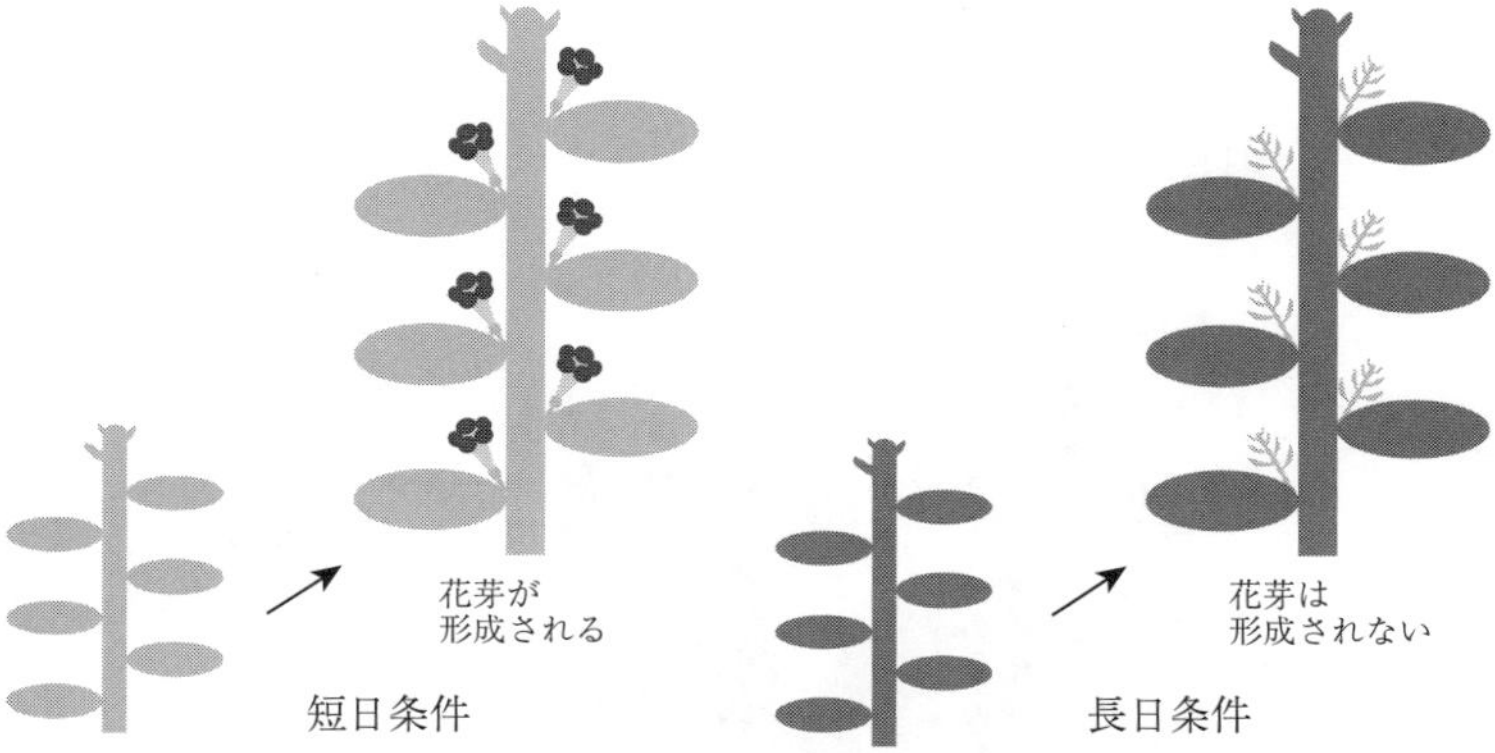

①短日植物Aは短日条件で育てると花芽が形成されるが(左)、
長日条件では形成されない(右)

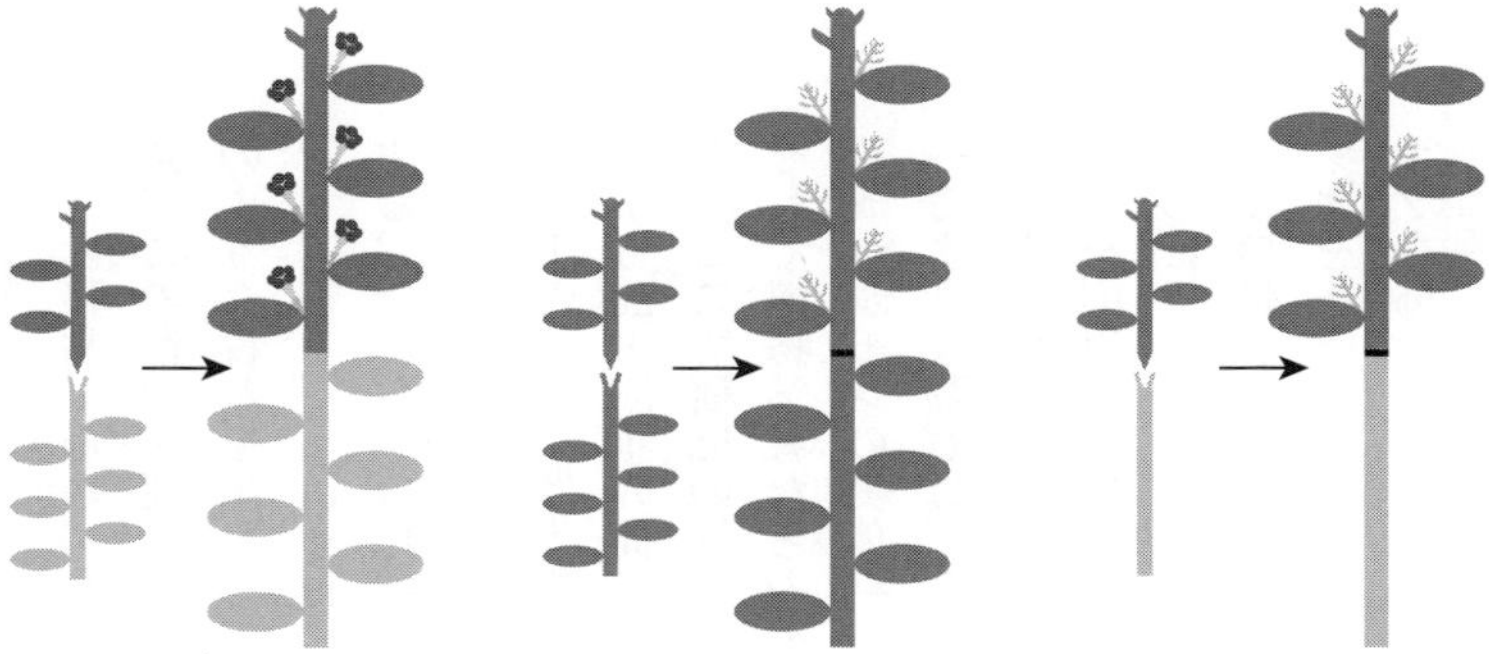

②短日条件で育てた植物Aの台木に、長日条件で育てた植物Aを接木する。これを長日条件で育てると、接穂に花芽が形成される。短日条件で育てた台木で「花成ホルモン」がつくられ、接木面を介して接穂に送られたと考えられる

③長日条件で育てた植物Aの台木に長日条件で育てた植物Aを接木して、長日条件で育てると、接穂に花芽は形成されない

④短日条件で育てた植物Aから葉を取り去ったものを台木として、長日条件で育てた植物Aを接木。これを長日条件で育てると、接穂に花芽は形成されない。ここから、「花成ホルモン」がつくられるためには、葉で光の条件を感じ取ることが必要であることがわかる

図3-1　花成ホルモンの存在を示す接木実験

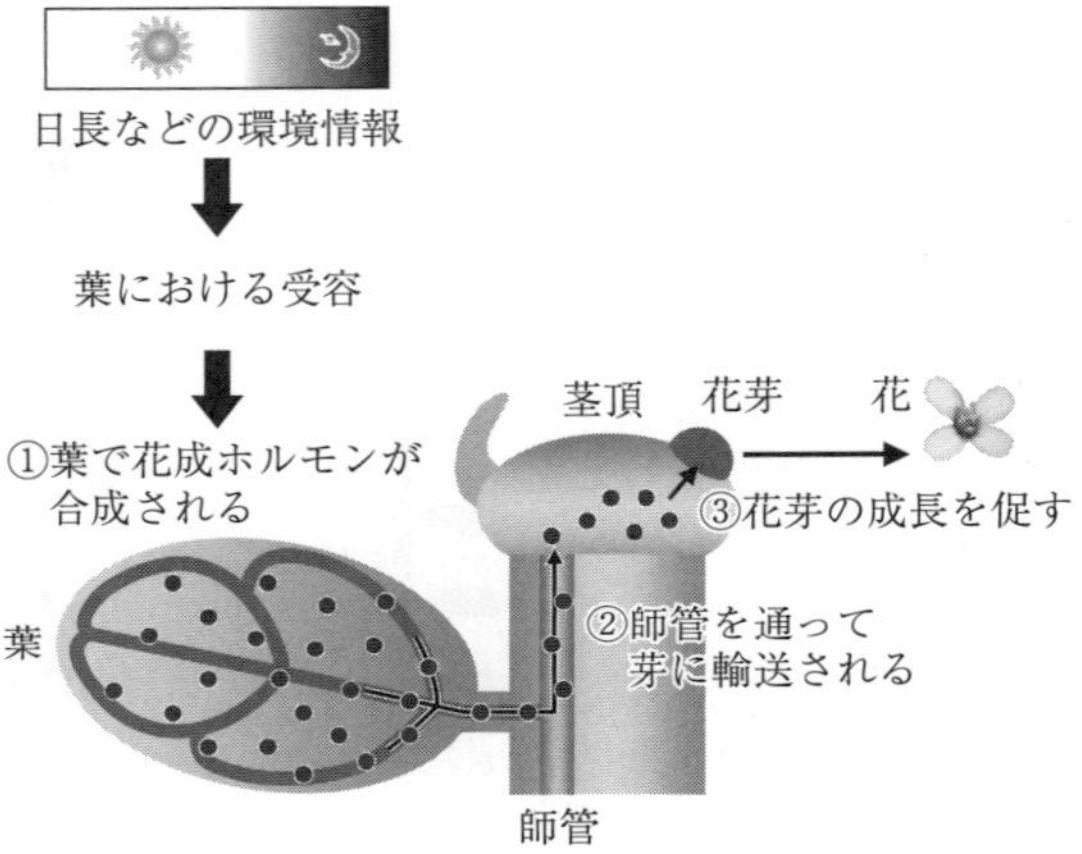
日長などの環境情報
葉における受容
①葉で花成ホルモンが
合成される
茎頂
花芽
花
③花芽の成長を促す
②師管を通って
芽に輸送される
葉
師管

図3-2　花成ホルモンの働く仕組み

ードで移動するか、などの実験が積み重ねられた結果、この情報を運んでいるのは、植物にとって血管のような役割を果たしている「維管束《いかんそく》」のうち「師管《しかん》」（維管束については、第8章参照）を通って移動する、なんらかの化学物質であると考えられるようになりました。

以上が、「花成ホルモン」という概念が提唱されてから20～30年の間にわかったことでした。ところが、ここで研究の進歩が止まってしまったのです。そして植物学者たちの不断の努力にもかかわらず、花成ホルモンの実体、「これこそ花成ホルモン」と呼べるような物質は、なかなか見つかりませんでした。

ただ、仕組みはわかっていなくても、この植物の反応を応用した農業は発展しました。その代表的なものに、キクの電照栽培《でんしょうさいばい》があります。人為的に昼と夜の長さを調節することで、出荷時期に合わせてキクを花成・開花させることができるので、一年中キクを飾って楽しめるわけです。

さて、さきにも述べた実験の数々から、ある物質が花成ホルモンであるといえるには、つぎのような条件を満たすことが必要だと考えられています（**図3-2**も参照）。

1 適当な日長条件を経験した葉でつくられる。
2 師管を通って「茎頂《けいちょう》」（茎の先端）に運ばれる。
3 茎頂で花芽の形成を引き起こす。
4 接木をした面を通じて伝達することができる。
5 日長によって花成のタイミングが調節されるために必要である。
6 さまざまな植物種で同じ働きをしている。

これらの条件を満たすような物質が存在するとしたら、その物質こそ「花成ホルモン」と呼ぶにふさわしいものであると考えられたのです。

しかし、右の6つの条件すべてをきちんと検証できるような実験は非常にむずかしく、それが研究の進展に長い停滞をもたらす原因となりました。そして、いつしか研究者の間には、あきらめの雰囲気が漂うようになったのです。

遺伝子がわかっても生命はわからない？

私が大学院生として植物学の分野に飛び込んだ1980年代の終わりころは、このような時代でした。だから、学生のころは、花成ホルモンの研究など、絶対にやりたくないと思っていました。

そのころは、まさに植物学の転換期でした。それまでは1つ1つの現象ごとに、最適と思われる植物の種類を選んで実験をするのが、植物生理学のやり方でした。たとえば花成に関しては、日本ではアサガオの「ムラサキ」という品種を用いて研究するのが一般的でした。この品種は、夜の長さを調節することで、きわめて正確に花成のタイミングを制御することが可能だったためです。

ところがそのころ、植物学にも「モデル植物」という考え方、つまり「ある特定の種に関してすべてを調べあげることで、植物全体に共通する生命機能を解き明かそう」という方法論が入ってきました（モデル植物については第2章参照）。そこで私も、モデル植物であるシロイヌナズナを対象に、花成の研究をはじめようと考えたのです。

いまでこそ、シロイヌナズナを用いることは植物学の主流となっていますが、その当時はかならずしもすぐに受け入れられたわけではなく、むしろうさんくさいもののように見られていました。なぜなら、最初に植物学の分野にモデル生物という考え方を持ち込み、シロイヌナズナを用いて実験をはじめたのは、植物学者ではなく、大腸菌や酵母《こうぼ》を使って遺伝学の研究をしてきた人々で、すでにその分野で実績を積み重ねてきた植物学の研究者には、「よそもの」が、自分たちのいわば「我流の」方法論を持ち込んできたように感じられたからです。そして、私を含めて「モデル植物」という考え方に共鳴した若い研究者は、「新しもの好き」として異端視される傾向がありました。

しかし私は、単に目新しい実験材料だからシロイヌナズナに飛びついたわけではありません。さきにも述べたとおり、当時は花成ホルモンの研究がゆきづまっていた時代でした。花成ホルモンと期待された、いくつかの物質は見つかっていましたが、どれもテスト条件のすべてには合格せず、「花成ホルモンなど存在しないのではないか」と研究者が思いはじめていた時代です。それは、これまでのやり方が正しくないからではないか、うまくいかなかったのには、それなりの理由があるのだろう。私はそのように考えたのです。

候補となるものすごくたくさんの物質から、前にあげた6つすべての条件を満たすものを、まったく予断なしに見つけてくるのには、無理があります。「花成のときに植物で働いている物質」と一口にいっても、膨大《ぼうだい》な種類があります。それを1つ1つ「これかな?」と拾いあげては条件に合うかどうか試していくのでは、いつになっても正解にたどり着かないかもしれません。それならば発想を変えて、まず、花を咲かせることにかかわっていると思われる1つの遺伝子に注目し、その遺伝子の指令によってつくられる物質がさきほどの6つの条件にあてはまるかどうかを調べてはどうだろうか、私はそう考えました。

そのために、まず「花が咲かない、あるいは咲きにくくなっている」異常な植物を調べて、その原因となっている遺伝子をつきとめ、その遺伝子の指令によってつくられる物質を調べるという手法をとることにしたのです。そこで、花が咲くのが遅くなっているシロイヌナズナの突然変異体(**図3-3**)から、その原因となっている遺伝子をクローニング(塩基配列を決めること)して、そこを出発点にすることを考えました。

年上の研究者の中には、「遺伝子がわかっても生命がわかるわけではない」と、私たちの方法の背景にある考え方を批判する人もいました。しかし、その時点でシロイヌナズナの「わかっている

図3－3　遅咲きの突然変異
播《は》種《しゅ》して3週間ほどたった野生型（正常な遺伝子をもつ）の植物（左）と約3カ月たった遅咲き変異体（花成を促進する遺伝子に突然変異が生じた）の植物（右）。どちらの植物でも、同程度に茎が伸び、最初の花が開花するところである

遺伝子」など、まだほとんどなかったのです。「やってみなければわからないではないか」というのが私の率直な考えでした。

それにはこんな背景もあります。学部の学生時代、カリフォルニア工科大学のシーモア・ベンザー教授が書いた一般向けの記事を雑誌で読んで、衝撃を受けました。ベンザー教授はショウジョウバエの研究で有名な方ですが、人為的に遺伝子に突然変異を起こさせたショウジョウバエが、特定の行動に異常を来すこと、つまり行動が遺伝子と結びついていることを証明したのです。

生物の複雑さを遺伝子のレベルで説明するのは、まだまだ理想論であるととらえられていた時代です。ですから、ベンザー教授が生物の複雑さの窮極《きゅうきょく》にあるともいえる「行動」を遺伝子で説明することができる可能性を示したのは、画期的なことでした。この発見に勇気づけられて私も、遺伝子からのアプローチという、まったく違う方法論を試してみることには価値があるし、またその時期に来ているのだ、と思ったのです。新しく研究をはじめる自分だからこそ、思い切ってできることだと思いました。

とはいえ、私はまだ、駆け出しの研究者にすぎませんでしたから、読みがかなり甘い部分もありました。おかげで学位論文の作成には、人より1年余計にかかりましたし、そればかりか博士号の公開予備審査で1度は不合格になるというたいへんな不名誉も経験しています。指導教官やほかの先生方に心配をかけながら、なんとか学位を取得しました。学位論文で私が取り組んだのは、花成を促進すると考えられた「*FLOWERING LOCUS T*（*FT*：エフ・ティー）遺伝子」の解析でした。*FT* 遺伝子に関してその当時わかっていたことは、遺伝子に突然変異が生じると花成が遅れるということだけでした（後述）。そこで、この遺伝子を見つけようと奮闘したのですが、結局うまくいかず、博士号は別の研究で取ることになったのです。結局、*FT* 遺伝子のクローニングと解析に成功し、「フロリゲン」の解明へとつながる道筋を見いだしたのは、これと思い定めてから実に10年たった、1999年のことでした。

フロリゲンを見つけた⁉

シロイヌナズナを用いた花成の研究が盛んになってきたのは、1990年代に入ってからです。その中で、花成の過程を調節している多数の遺伝子とその遺伝子の指令によってつくられる物質の複雑なネットワークが明らかになってきました。しかし、そのネットワークの中に「花成ホルモン」といえるような、中心的な役割を果たす物質はなかなか見つかりませんでした。

そうした中、２００５年になって、京都大学の私の研究室、そしてドイツとスウェーデンの２つの研究グループは、相次いで、*FT* 遺伝子からつくられる産物が、花成ホルモンの実体である可能性を示すことに成功しました。この項では、その発見にいたる過程を追ってみましょう。

FT 遺伝子の存在は、シロイヌナズナの染色体地図（染色体のどの部分にどの遺伝子があるかを示す「地図」）を作製していたオランダの研究グループが、長日条件に応答して花成が早くならない（日が長くなると花が咲くはずが、なかなか咲かない）シロイヌナズナの変異体から明らかにしました。*FT* 遺伝子が働かないと、長日条件に対する花成の応答が失われるということは、長日条件で花成が促進されるためには *FT* 遺伝子が必要だということです。実際、のちになって私たちが *FT* 遺伝子をクローニング（大腸菌の中で殖やして塩基配列を決めること）して植物の中で過剰に働かせたところ、とんでもなく早咲きになりました。この早咲きになったシロイヌナズナは、日長条件にかかわりなく早咲きになるとともに、これまで知られていた、花成を妨害するどんな操作を行なっても、かならず早咲きになりました。つまり、*FT* 遺伝子は花成のために非常に重要な遺伝子であろうということです。これらのことはさきに挙げた「花成ホルモンの条件」の5を満たしていることになります。

それでは、*FT* 遺伝子は植物のどの部分で働いているのでしょうか？　遺伝子が働くためには、まず遺伝子がもっている情報（タンパク質をつくるための指令）の読み出し（「転写《てんしゃ》」といいます）が必要です。情報はｍＲＮＡ（メッセンジャーＲＮＡ）という分子に写し取られ、これがタンパク質（*FT* 遺伝子の場合にはＦＴタンパク質）をつくるための指示書きになります。さて、これまでに述べ

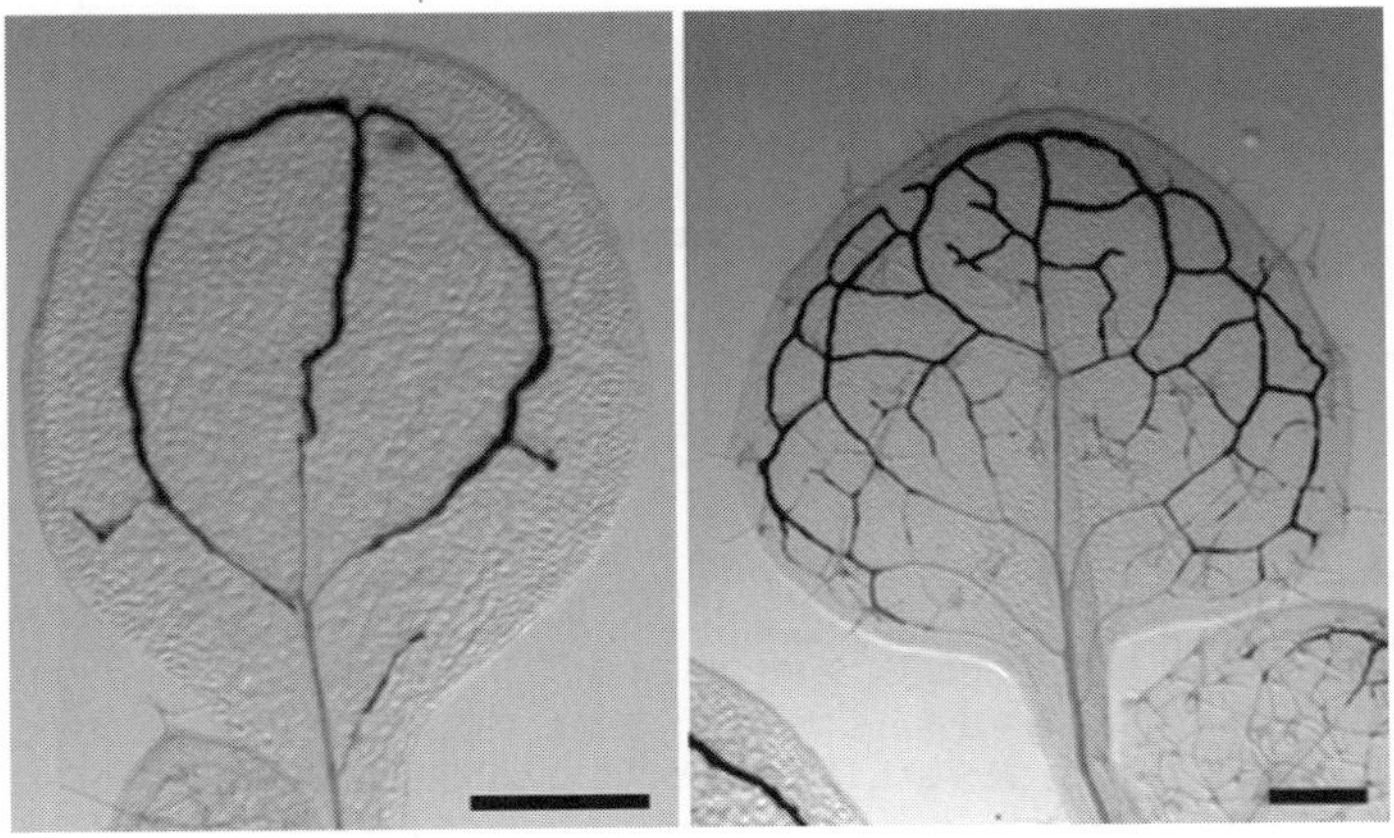

図3-4　*FT* 遺伝子が働いている葉の先端側の維管束部が、濃く染まっている。左が子葉、右が本葉。スケールは0.5mm

てきたように、花成を引き起こすには、葉で昼夜の長さを感じ取ることが最初のきっかけになりますから、*FT* 遺伝子からの情報の読み出しは葉で起こる、というのがもっともありそうな話です。実際に、岡山県生物科学総合研究所の後藤弘爾《こうじ》博士のグループが、*FT* 遺伝子からの情報の読み出しが起こるのは葉の維管束であることを示しました（**図3-4**）。さらに、*FT* 遺伝子は、短日条件に置かれたシロイヌナズナではほとんど働きません。ところが、短日条件で育てておいてからいきなり昼を延ばして長日条件にしてやると、数時間で働きはじめます。つまり、日長に対してきわめて敏感に反応する遺伝子であることがわかりました（**図3-5**）。これらのことは、「花成ホルモンの条件」の1があてはまることを示しています。しかし、注意が必要なのは、遺伝子からの情報の読み出しが起こる場所が、その遺伝子が働く場所であるとはかならずしもかぎらないことです。こ

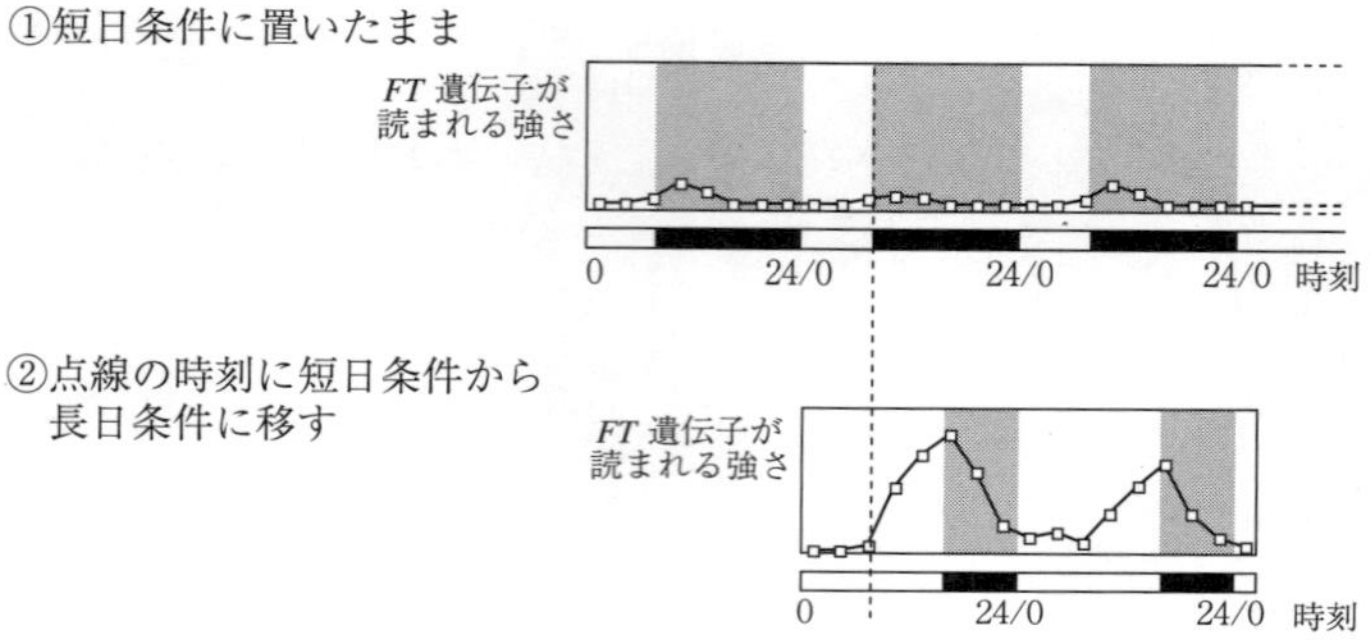

図3-5 *FT* 遺伝子は、日長に敏感に反応する
FT 遺伝子からの情報の読み出しは、日長に応答して起こる。短日条件(昼が短く夜が長い条件)では、読み出しはほとんど起こらない①。点線の時刻(昼の終わり)に長日条件に移すと、情報の読み出しが直ちにはじまる②

れについてはのちほど述べます。

FT 遺伝子が花成に対して重要な役割を果たしていることは、シロイヌナズナ以外の植物の研究からも、わかってきました。短日植物のイネも、長日植物であるシロイヌナズナの *FT* 遺伝子とよく似た「*Hd3a*（エイチ・ディー3エー）」という遺伝子をもっています。*Hd3a* 遺伝子も、日が短くなることに強く反応して、花成を強力に促進することがわかりました。そして、イネの *Hd3a* 遺伝子とシロイヌナズナの *FT* 遺伝子は、お互いの植物種の中で取り換えてもそれぞれ作用できます。シロイヌナズナの *FT* 遺伝子を壊してしまい、代わりにイネの *Hd3a* 遺伝子を働かせても花成を引き起こすことができますし、逆も可能なのです。つまり、*FT* 遺伝子は種を超えて保存されている花成のスイッチであることが示されたのです。その後も、柑橘《かんきつ》類やポプラ、オオムギ、トマトなどさまざまな植物において、*FT* 遺伝子が花成を引き起こす強力なスイッチとなっていることがわかってきています。このようにさ

まざまな植物種で同じように働くことは、「花成ホルモンの条件」の6にあてはまります。

このように*FT*遺伝子は花成のために非常に重要な遺伝子であり、フロリゲンと密接にかかわりがありそうな遺伝子であることはわかってきたのですが、働く量が少ないので検出がむずかしいことなど、研究のむずかしさにも直面していました。そこで私は、*FT*遺伝子と一緒に働く「パートナー」を見つけることからはじめました。いうならば、どんな友だちがいるかを知ることでその人のひととなりの手がかりを得ようという発想です。さきにも述べたように、*FT*遺伝子が過剰に働くと花が早咲きになりますし、咲かないはずの環境条件でも、*FT*遺伝子を働かせれば咲きます。この*FT*遺伝子の強力な働きをブロックできる変異体を探すことにしました。

私が注目したのは、「*FD*(エフ・ディー)遺伝子」でした。*FD*遺伝子は、*ft*変異体と同様、1991年にオランダのグループが遅咲き変異体(*fd*変異体)としてその存在をつきとめたものでした。しかし、*fd*変異体の遅咲きの程度は非常に微妙で、正常な植物とあまり変わらなかったため、当のオランダのグループを含めて、誰も積極的に研究しませんでした。

ところが、この*FD*遺伝子は、*FT*遺伝子と組み合わせたときにはじめて存在感がはっきりするものだったのです。さらに、遺伝子をクローニングしてわかったのは、*FD*遺伝子は*FT*遺伝子とは違って、転写は茎頂で起こり、葉の維管束では起こらないということです(**図3-6**)。このように、*FT*遺伝子と*FD*遺伝子は情報の読み出しが起こる場所がまったく重ならないにもかかわらず、一方が働くときにはもう一方も働く、と相互に関係しているらしいのです。詳しく調べてみると、FTタンパク質(*FT*遺伝子によってつくられるタンパク質)はFDタンパク質(*FD*遺伝子によ

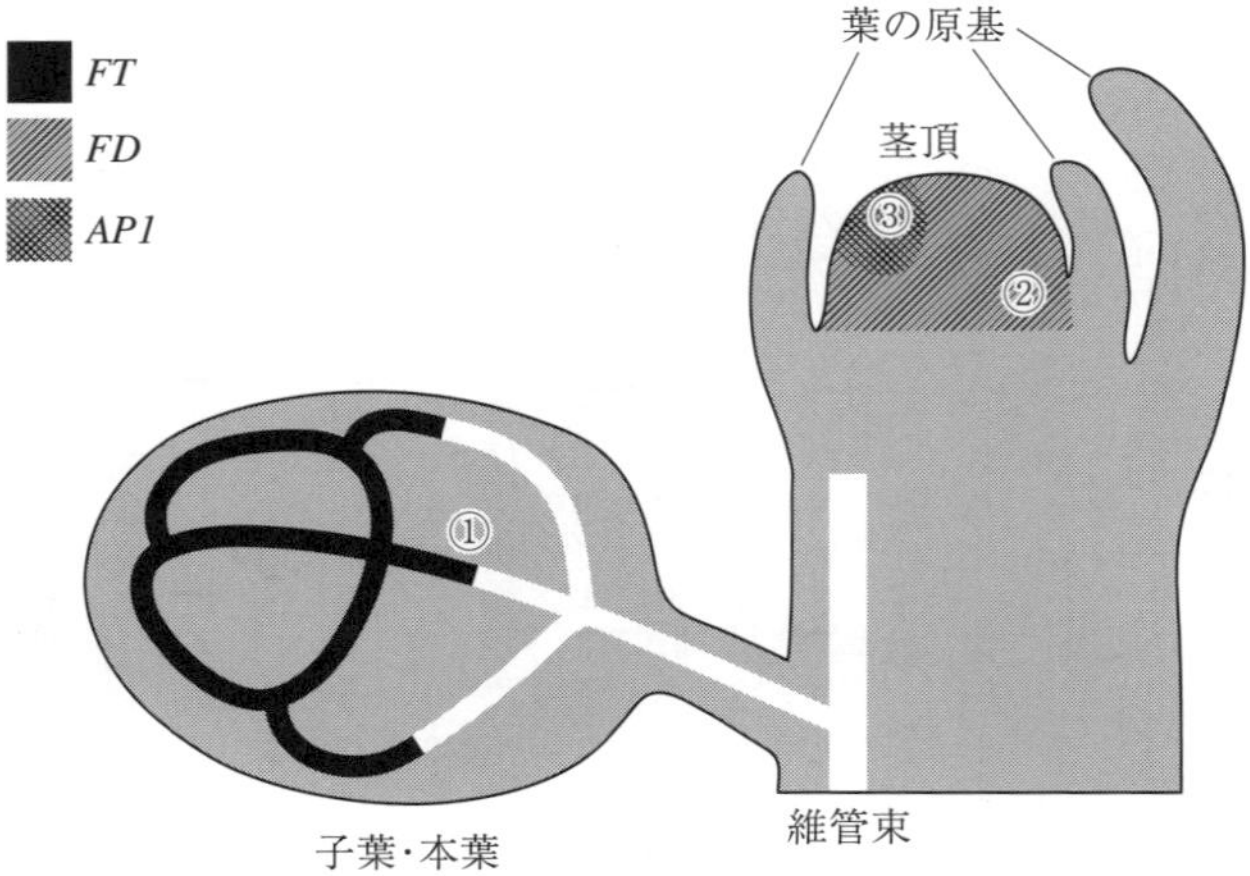

図３－６　*FT*、*FD*、*AP1*遺伝子の働く場所
FT 遺伝子は、子葉と本葉の維管束で情報が読み出されるが（図中の①の部分）、つくられたFTタンパク質は茎頂で働く（図中の②の部分）。*FD* 遺伝子は、茎頂で情報が読み出され、つくられたFDタンパク質は茎頂で働く（図中の③の部分）。*AP1*遺伝子は、茎頂の一部で情報が読み出され、つくられたAP1タンパク質はその部分で働き、花芽をつくらせる（図中の黒地に白点の部分）

ってつくられるタンパク質）と助け合って機能を発揮し、茎頂で「*AP1*（エー・ピー１）」（第４章参照）という別の遺伝子の働きを促して、花芽の形成を起こさせることもわかりました（**図３－７**）。「花成ホルモンの条件」の３です。

考えてみれば不思議なことです。*FT* 遺伝子からの情報の読み出しは葉の維管束で起こりますが、茎頂では起こりません。ところが、読み出された情報をもとにつくられたＦＴタンパク質と茎頂でつくられるＦＤタンパク質は助け合って働きます。つまり、この両者が同時に茎頂で働かないと具合が悪いのです。ここにいたって、「葉でつくられた*FT* 遺伝子の産物が茎頂に輸送されている

可能性」を考えないと、どうしてもつじつまが合わなくなってきたのです。

ＦＴタンパク質の働きが必要なのは確かに茎頂であることを確かめるため、私は、ＦＴタンパク質の働きを、茎頂と葉の維管束のそれぞれで抑えてみる実験を行ないました。すると、葉の維管束でＦＴタンパク質の働きを抑えても花成は遅れませんが、茎頂で抑えると遅れることがわかりました。やはり、ＦＴタンパク質は茎頂で働かなければならないのです。

FT 遺伝子を壊しておいた遅咲きのシロイヌナズナ（台木）に、*FT* 遺伝子が正常に働いているシロイヌナズナ（接穂）を接木すると、花成を促進する *FT* 遺伝子の効果が伝達し、台木の遅咲きの性質が抑えられ、早く花が咲くこともわかりました。このことから、「接木伝達性」という「花成ホルモンの条件」の4を確かめることができました。

花成ホルモンの条件を満たすために必要な証明は、あと1つ。「師管を通って茎頂に運ばれる」ことです。これに関しては、スウェーデンの研究グループがいち早く画期的な報告をしました。タンパク質ではなく、その設計図であるｍＲＮＡの状態で、師管を通って茎頂に運ばれるというのです。現在は各国の研究者がこれを確かめようとしている段階です。私たちは少し手の込んだ方法を使って検証を進めていますが、運ばれるのはどうやらｍＲＮＡではないようです。ドイツの研究グループもまったく違う方法から、やはりｍＲＮＡではないという結論にいたっているとのことです。どうやらタンパク質が輸送されるという可能性が濃厚のようです。これがきちんと示されれば、これまでの謎はひとまず解けたことになります。

これまでの研究から、*FT* 遺伝子を中心とした仕組みが、植物の生存戦略上、重要な役割を果た

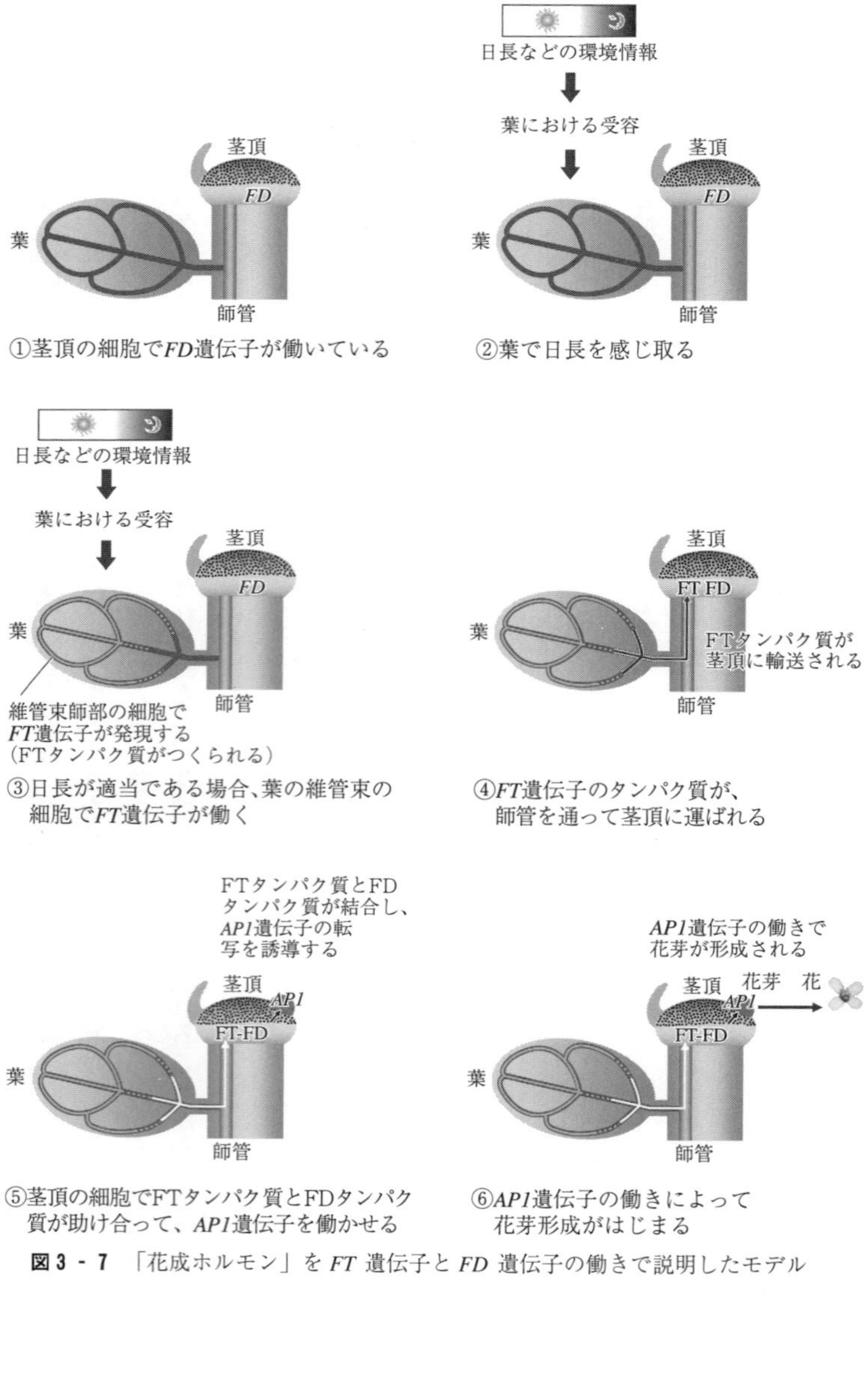

日長などの環境情報
葉における受容
茎頂
FD
葉
師管
①茎頂の細胞で*FD*遺伝子が働いている
②葉で日長を感じ取る
日長などの環境情報
葉における受容
茎頂
FD
葉
師管
維管束師部の細胞で
*FT*遺伝子が発現する
(FTタンパク質がつくられる)
③日長が適当である場合、葉の維管束の細胞で*FT*遺伝子が働く
茎頂
FT FD
葉
FTタンパク質が
茎頂に輸送される
師管
④*FT*遺伝子のタンパク質が、師管を通って茎頂に運ばれる
FTタンパク質とFD
タンパク質が結合し、
*AP1*遺伝子の転
写を誘導する
茎頂
AP1
FT-FD
葉
師管
*AP1*遺伝子の働きで
花芽が形成される
茎頂
花芽
花
AP1
FT-FD
葉
師管
⑤茎頂の細胞でFTタンパク質とFDタンパク質が助け合って、*AP1*遺伝子を働かせる
⑥*AP1*遺伝子の働きによって花芽形成がはじまる

図3-7 「花成ホルモン」を *FT* 遺伝子と *FD* 遺伝子の働きで説明したモデル

していることが、たくさん報告されています。たとえば、ある植物がほかの植物の陰に生《は》えてしまい、その影からどうしても抜け出せないときには、植物は成長を早めに切り上げて、花を咲かせて種子をつくってつぎの世代に可能性をつなぐ、という戦略をとります。そのときの1つの調節の仕方は、ほかの植物の陰になったことを葉の光センサーで感じ取り、*FT* 遺伝子が働くことを抑制していた「枷《かせ》」を外《はず》すことで早咲きにすることです。このように、日長だけではなく、生育期間の温度など、さまざまな環境条件が *FT* 遺伝子を中心とした制御システムに集約されているらしいことが、つぎつぎとわかってきています。

私たちの研究は光栄にも、「サイエンス」誌が選ぶ「2005年の10大科学成果」の1つに、ドイツやスウェーデンのグループの研究とともに選ばれました。フロリゲンの概念が提唱されてから実に70年、私が花成の研究をはじめてからでも15年以上の長きにわたった研究成果の結実でした。これは同時に、花成の研究が新しい段階を迎えたことを物語るものでもありました。

フロリゲンはシステムの一部である

ここまで読んできて、「*FT* 遺伝子が葉で働いていることがわかったのならば、その遺伝子によってつくられた物質が茎頂に運ばれて花成を引き起こす、というストーリーはすぐにでも考えられたはずだ」と思う方も多いでしょう。

しかし、論理的かつ経済的な説明が、かならずしも正しい結論だとはかぎりません。研究者は、手持ちの情報から焦《あせ》ってストーリーを組み立てることに対しては、常に警戒しなければならないのです。

現在使われている教科書のいくつかを見ると、この危険性がよくわかります。教科書には、その時点でわかっていることを綺麗につなぎ合わせて、一見合理的と思える形に組み上げた説明図がたくさん載っています。ところが、こういった説明図は、新しく発見された事柄が追加されると、書き直しの憂《う》き目を見ることがしばしばあります。たとえば、ほんの数年前に出た植物生理学のある教科書には、ここまで紹介してきた花成の仕組みとはかなり異なる「花成を制御する遺伝子のネットワーク」の図が描かれています。

いまとなってはこの図は間違っている、といってしまうことは酷です。この教科書がつくられた時点でわかっていたことを、できるだけ綺麗に組み立てた結果なのですから。しかし同時に、パズルのピースがまだそろわない状態で、無理に全体図を描こうとすると、本質からかけはなれたものになってしまう危険性もわかります。

同じ理由で私は、つい最近の教科書が*FT*遺伝子によるmRNAの輸送を花成の調節メカニズムの中心に置いていることにも、若干の危惧《きぐ》を覚えます。

私はもちろん、*FT*遺伝子の産物が花成ホルモンの役割を果たしているだろう、とは思っています。しかし、その全体像が明らかになってくるにつれて、以前に考えられていたように「花成ホルモン＝ある特定の物質」という単純な構図は成立しないこともわかってきています。花成という、植物にとって大事なイベントは、1つの仕組みではなく、その仕組みがもしうまくいかなかったとしても、ほかで代替できるような複数の仕組みの組み合わせで制御されているはずですし、実際にそうであることがわかってきています。

たとえば、*FT* 遺伝子によく似た遺伝子は、シロイヌナズナでほかにもう1個、イネの場合は10個も見つかっています。*FT* 遺伝子が花成というイベントの中核となる経路の主役であったとしても、万が一この仕組みがうまく働かなかった場合には、ほかの仕組みが働いて花成を引き起こすという、いわば保険の機能（フェイルセーフ機能）がそなわっているはずなのです。突然変異体を使って花成の仕組みを探るという研究をはじめたころ、よく遭遇した批判は、「君たちが注目している突然変異体はどれもこれも『遅咲き』というだけで、『花成しない』突然変異体は1つもないではないか」というものでした。花成しない突然変異体ならともかく、ちょっと花成が遅れる程度の突然変異体を使って花成の何がわかるのか、というわけです。しかし、私は「花成しない」突然変異体がないということの中に、ほかならぬ「フェイルセーフ機能」の体現を見ていました。

さて、シロイヌナズナには2万6000個の遺伝子があるといわれていますが、現在わかっている花成にかかわる遺伝子は100個ほどです。この数はどんどん増えています。それにしても、これだけで花成のすべてを制御している、と考えるのは少なく見積もりすぎでしょう。実際にはさらに多くの遺伝子が花成にかかわり、複雑な制御系をなしているはずです。この仕組みの全体像を描き切ったとき、その大きな図の中に「フロリゲン」の占める部分を塗り分けてみることはできるでしょう。

最初に述べたように、研究者たちが70年もの間追い求めてきた花成ホルモン「フロリゲン」は、少量を植物に与えることでパッと花を咲かせることができる魔法の物質として、しばしば「花咲爺さんの灰」にたとえられてきました。しかし、その実態が明らかになるにつれ、物事はそう単純ではないことも明らかになりました。代わりに立ちあらわれてきたのは、植物の一生にとってもっとも重要な「花が咲く」というイベントを制御するための、複雑で見事な制御システムです。今日の植物学者たちの努力は、その制御システムを、長い年月の間に植物が織りあげた美しいタペストリーの姿として示そうとしています。そして、そのタペストリーの中でひときわ鮮やかな図柄こそが「フロリゲン」だったのです。

（注）
スウェーデンの研究グループがｍＲＮＡの輸送を報告した２００５年９月の論文は、２００７年４月になって論文全体が取り下げられるという異例の事態となった。データの一部に不正な操作があったということである。現在、複数の研究グループにより、フロリゲンの実体はｍＲＮＡではなくタンパク質であるという趣旨の論文が提出されており、２００７年中にこの結論が確定し、一般に広く受け入れられる見込みである。

4章

遺伝子の働きによる花の形づくり

◉平野博之

ラフレシアのように、腐った肉のにおいを放ち、直径90センチにもなる強大な花、ネジバナ（モジズリ）のように、虫眼鏡で見なければその内部を観察できないような小さいかれんな花。このように花は、多様性に富んだ植物体の中でも、もっともユニークな器官だといえます。さまざまな色や形、大きさ、香りがあり、誰が見ても美しいと思う花から、これが花なのかと思うようなものまで、実にバラエティに富んでいます。そして、バラやユリ、洋ランなど美しい観賞用植物は、私たちの日常生活に潤《うるお》いをもたらしますし、結婚式やいろいろなお祝いなど、華やかな場面にも必要欠くべからざるものです。

一方、植物の研究者にとっては、花はこれまで、その心を引きつけてやまない研究対象でした。花は、どのような遺伝子の働きにより、どのような仕組みでつくられるのでしょうか？

綺麗な花を咲かせるものといえば、被子《ひし》植物であり、十数年前まで、双子葉《そうしよう》類と単子葉《たんしよう》類に分類されると考えられてきました。双子葉類の子葉《しよう》は2枚で、葉の葉脈は網目状になっているという特徴があります。これに対し、単子葉植物の子葉は1枚で、葉脈は平行に走っています。この本を読んでいるみなさんの中にも、このような特徴から、このような分類として理解している人が多いと思いますし、いまでも、中学や高校の教科書ではこのように解説されています。しかし近年、DNAやタンパク質を比較する分子レベルの研究が進むに従い、この分類が見直されることになりました。

まず、「真正《しんせい》双子葉植物」という新たな分類群がつくられました。真正双子葉植物には、バラやキクの仲間が含まれます。シロイヌナズナやあとで登場するキンギョソウも真正双子葉植物です。

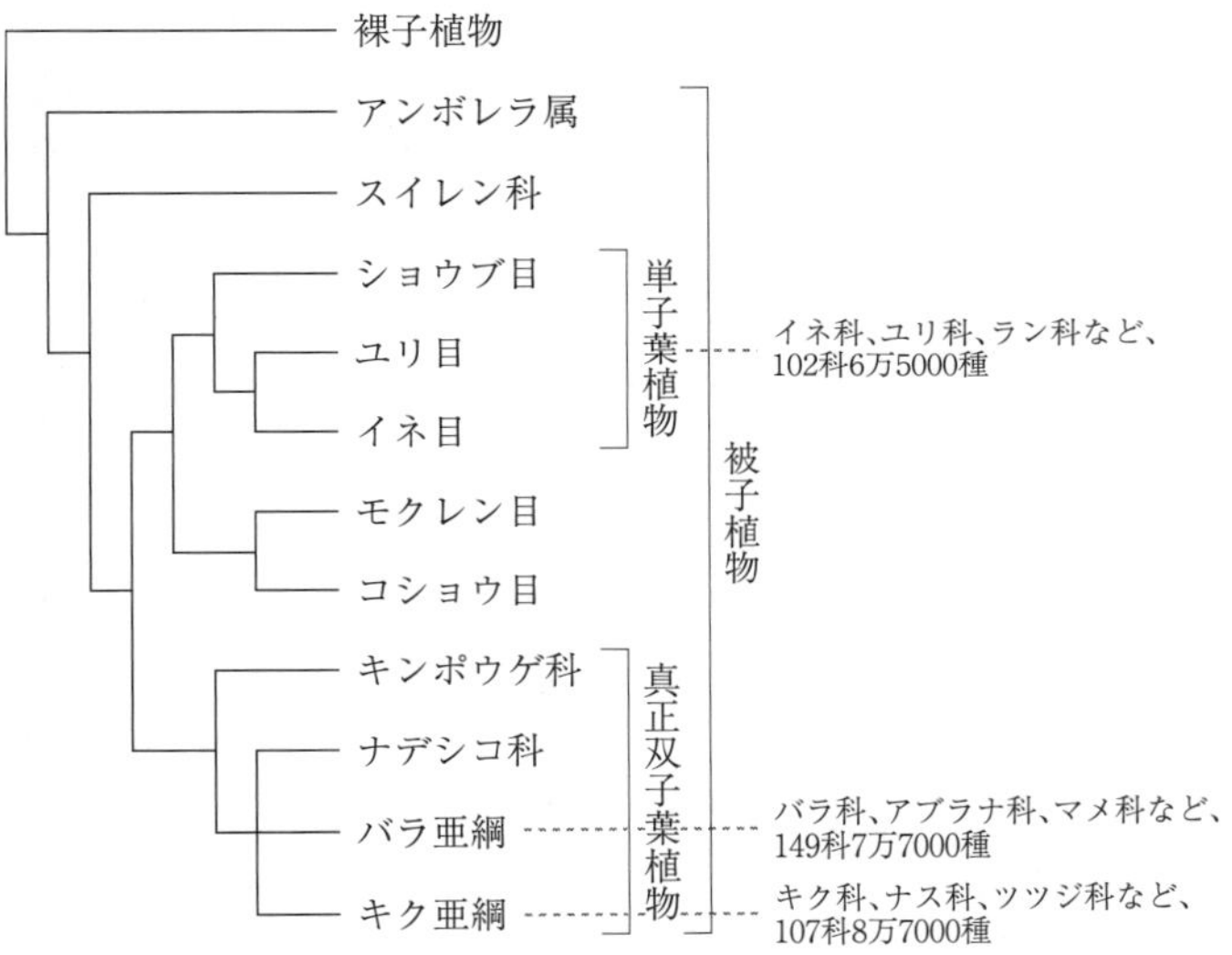

図4-1　被子植物の系統樹

単子葉植物は、これまでと同様、まとまった1つのグループになり、これには、イネ、ユリ、ランなどが含まれます。しかし、被子植物のもっとも原始的な位置や単子葉植物と姉妹的な関係にある位置に、これまで双子葉類としての特徴とされていた形態をもつ植物がいくつかのグループをつくることがわかりました（**図4-1**）。前者のグループにはアンボレラやスイレンなど、後者のグループにはモクレンやコショウなどが含まれます。

　この新しい系統関係は、被子植物が裸子《らし》植物から分かれたのちに、双子葉類としての形態的特徴をもつ植物がまず出現し、その中から単子葉植物が進化してきたことを示しています。これは、被子植物の誕生直後に双子葉類と単子葉類とに分かれ、その後、別の道をたどって進化してきたというこれまでの考え方とは、大きく変わるものです。真正双子葉植物と単子葉植物は、合わせると被子植物の9割以上を軽く超してしまうほど大きな分類群です。

花の形づくりの研究

このように進化してきた植物は、多種多様な形態をもっていますが、その中でも、花はもっとも多様性に富み、ユニークな器官だといえます。

まず、もっともよく見られる被子植物の花の構造についてお話ししましょう。たとえば、サクラやアブラナの花などを思い浮かべてみてください。このような花は、枝や茎から伸びた柄の先につき、花の中心には雌しべがあります。雌しべのまわりを雄しべが、さらにその外側を花びらと萼《がく》（萼片）が囲んでいます（**図4-2**）。

基本的な構造は同じですが、花は見たところ非常に多様です。たとえば、花びら（花弁）に注目すると、融合しているもの（合弁花《ごうべんか》）や離ればなれになっているもの（離弁花《りべんか》）があります。単子葉植物のユリやチューリップでは、萼ができる位置に花びらができます。あとで詳しく述べるように、イネの花のつくりはさらに大きく変わっています。

このような花は、どのような仕組みでつくられるのでしょうか？ 動物、植物を問わず、生命のいとなみは、すべて遺伝子の働きによって制御されています。花や葉をつくり、形を整えるのも、遺伝子の働きです。花の形づくりはどのような遺伝子の働きによって調節されているのでしょうか？ 形が多様であっても、そこに働く遺伝子は共通しているのでしょうか？ それとも、異なる

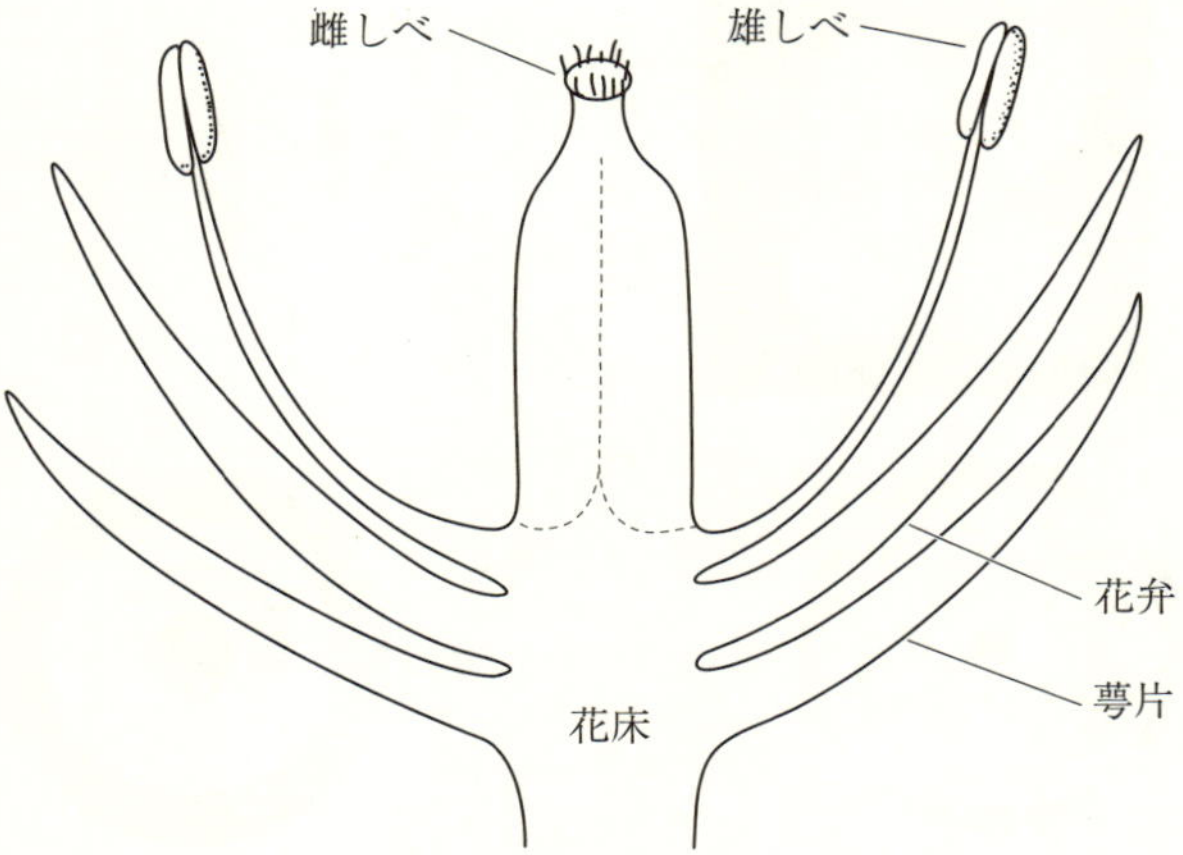

図4-2 被子植物の花のつくり

遺伝子がそれぞれ多様な花の形づくりにかかわっているのでしょうか？　あるいは、ある程度までは共通した遺伝子が働き、多様な形のところだけ、異なる遺伝子が働いているのでしょうか？　これは第2章でも触れられた「エボ・デボ（進化発生学）」の大きなテーマの1つです。

この章では、真正双子葉植物の代表として、アブラナの仲間のシロイヌナズナを、単子葉植物の代表としてイネをとりあげて、花の形づくりの仕組みとそこに働く遺伝子機能の共通性と独自性について解説していきたいと思います。

ほかの章でも登場するように、花の形づくりの研究にもシロイヌナズナが長い間用いられてきました。シロイヌナズナの花には、中心に雌しべが1本、そのまわりに雄しべが6本あり、雄しべのまわりに白い花びら（花弁）が4枚、さらにその外側に4枚の萼片からなる萼があります。色は白く、直径約2～3ミリほどのかれんな花です（**図**

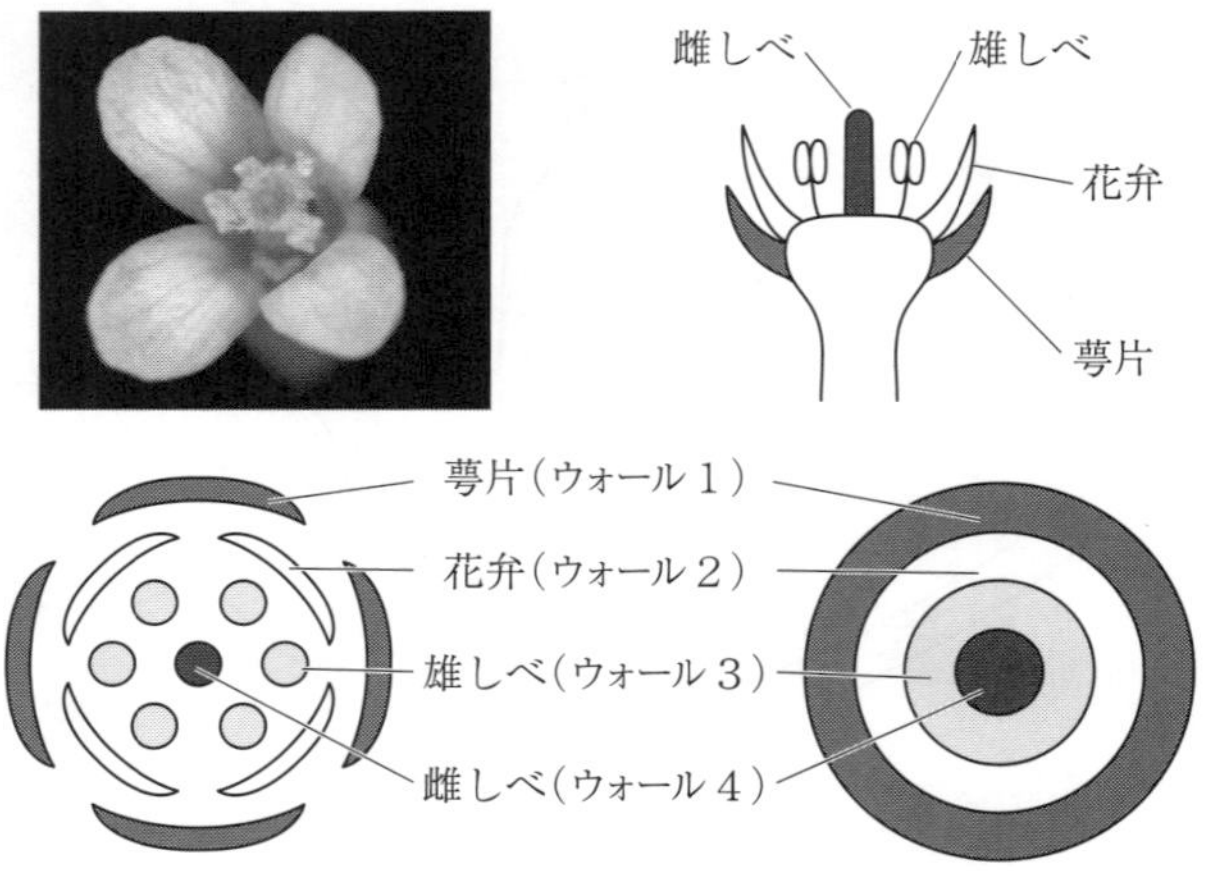

図4-3　シロイヌナズナの花とその模式図

4-3）。

１９９１年、このシロイヌナズナの小さな花の研究によって、花の形づくりの遺伝子の働きを遺伝学的に説明する「ＡＢＣモデル」が提案され、世界中の植物学者の注目を集めました。このモデルには、のちほどあらためて触れますが、花の形づくりにかかわるいくつかの遺伝子をＡクラス、Ｂクラス、Ｃクラスの３つに分類し、これらの遺伝子の働きにより、どの位置にどのような花器官がつくられるのかを説明するものです。**図4-4**のような簡単な模式図で表現されるこの美しいモデルを提唱したのは、米国カリフォルニア工科大学のエリオット・マイロヴィッツ教授と、当時まだ大学院生だったジョン・ボーマンでした。

花の形態が異常となった変異体には、形が異常なものや花の器官数が増減するものなど、いろいろなものがあります。彼らは、まず、いろいろな変異体の中から、特定の変異体に注目しました。それは、

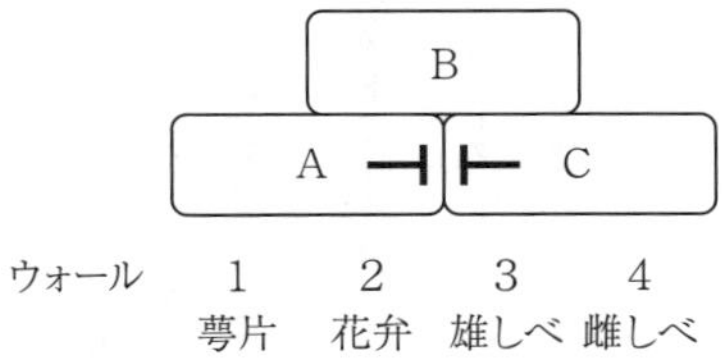

図 4-4 ＡＢＣモデル（シロイヌナズナの場合）
花の形づくりにかかわる遺伝子は、Ａクラス、Ｂクラス、Ｃクラスに分類することができる。シロイヌナズナの場合、Ａクラス遺伝子には、「*AP1*」と「*AP2*」、Ｂクラス遺伝子には「*AP3*」と「*PI*」、Ｃクラス遺伝子には「*AG*」がある。Ａクラス遺伝子とＣクラス遺伝子は、互いに抑制し合う（図の―｜｜―は、抑制をあらわす記号）。それぞれの遺伝子の働きについては、後述する

「ホメオティック突然変異体」というものです。ホメオティック突然変異とは、ある器官が別の器官に置き換わる現象のことです。それまで、研究の進んでいるショウジョウバエなどで、触角が前肢に置き換わるなど、多くのホメオティック突然変異体を用いて、遺伝子の働きによる発生の仕組みの理解が飛躍的に発展しました。このように、突然変異体を利用するなどして、生物の発生を研究する分野は、発生遺伝学と呼ばれています。実は、マイロヴィッツ教授は、ショウジョウバエの発生の研究でも世界の第1人者の1人でした。その彼が、それまで用いてきた発生遺伝学の研究方法を植物に適用したわけです。

ほぼ同じころ、キンギョソウの花を研究していた英国のジョン・イネス研究所のエンリコ・コーエン博士が、マイロヴィッツ教授たちと同じような結論にいたりました。シロイヌナズナとキンギョソウとは真正双子葉植物の中では、2つの大きく異なる分

類群（バラ亜綱とキク亜綱）にそれぞれ属しています。真正双子葉植物の中で遠縁な2つの植物で同じような結論が得られたことから、花の形づくりには共通した遺伝的機構があるのだろうと考えられるようになりました。コーエン博士もショウジョウバエから植物へと研究を転換した研究者でした。

このように、ある分野の研究が大きく転換するときには、他分野での知識や経験が大きく生かされることがあります。生物学のもっと大きな転換期、すなわち、分子生物学の勃興《ぼっこう》期には、フランシス・クリックやマックス・デルブリュックなど、物理学から生物学へと研究を転換した科学者たちが大きな役割を果たしています。

花の発生のＡＢＣモデル

さて、シロイヌナズナやキンギョソウで得られたホメオティック突然変異体は、萼片と花弁がそれぞれ雌しべと雄しべに変化するクラス（aクラス変異体）、花弁と雄しべがそれぞれ萼片と雌しべに変化するクラス（bクラス変異体）、雄しべと雌しべがそれぞれ花弁と2次花に変化するクラス（cクラス変異体）の3つに分類されることがわかりました（**図4-5**）。2次花とは、花の中にさらに別の花ができることで、cクラス変異体では、「萼片、花弁、花弁（雄しべが変化したもの）」が雌しべの位置に2次花として生じ、さらに2次花の中に、同じような3次花ができます。言い換えれば、「萼片、花弁、花弁」のセットを何度も繰り返すことになります。シロイヌナズナやキンギョソウの研究者たちは、これらの変異体を解析することにより、花の発生の仕組みを説明するＡＢ

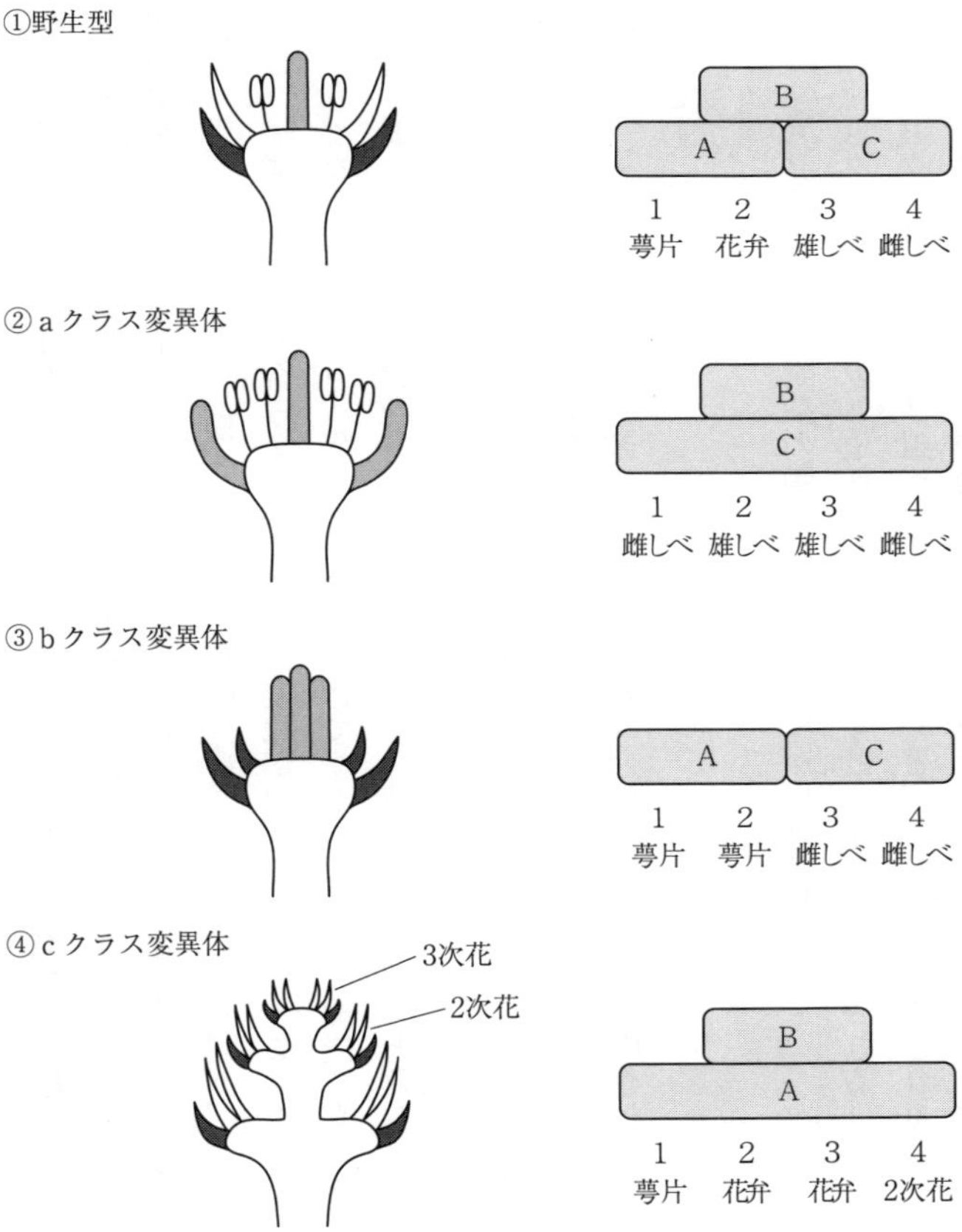

図4-5　ＡＢＣモデルから説明される野生型と変異体の花

Cモデルを考案しました。シロイヌナズナを例にとって解説しましょう。

シロイヌナズナの花を真上から俯瞰《ふかん》すると、中心から、雌しべ、雄しべ、花びら、萼片の4つの器官が、同心円状に位置しています。それぞれの器官が位置する場を「ウォール(whorl)」と呼び、萼の場を「ウォール1」、花びら、雄しべ、雌しべの場を、それぞれ「ウォール2」「ウォール3」「ウォール4」とします(**図4-3**)。さきほど述べたように、a、b、cの3つのクラスの変異体では、いずれも、隣り合う2つの花器官に変化が起きています。これらの変異体は、ある遺伝子が働かなくなることにより、異常が起きたわけですから、正常な機能をもつAクラス遺伝子は萼片と花弁、Bクラス遺伝子は花弁と雄しべ、Cクラス遺伝子は雄しべと雌しべの発生に必要ということになります。

さらに考え方を発展させ、つぎの法則を設けると、検討したあらゆるホメオティック変異体が説明できることを示し、「ABCモデル」として完成させたのです。

まず、第1の法則は、つぎの「遺伝子の組み合わせにより、形成される花器官が決まる」というものです(**図4-4**)。

・Aクラス遺伝子単独の働きにより、萼片が形成される。
・AクラスとBクラス遺伝子がともに働くと、花弁が形成される。
・BクラスとCクラス遺伝子がともに働くと、雄しべが形成される。
・Cクラス遺伝子だけが働くと、雌しべができる。

第2の法則は、「Aクラス遺伝子はCクラス遺伝子が働くのを抑制し、Cクラス遺伝子はAクラス遺伝子の働きを抑制する」というものです。

この2つの法則を組み合わせることにより花の発生を説明するのがABCモデルです。ABCモデルを元に考えると、各クラスのホメオティック突然変異体の器官の置き換わり方が、非常によく理解できるようになります。たとえば、Bクラス遺伝子が働かないと（bクラス変異体）、ウォール2で働くのはAクラス遺伝子だけ、ウォール3で働くのはCクラス遺伝子だけになります。その結果、ウォール2では花弁が萼片に、ウォール3では雄しべが雌しべに変化してしまいます（図4－5③）。同じように、Aクラス遺伝子が働かなくなると（aクラス変異体）、第2の法則により、ウォール1と2で働かなかったCクラス遺伝子が、この2つのウォールでも働くようになります。その結果、ウォール1ではCクラス遺伝子のみが働き、萼が雌しべに、ウォール2ではBクラスとCクラスの遺伝子が働くため、花弁が雄しべに変化します（図4－5②）。

さて、クラスc変異体では、Aクラス遺伝子がウォール3と4でも働くようになり、ウォール3ではA＋Bとなるため雄しべが花弁に変化し、ウォール4では2次花ができてしまいます（図4－5④）。

2次花ができる理由を説明しましょう。花の各器官は、「花分裂組織」という未分化な細胞の集まりから分化してきます。花弁や雄しべができる際には、細胞が使われると同時に、未分化な細胞も補充されます。しかし、雌しべがつくられるときには、Cクラス遺伝子の働きによりその補充が起こらず、すべての未分化細胞が使い尽くされてしまいます。これは、Cクラス遺伝子のもつもう1つの機能で、「有限性の制御」といいます。つまり、いつまでも未分化細胞をつくりつづける（無限）のではなく、雌しべをつくったあとに、これで花の発生を終わりにする（有限）作用を保っているわけです。cクラス変異体では、この遺伝子の作用がなくなるわけですから、未分化な細胞がいつまでも残り、再度萼片から花をつくりはじめ、2次花をつくり、さらにそれを繰り返すことになります。

このようにして、ABCモデルは、ホメオティック突然変異体の形態異常を綺麗に説明することができます。各クラスの変異の組み合わせ、二重、三重変異体の性質も矛盾なく説明できます。このABCモデルは、植物の発生遺伝学の中でも、もっとも、簡潔かつ明瞭なモデルだと思っています（今後は、3つのクラスの遺伝子を総称して、ABC遺伝子と呼ぶことにします）。

ABCモデルにかかわる遺伝子

1990年代前半に、ABCの各クラスに属する遺伝子が、分子レベルでつぎつぎとつきとめられていきました。遺伝子が働くときには、DNAに書き込まれた情報が、mRNA（メッセンジャーRNA）に写し取られます。これを「転写《てんしゃ》」といい、遺伝子が働きはじめることを「発現」といいます。遺伝子がいつ、どこで、発現するかは、遺伝子のスイッチの役割をする「転写因子」というタンパク質によって、調節されています。実は、ABC遺伝子は、それぞれ、この転写因子をつくる情報をもっていることがわかったのです。

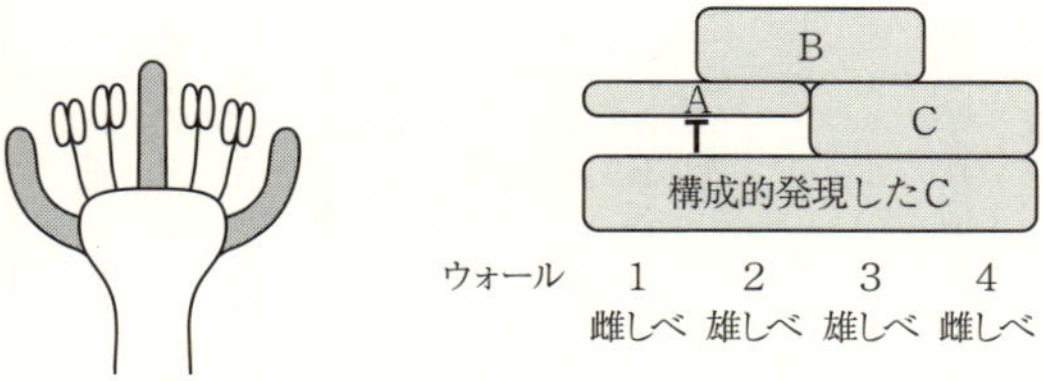

図4-6 Cクラス遺伝子の過剰発現による花の変化

転写因子には非常にたくさんの種類があり、タンパク質を構成するアミノ酸の並び方から、遺伝子のグループとして分類されています。そのグループを「遺伝子ファミリー」といいます。シロイヌナズナには、Aクラス遺伝子として*AP1*（エー・ピー1）と*AP2*、Bクラス遺伝子として*AP3*と*PI*（ピー・アイ）、Cクラス遺伝子として*AG*（エー・ジー）の5つの遺伝子が存在します。このうち、*AP1*、*AP3*、*PI*および*AG*の4つの遺伝子は、「*MADS*（マッズ）遺伝子ファミリー」と呼ばれる同じ遺伝子ファミリーに属することがわかりました（*AP2*だけはほかの遺伝子ファミリーに属します）。

a、b、c各変異体では、いろいろな遺伝子のスイッチを入れるおおもとの遺伝子が働かなくなったのですから、器官がまるごと置き換わるという大きな変化が起こることがよく理解できると思います。さらに、正常の花ではCクラスの*AG*遺伝子はウォール1と2では発現しませんが、遺伝子操作により、すべてのウォールで発現するようにすると（構成的発現といいます）、ウォール1に雌しべが、ウォール2には雄しべができるようになりました（**図4-6**）。この実験では、Cクラスの*AG*遺伝子の働きを非常に強くしているために、Aクラス遺伝子の発現が抑えられ、ウォール1ではCクラス遺伝子のみが、ウォール2では、BクラスとCクラス遺伝子が、主に働くようになった結果であると考えられます。このような分子生物学的な研究により、Cクラス遺伝子が雄しべと雌しべの発生を決めていることが証明されました。

ほかの遺伝子についても、同じことが実験的に示され、ABC遺伝子は、いずれも、いろいろな遺伝子のスイッチとして働くことにより、各花器官の発生を調節していることがわかりました。それでは、このABC遺伝子のスイッチにより、どのような遺伝子が働き出すのでしょうか？　これは、現在、世界の第1線の研究者が競って解明しようとしている研究テーマです。今後の展開を期待しましょう。

さて、遺伝子が発現すると、mRNAがつくられます。ですから、mRNAがどこに存在するかを調べれば、遺伝子がどこで働いているかがわかります。正常な花でこれを調べると、各ABC遺伝子のmRNAは、遺伝学的研究でその遺伝子が機能していると考えられたウォールに存在していることが確かめられました。たとえば、野生型の花では、*AG* 遺伝子のmRNAは予想どおりウォール3と4のみで検出されました。さらに、aクラス変異体で *AG* 遺伝子のmRNAを調べてみると、1～4のすべてのウォールに存在することがわかりました。これは、この突然変異体でAクラス遺伝子が働かなくなったために、Cクラス遺伝子の発現を抑えることができなくなったことを示しています。

このようにホメオティック突然変異体を用いた遺伝学的な研究から考案されたABCモデルは、分子生物学な研究を通してその正しさがさらに確固たるものになってきました。

ところで、機能的に予想されたウォールでmRNAが実際に検出されるということに、唯一の例外があります。それは、Aクラス遺伝子に属する*AP2*遺伝子で、そのmRNAはすべてのウォールでつくられていました。それなのに、*AP2*遺伝子が働かなくなると、ウォール1とウォール2だけに異常があらわれます。この現象は、*AP2*遺伝子の発見以来、10年もの間、「大きなミステリー」として、研究者を悩ませてきました。ところが2003年、*AP2*遺伝子からmRNAがつくられているものの、ウォール3とウォール4では、そのmRNAの働きをブロックする特殊なRNA（m·iRNA。マイクロRNAといいます）がつくられていることがわかりました。そのため、*AP2*遺伝子の働きは、ウォール1とウォール2のみに限定されるようになるのです。

このように、miRNAによってmRNAの機能が抑えられることを「RNA干渉」といいます。線虫《せんちゅう》の研究でRNA干渉のメカニズムを解明した米国のアンドルー・ファイアーとクレイグ・メローに、2006年のノーベル医学・生理学賞が授与されたのは記憶に新しいところです。私たちの身近な花の形づくりにも、「RNA干渉」は大きな働きをしているのです。

イネの花のつくり

このように、シロイヌナズナで代表される真正双子葉植物では、花の形づくりの基本的な仕組みが遺伝子の働きとして詳細にわかってきました。それでは真正双子葉植物とは進化的に遠縁で、形態も大きく異なっている単子葉植物の花の発生には、どのような仕組みがあるのでしょうか？　これが、目下私が研究しているテーマです。

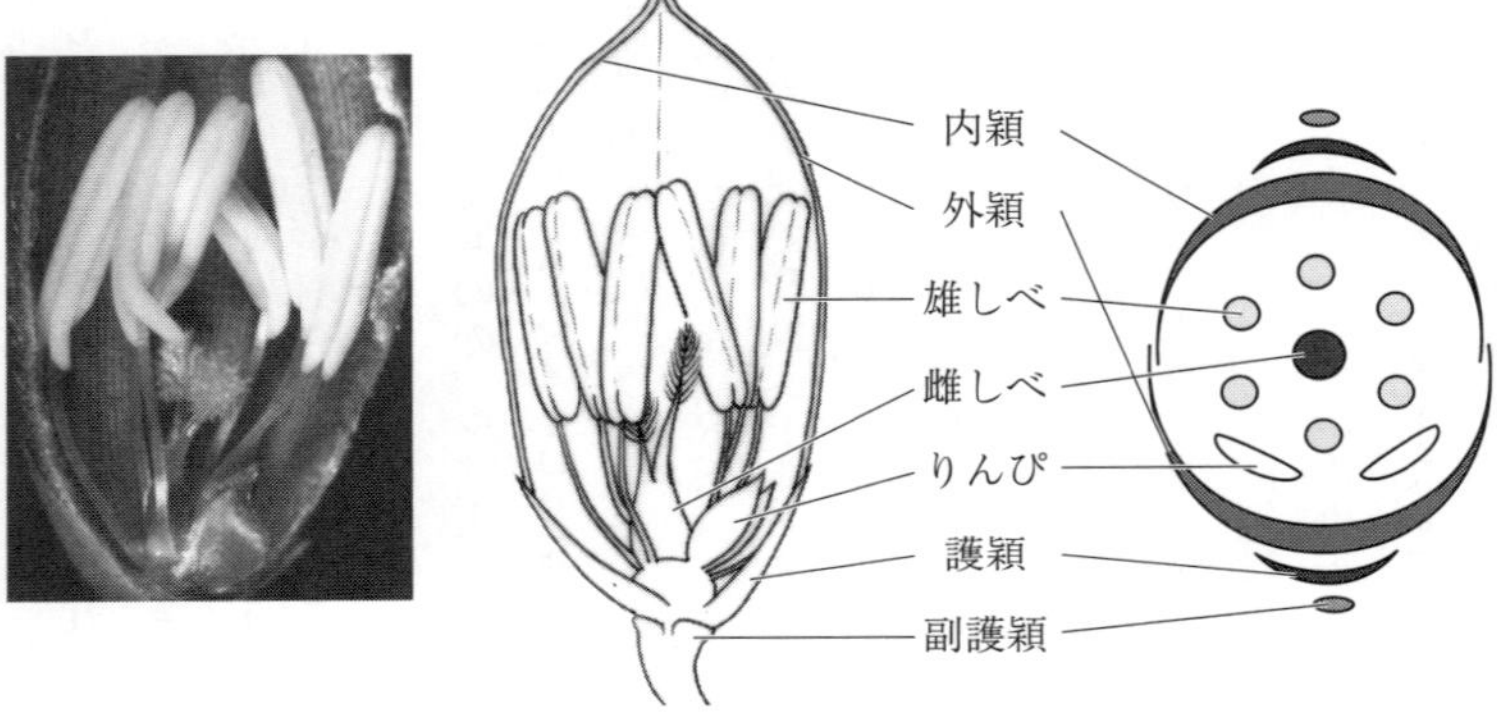

図4-7　イネの花とその模式図

いまから10年ほど前、私は、それまで行なっていた研究を大きく転換し、イネを研究対象とした植物の分子発生遺伝学の分野に参入しました。イネは毎日の食材として欠かせない重要な作物で、わが国を中心に多くの応用研究が進められています（第10章参照）。しかし、基礎的な植物学の研究にとってもとても都合のよい研究材料で、シロイヌナズナと比べても遜色《そんしょく》のない特質をそなえています。

まず、イネの花を簡単に紹介しましょう。イネの花には、花弁や萼片はありません。雄しべのすぐ外側には、「りんぴ」という器官があり、その外側には、内穎《ないえい》と外穎《がいえい》があります（**図4-7**）。夏に、田《たん》圃《ほ》で青々とした緑の穂を見ると思いますが、これは内穎と外穎です。それより内部の器官は内穎、外穎によって囲まれて、外からは見えません。イネはその一生で1度、内穎と外穎が開き、雄しべにある葯《やく》から花粉が外に飛び散っていきます。このとき、内穎と外穎を押し広げる役目をするのが、りんぴです。

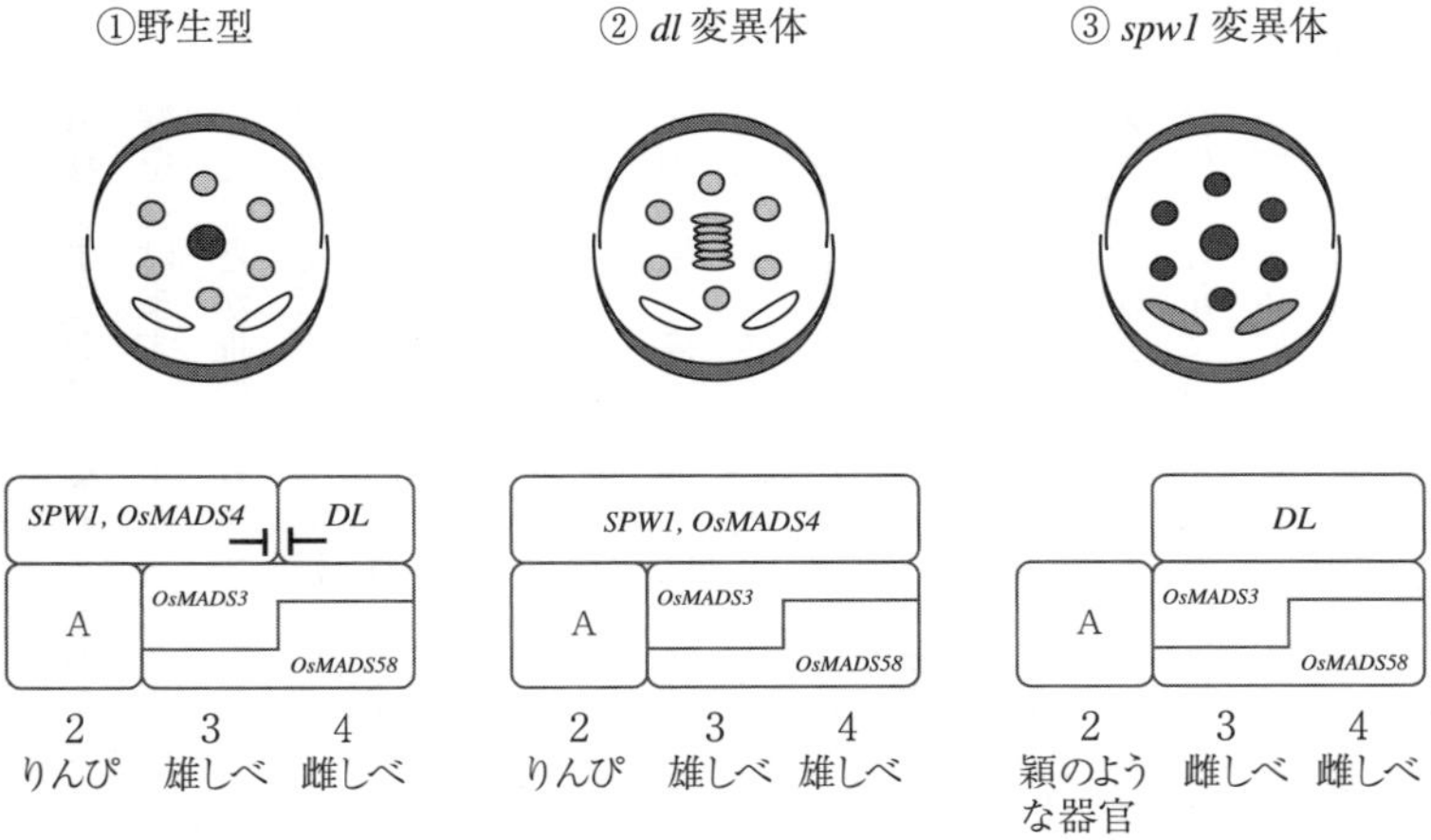

図4-8　イネの花の発生モデル(野生型、*dl* 変異体、*spw1* 変異体)
イネのBクラス遺伝子には、「*SPW1*」と「*OsMADS4*」、Cクラス遺伝子には「*OsMADS3*」と「*OsMADS58*」がある（Aクラス遺伝子については遺伝子名を省略)。「*DL*」は、*YABBY* 遺伝子ファミリーに属する

これまでの比較形態学の研究により、イネの進化の過程で、花弁がりんぴへと変化してきたものと考えられています。このように、進化的に起源が同じでも、現在、見た目の形態が違う器官を、「相同器《そうどうき》官《かん》」といいます。私たちの手、コウモリの翼、鳥の羽も互いに相同器官です。花弁とりんぴも、これらと同じ関係にあります。

イネの雄しべと雌しべの発生の仕組み

イネで私が最初に出会ったのは、*dl*（ディー・エル）という突然変異体です（**口絵7上段右**）。この変異体では、雌しべが雄しべへとホメオティックに転換します（**図4-8②**）。ただし、ほかの花器官にはなんの変化もありません。*dl* 変異体の原因となっている遺伝子を *DL* 遺伝子と呼んでいますが、この遺伝子は雌しべのみをつくる働きをしていると考えられます。シロイヌナズナのABC遺伝子の変異では、かならず隣り合う2つの花器官が変異の影響を受けます。ですから、これだけを見ても、*DL*遺伝子の機能がABC遺伝子とは少し異なっていることが推察されます。もしかしたら、花の発生に関する新たな遺伝子を発見できるかもしれません。そこで、私たちは「ポジショナルクローニング法」という実験方法で*DL*遺伝子の実体であるDNAを見つけだそうとしました。実験の詳しい方法は専門的になりますから省略しますが、多くの労力と時間が必要で、しかも技術的にもむずかしい実験です。しかし、私にとってはじめての大学院生だった山口貴大くん（現基礎生物学研究所）が、非常に精力的にこの研究を推進してくれたおかげで、2年後には、ほぼ目的の遺伝子にたどり着くことができました。

その結果、*DL*遺伝子は、これまで知られていたABC遺伝子とはまったく違う遺伝子ファミリーに属していることがわかりました。このファミリーはシロイヌナズナで発見されたばかりで、「*YABBY*（ヤビー）遺伝子ファミリー」という名前がつけられていました。その後研究が進んだあとでも、シロイヌナズナでは*YABBY*遺伝子の変異により花がホメオティックに転換するという事例は出てきませんでした。すなわち、*YABBY*遺伝子の一員である*DL*遺伝子が雌しべの発生に決定的な役割を果たしていることは、イネあるいは単子葉類において特別な出来事なのです。言い換えると、単子葉類が真正双子葉植物と分かれたあと、イネが進化する過程で、*DL*遺伝子は雌しべの発生に非常に重要な機能を獲得してきたことになります。

さて、イネには、雄しべがすべて雌しべになってしまう「*spw1*（エス・ピー・ダブリュ1）変異体」というものがあります（**図4-8③**）。この変異体では、このほかに花弁に相当するりんぴが穎《えい》のような器官に変わります。穎を萼片と仮定すると、*spw1* 変異体はシロイヌナズナのbクラス変異体と非常によく似ています。実際、遺伝子がクローニング（塩基配列を決めること）された結果、*SPW1* 遺伝子はシロイヌナズナのBクラスの *MADS* 遺伝子ファミリーに属する *AP3* に相当する遺伝子であることが判明しました。*SPW1* 遺伝子は、変異を受けるりんぴと雄しべができるウォール2と3で発現していました。

あとで述べるように、イネのCクラス遺伝子はウォール3で発現し、雄しべの発生に関与しています。したがって、イネにおいても、BクラスとCクラス遺伝子の共同作業により、雄しべが発生するということができます。また、*SPW1* 遺伝子はりんぴができるウォール2で発現しており、*SPW1* 遺伝子が機能を失うと、穎のような器官に変化します。これは、シロイヌナズナでBクラスの遺伝子の変異により花弁が萼片に変化するのと同様です。このように、遺伝子の働きから考えても、りんぴは花弁の相同器官であることがはっきりとわかってきました。

ホメオティックな変化の起きる理由

しかし、変といえば変です。なぜなら、*DL* または *SPW1* 遺伝子が機能を失ったのなら、単にそこにできるはずの器官がなくなるだけでもよいはずです。それなのになぜ、本来の花器官がほかのものに置き換わるホメオティック変異が起こるのでしょうか。

それは、*DL* 遺伝子と *SPW1* 遺伝子が、互いに負に相互作用していると考えることによって説明できます。それぞれの遺伝子の発現を調べてみると、*spw1* 変異体では *DL* 遺伝子が本来発現していないウォール3でも発現していることがわかりました。これは、野生型においては、*SPW1* 遺伝子の働きにより *DL* 遺伝子がウォール3で発現するのを抑制されていることを示しています。したがって、*SPW1* 遺伝子が機能を失うと、雄しべができなくなるばかりでなく、ウォール3で *DL* 遺伝子が発現するようになるため、雌しべが形成されるようになるわけです。

まったく同様に、*dl* 変異体では、*SPW1* 遺伝子がウォール4で発現するようになり、ここに雄しべができることが説明できます。このように *DL* 遺伝子と *SPW1* 遺伝子が互いの発現を抑制し合っていることにより、それぞれの遺伝子の変異体において、花器官が置き換わるホメオティックな変異が起こるわけです。ちょっと複雑に思えるかもしれませんが、**図4-8**を見ながら考えると、よく理解できると思います。

イネの雄しべとりんぴは、Bクラスの *MADS* 遺伝子の働きによって形成されることがわかりました。このことから、雄しべや花弁（りんぴ）の発生には、イネとシロイヌナズナで共通の遺伝子が働いていることがわかります。一方、雌しべの発生は、2つの植物で異なった遺伝子によって制御されています。シロイヌナズナではCクラスの *MADS* 遺伝子の *AG* 遺伝子が雌しべの形成に必要でしたが、イネでは、*YABBY* 遺伝子である *DL* 遺伝子が重要な働きをしていることがわかりました。このように、イネから得られた知見をシロイヌナズナと比較することにより、被子植物の花の発生メカニズムの共通性と特殊性の一端が見えてきました。

イネのCクラス遺伝子の働き

イネには、*AG* 遺伝子に相当するCクラス遺伝子が2つ（*OsMADS3*＝オー・エス・マッズ3と*OsMADS58*）存在します。一般に、遺伝子は進化の過程で、自分自身のコピーをつくることによって、徐々に数を増やしていきます。コピーをつくることを「遺伝子重複」といいます。遺伝子重複により2つになった遺伝子の一方に変異が起こり、いままでとは少し異なる新たな機能をもつ遺伝子に変化していきます。これを「機能分化」といいます。Cクラス遺伝子が2つ存在することは、イネにかぎらず、イネ科植物一般にあてはまります。このことは、進化の過程でイネ科植物の祖先種で遺伝子重複が起こり、Cクラス遺伝子が2個になったことを示しています。

シロイヌナズナなどの真正双子葉植物の雌しべの形成には、Cクラス遺伝子がもっとも重要な働きをしています。*DL* 遺伝子が雌しべの形成にかかわっているとすると、イネのCクラス遺伝子はどのような働きをしているのだろうかということが、つぎの大きな疑問となります。イネの2つのCクラス遺伝子は雌しべの形成にもかかわっているのでしょうか？　シロイヌナズナの *AG* 遺伝子と同様、いろいろな機能を併せもっているのでしょうか？　遺伝子重複により生じた *OsMADS3* と *OsMADS58* は、まったく同じ機能をもっているのでしょうか？　それとも機能分化が起きているのでしょうか？

これらの疑問に答えるために、私たちはそれぞれの遺伝子が機能を失っているような変異体をつくりだしました（**口絵7**）。

まず、*OsMADS3* 遺伝子が機能を失った変異体では、第3ウォールで雄しべがりんぴへとホメオティックに転換していました（**口絵7下段真中**）。また、少し数が増えるものの、第4ウォールでは、

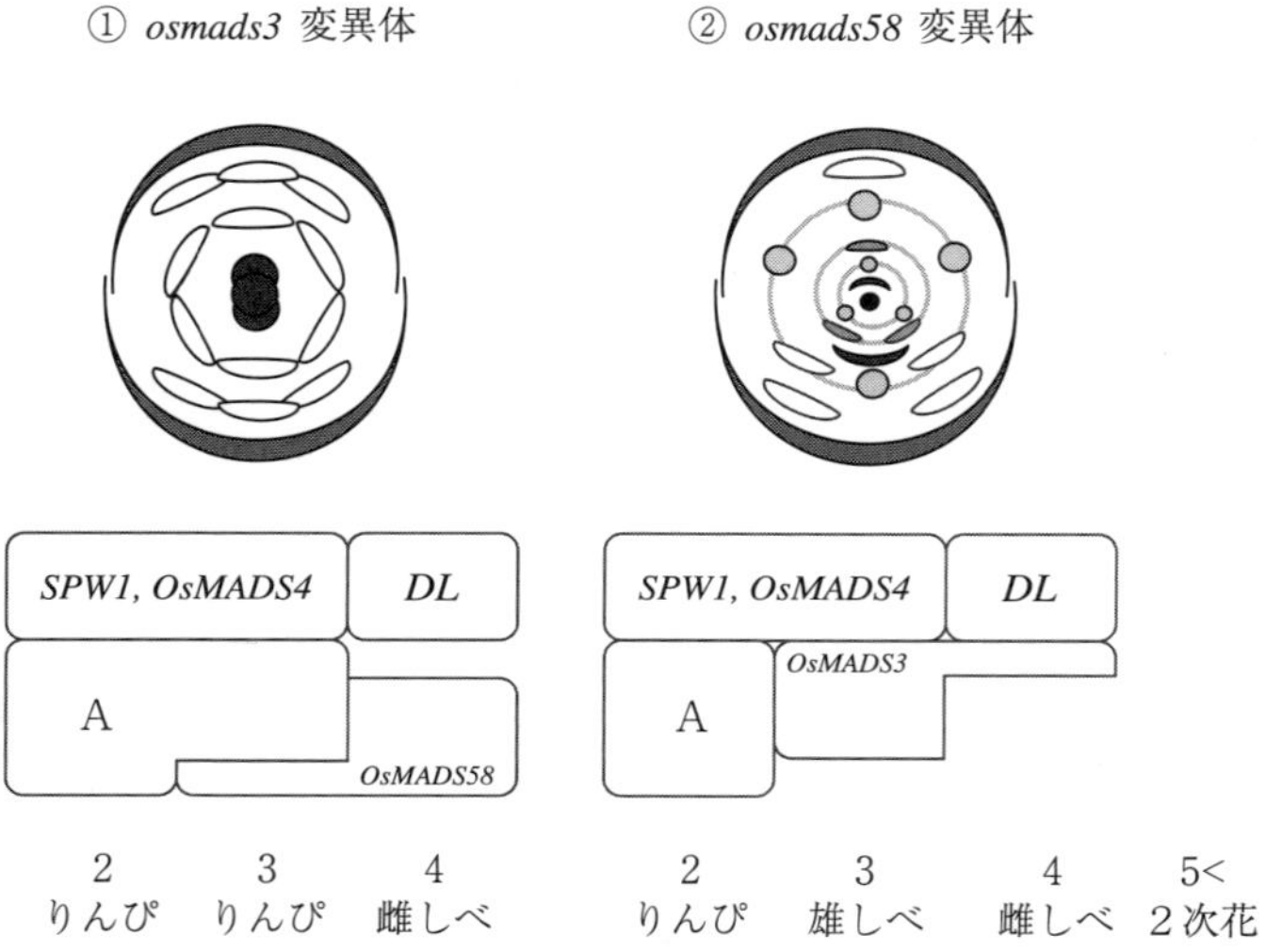

図4-9　イネのCクラス遺伝子の変異体

ほぼ正常な形態の雌しべが形成されました。この結果は、雄しべの形成には*OsMADS3*遺伝子が必須であること、雌しべがつくられるためには、かならずしもこの遺伝子は必要がないことを示しています。また、シロイヌナズナの花弁と同様に、りんぴの形成にはBクラス遺伝子のほかにAクラス遺伝子が必要だと仮定すると、*osmads3*変異体の第3ウォールでは、Aクラス遺伝子が発現していると考えられます。このことは、野生型の第3ウォールではCクラス遺伝子によって、Aクラス遺伝子の発現が抑えられていることを示唆しています（**図4-9①**）。

一方、*OsMADS58*遺伝子が機能を失った変異体では、りんぴ、雄しべ、雌しべ様の器官（形態が異常な雌しべ）のセットが繰り返す花が生じました（**口絵7下段右**）。言い換えると、りんぴ、雄しべ、雌しべ様の器官から

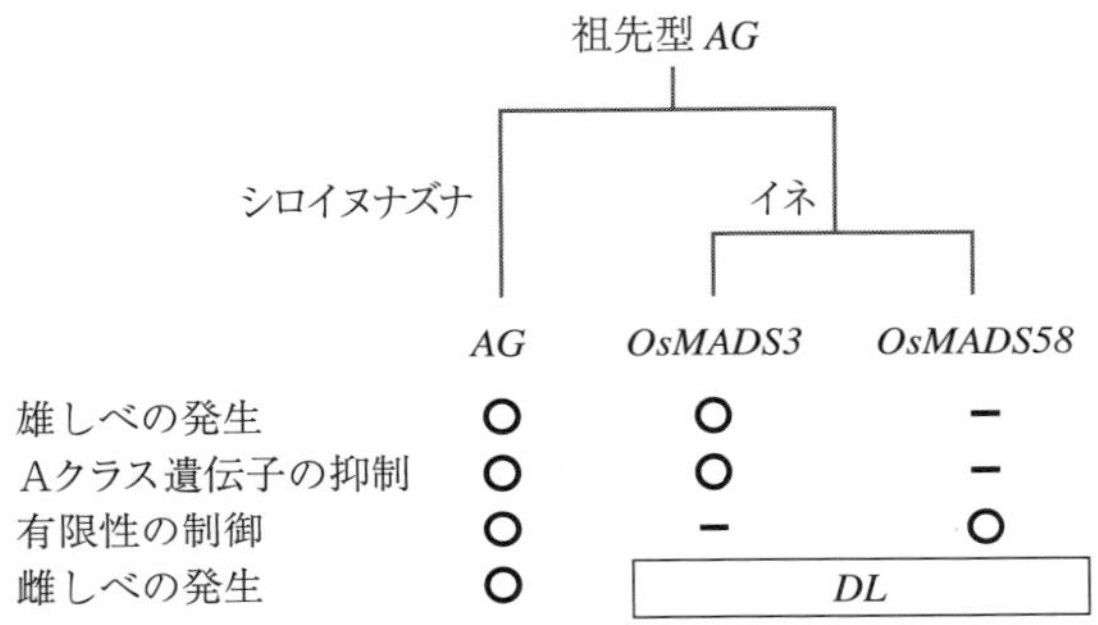

図4-10 Cクラス遺伝子の機能分化

なる2次花が形成され、さらにそれが繰り返されていることになります（**図4-9②**）。これは、シロイヌナズナの*ag*変異体（cクラス変異体）で見られた、「萼片、花弁、花弁」からなる花が繰り返される「有限性の喪失」という現象とよく似ています。したがって、*OsMADS58*遺伝子の主な機能は有限性を制御していることだと考えられます。この変異体では、数や形態は少し異なりますが、雄しべや雌しべは形成されますので、*OsMADS58*遺伝子はこれらの花器官の発生にはさほど必要とされていないと思われます。

以上のように、イネの2つのCクラス遺伝子は役割が異なっており、機能分化していることがわかりました。さきに述べたように、シロイヌナズナの*AG*遺伝子は、雄しべの形成、雌しべの形成、有限性の制御、Aクラス遺伝子の抑制という4つの機能をもっています。イネでは、このうち、雄しべの形成とAクラス遺伝子の抑制には*OsMADS3*遺伝子が、有限性の制御には*OsMADS58*遺伝子が重要な役割を果たしていることになります。たぶん、イネのCクラス遺伝子も祖先をたどっていけば、シロイヌナズナの*AG*遺伝子と同じように、4つの機能を併せもっていたのでしょう。しかし、遺伝子重複が起こったあとで、2つのCクラス遺伝子に機能が少しずつ分担されるようになってきたのではないかと考えられます。また、雌しべの形成には、まったく異なる遺伝子ファミリーに属する*DL*遺伝子が大きな役割を果たすようになり、Cクラス遺伝子はあまり関与しなくなったのだと考えられます（**図4-10**）。

花の進化発生研究への期待

単子葉植物のイネの研究から得られたことを、真正双子葉植物のシロイヌナズナと比較してみると、花の発生をつかさどる遺伝子の働きの共通性と種による独自性が明らかになってきます。Bクラス遺伝子は、ウォール2とウォール3にできる器官の発生を制御しており、その働きは両者で共通しています。しかし、ウォール2にできる器官は、シロイヌナズナでは花弁、イネではりんぴです。ウォール2に器官をつくる命令をするのはクラスB遺伝子として共通であっても、これらの相同器官を実際につくる遺伝子、すなわち、命令を受ける側の遺伝子が、それぞれの植物で異なっているのでしょうか？　雌しべという同じ花器官であっても、その発生には、シロイヌナズナでは*MADS*遺伝子ファミリーに属するCクラス遺伝子の*AG*が、イネでは*YABBY*遺伝子ファミリーに属する*DL*遺伝子がもっとも重要な役割を果たしています。雌しべは、柱頭《ちゅうとう》、花柱《かちゅう》や子房《しぼう》というような構造に分けられ、子房の中には次世代の植物をつくるための胚珠《はいしゅ》が形成されます。雌しべをつくる命令の遺伝子が異なっていても、これら共通する雌しべの構造や胚珠をつくる遺伝子は共通し

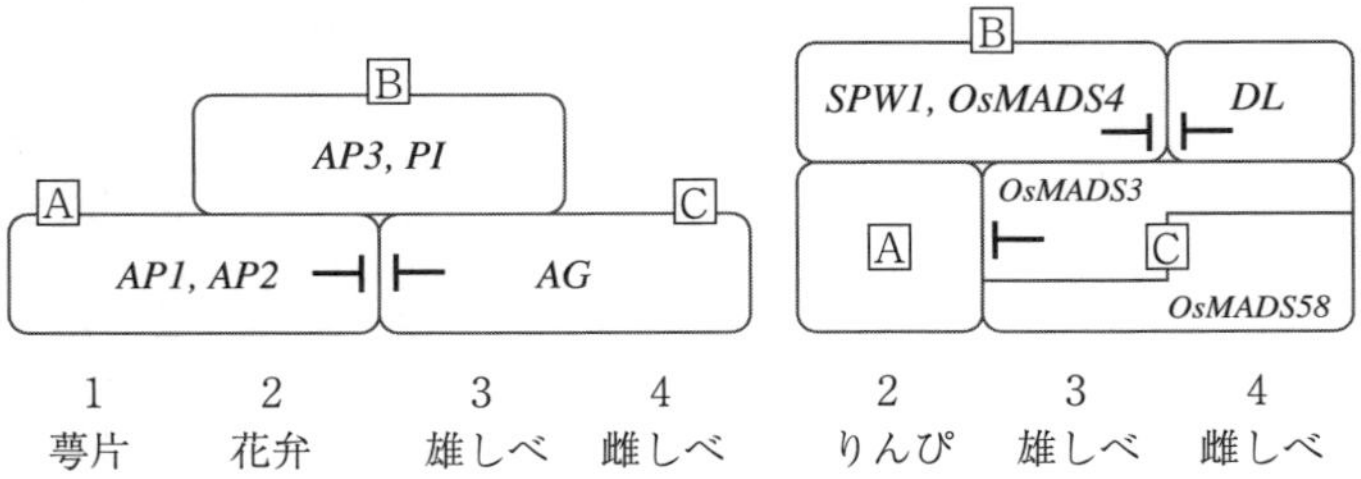

図4-11 シロイヌナズナとイネの花の発生モデル

ているのでしょうか？　これらの疑問に答えるのが、これからの大きな研究課題です。

いくつかの機能を併せもつクラスC遺伝子では、シロイヌナズナでは*AG*遺伝子1つが行なっている役割を、イネでは遺伝子重複により生じた2つの遺伝子が分担するようになってきたこともわかってきました。BクラスやCクラスの遺伝子の働きから考えると、ABCモデルという基本骨格は、シロイヌナズナから遠く離れたイネでも保たれており、そこにかかわる遺伝子の働きが少しずつ変わっているのだと思います（**図4-11**）。一方、イネで*DL*遺伝子が雌しべの発生に大きな役割を果たしているのは、比較的大きな違いです。このイネで見いだされた特殊な現象は、どの程度の植物まで共通しているのでしょうか？

私たちは、イネ科に属するトウモロコシや小麦では、イネと同様に、*DL*遺伝子が雌しべの発生に重要な働きをしていることも明らかにしています。それでは、ほかの単子葉植物、ラン科やユリ科に属する植物では、雌しべの発生はどちらの遺伝子が重要なのでしょうか？　また、被子植物で祖先的な位置にあるアンボレラやスイレンなどでは、ABCモデルはどの程度まで適用可能なのでしょうか？　また、雄しべや雌しべなどのようにすべての植物に共通する器官に対し、イネの外穎や内穎のように特定の分類群のみに見られる器官もあります。このような特定の植物のみに見られる形態的特徴は、どのような遺伝子の働きによって制御されるのでしょうか？

すでに述べたように、植物において「エボ・デボ」研究が進みつつあります。花に関してもここで述べたような疑問に答えながら、この進化発生学という新しい研究分野が今後ますます発展していき、植物の多様な形態とその発生、そして進化の仕組みが明らかになっていくことが期待されています。

5章

受精のメカニズムをとらえた！

◉東山哲也

本書で扱っている被子《ひし》植物は、植物全体の中でももっとも進化した一群ですが、その繁栄を支えているのは、被子植物が獲得した「重複受精」という仕組みです。簡単に説明すると、受精の際に雄から雌に2つの精細胞（精子）が移動し、そのうち1つが卵《らん》と受精し、同時に残る1つがその隣の細胞と受精することで、「胚《はい》」（将来、体をつくる部分）と「胚乳《はいにゅう》」（発芽までの栄養を蓄えている部分）がつくられます。この仕組みは、それまでの生殖の仕組みと比べて格段に素早く受精でき、また生物戦略的な発展性も高かったことから、被子植物の繁殖に貢献してきました。これによって被子植物は、地球上で大成功を収めることができたのです。

被子《ひし》植物の生存戦略の核ともいえる重複受精ですが、つい最近まで、誰もその様子を自分の目で見た人はいませんでした。「おそらくこうなっているだろう」とは推察されていましたが、あくまで机上のものでしかなかったのです。

私は1996年、この受精の瞬間を、はじめて生きた状態でとらえることに成功しました。顕微鏡下で観察した受精の過程を、動画で記録することができたのです（この本では残念ながら静止画像でしか紹介できないのですが）。

私は、「顕微分子生物学」という手法を用いて、重複受精の仕組みを解き明かそうとしています。顕微分子生物学とは聞きなれない言葉ですが、顕微鏡の技術を使って、生命現象を直接に観察・解析する研究分野です。

生物学の研究では、しばしば *in vitro*（イン・ビトロ）と *in vivo*（イン・ビボ）という表現が用いられます。簡単にいえば *in vitro* とは「試験管の中で」、*in vivo* とは「生体内で」という意味です。ある生物学的な出来事を、単純化した形で緻密《ちみつ》に研究するには *in vitro*、つまり試験管の中などで実験的に生体現象を研究するのが適しています。しかしもちろん、実際に生きている生物の中で起きている生命現象を探る *in vivo* の実験や観察も、非常に大切です。*in vivo* で確認されたことが、*in vitro* でも証明されれば（あるいはその逆もあります）、その生命現象に関して組み立てられた仮説は、相当に正確なものだろうということができます。

顕微分子生物学とは、可能なかぎり生きものの本来の姿に近い状態で、何が起こっているのかを正確に観察し、また分子生物学的な手法を用いて研究するという、*in vitro* と *in vivo* の双方をつなぐ分野なのです。

この章では、トレニアというキンギョソウと同じ仲間の植物の重複受精の画像を中心に、その生物学的な意味と研究の方法、そしてそこからわかる事柄について述べていきましょう。

重複受精の仕組み

植物の受精は、雄しべでつくられた花粉が雌しべにつくこと（受粉）によってはじまります。ここまではよく知られていますが、さらに受精の仕組みを理解するためには、より踏み込んだ知識が必要になります。ここでは、高等植物である被子植物の受精の仕組みを、あらためて詳しく見てみましょう（**図5-1**）。図を見ながら、ざっと全体のイメージをつかんでください。

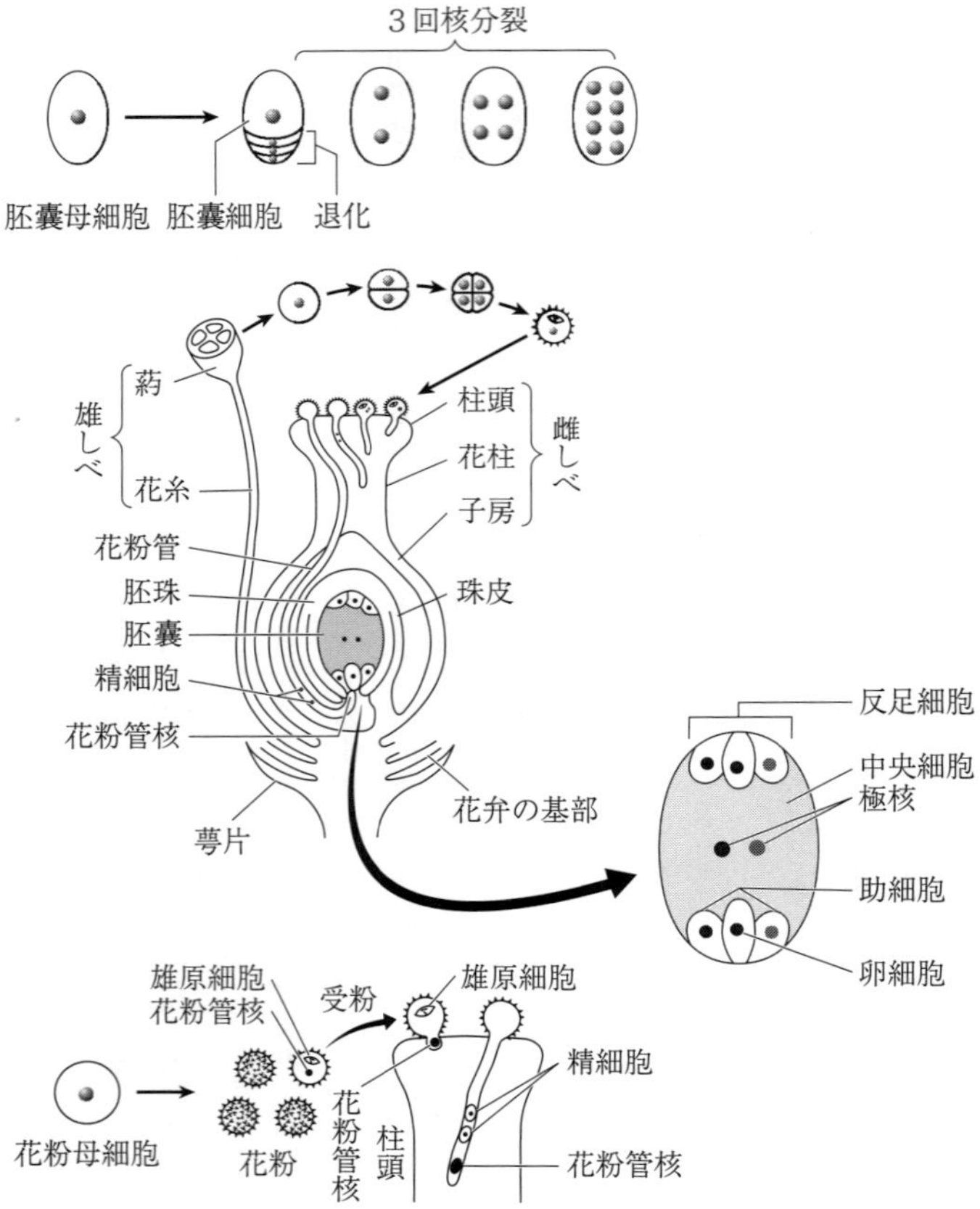

図5-1 花の構造と胚囊、花粉の成熟過程

その名のとおり、被子植物では、種子をつくる基になる「胚珠《はいしゅ》」は「子房《しぼう》」に守られるように包み込まれています。

雄しべの先端にある「葯《やく》」では、雄の配偶子（動物でいえば精子にあたります）がつくられます。まず、葯の中で多数の「花粉母細胞」ができ、そこからいくつかの段階を経て、花粉がつくられます。花粉の内側には、「花粉管核」と「精細胞」があり、それぞれ受精のときに重要な役割を果たします。

一方、雌の配偶子である「卵細胞《らん》」は、雌しべにある、子房に包まれた胚珠の中でつくられます。まず、胚珠の中にある「胚嚢母細胞《はいのう》」から「胚嚢細胞」がつくられます。胚嚢細胞の核だけが3回分裂し、1つの細胞の中に8個の核を形成します。その後、それぞれの核のまわりに細胞の仕切りができて、1個の「卵細胞」、2個の「助細胞」、3個の「反足細胞《はんそく》」、そして1個の「中央細胞」をもつ「胚嚢」が完成するのです。

さて、ここからがいよいよ本題となる受精のプロセスです。雄しべの葯で成熟した花粉が雌しべの先端（「柱頭《ちゅうとう》」）まで運ばれて受粉すると、花粉から「花粉管」という管が伸びはじめ、「花柱《かちゅう》」の中を胚嚢に向かって伸びていきます（**図5-2**）。この花粉管は、トウモロコシのように長いものになると、30センチにもなります。花柱の中では、花粉管は迷うことなく、まっすぐに子房まで伸びていきます。

花柱を通過した花粉管は、子房に入ると、花柱の中でまっすぐ伸びていたのとは対照的に、ジグザグに伸びながら最寄《もよ》りの胚珠に向かいます。胚珠はサクラやイネでは1つの花に1つですが、ピ

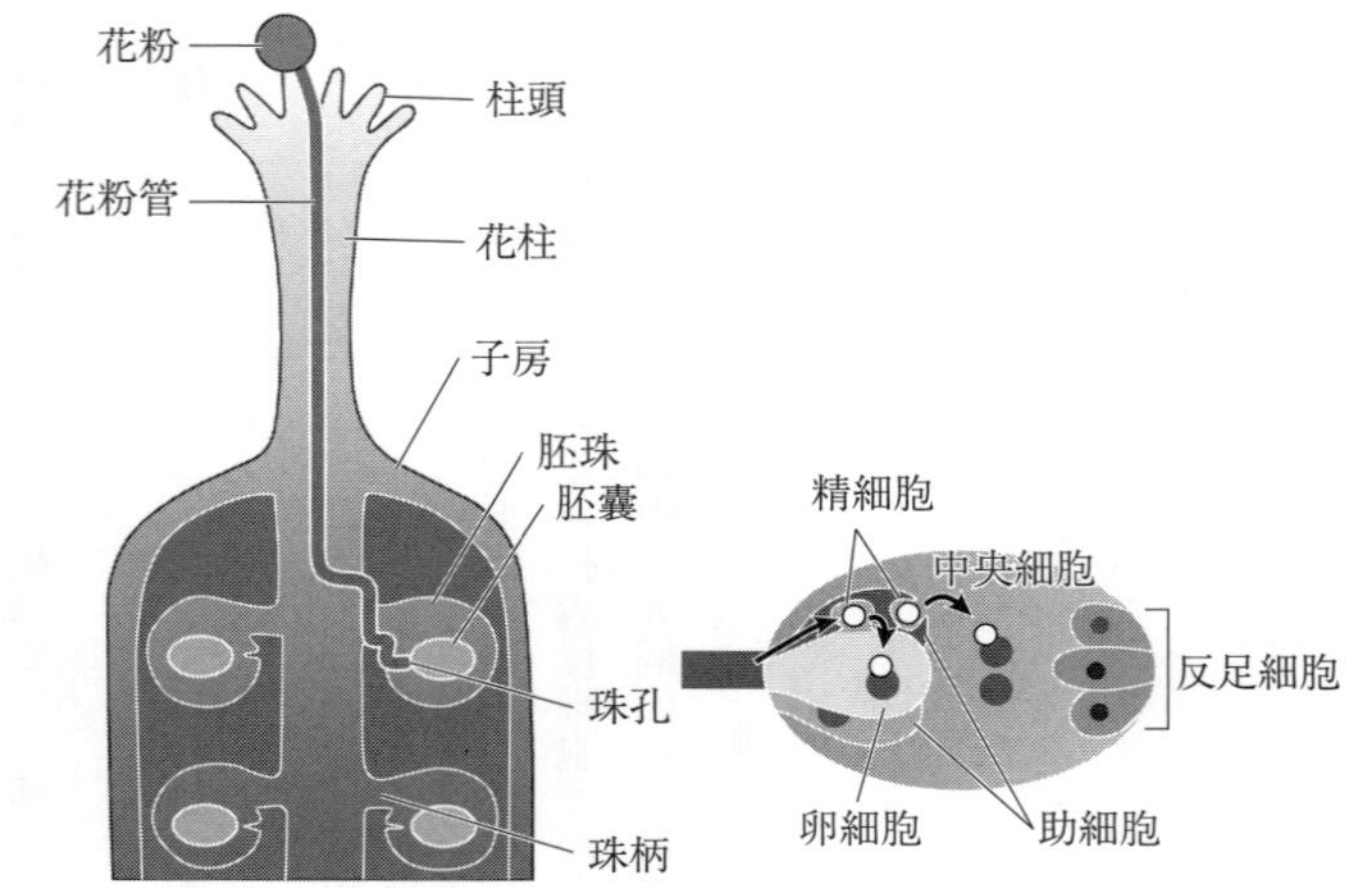

図5‐2　受精後の花粉管の動きと重複受精の仕組み
花粉管は花柱の中をまっすぐに伸びていき、珠柄を通って珠孔から胚嚢に入り込む。そして、もともと助細胞のあった位置に2個の精細胞を含む花粉管の中身が放出される。このとき、1個の精細胞は卵細胞と、もう1個の精細胞は中央細胞と受精して、それぞれ胚と胚乳のもとになる

ーマンのように多数ある場合もあります。ふつう花粉管は、胚珠を支えている「珠柄《しゅへい》」という部分をよじ登るように動き、珠孔《しゅこう》という穴から胚珠の内部に進入します。そしてやっと、最終目的地である胚嚢に到達するのです。

さて、胚嚢の珠孔に近い側には、さきほど説明した卵細胞と2つの助細胞があり、反対側には3つの反足細胞があります。そして胚嚢の多くの部分を占めるのが、中央細胞です。花粉管はかならず、卵細胞のある側から胚嚢に進入し、2つの精細胞を含む内容物を放出します。この2つの精細胞のうち、一方は卵細胞と受精して子孫となる胚をつくります。そしてもう一方の精細胞は、中央細胞と受精して胚の養分となる胚乳をつくります。この仕組みを「重複受精」といいます。

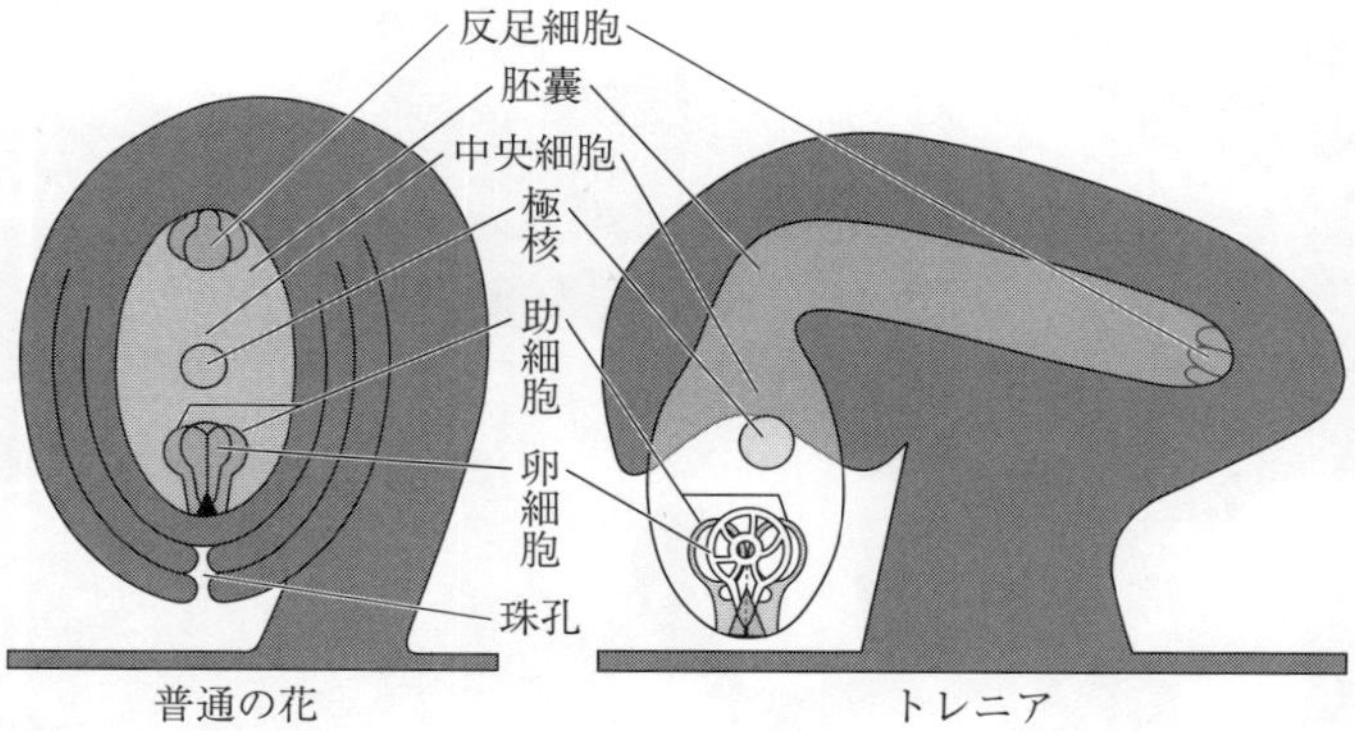

図5－3　植物の卵装置の構造
ふつうの被子植物では胚嚢は厚い珠皮に包まれているが、トレニアでは露出している

以上が、受精のメカニズムです。植物の種類によって多少の差はありますが、おおむねこのような仕組みになっています。

トレニアという植物

最初に述べたとおり、受精の仕組みは非常に研究がむずかしく、実際の受精の様子が観察されたことはありませんでした。研究が進めにくかった理由は、植物の種子をつくる装置である胚珠の構造にあります。

動物の卵は、基本的には外部にむき出しになっているので研究しやすいのですが、被子植物の卵細胞は一般に、いずれ種になる胚珠が組織の奥のほうに埋め込まれていて、生きた状態では見ることすらかないません（**図5－3**）。したがっ

図5-4 トレニア（*Torenia fournieri*）の花

て、ここ100年の間に研究者は、植物を受粉させてから適当と思われるタイミングで胚珠を切り、切片をつくってスライドガラスの上で観察することで、受精の瞬間をとらえようと苦労してきたのです。

しかしこの方法だと、切った時点で植物は死んでしまいますから、タイミングを変えて何度も何度も試さなければなりません。また、首尾良く受精の瞬間がとらえられたとしても、それはある連続した生命現象の、ある瞬間の様子を切り取ってきたもの、つまり映画の1コマのようなものにすぎませんから、「全体として何が連続して起こっているのか」ということに関しては、なかなか研究は進みませんでした。

しかし、トレニア（**図5-4**）は、胚嚢が外側に飛び出しています。そのため、胚嚢が飛び出している胚珠の組織を取り出してくることができれば、受精を観察することができるのです。トレニアの胚珠が露出した状態になっていることは、古くは１８６８年に植物の重複受精に関して書かれた書物でも記述されています。また、１９５０年に書かれた教科書にも、トレニアを使えば重複受精の瞬間が観察できるのではないか、という期待が書かれています。

けれども、言うは易く行なうは難し。いかに実験に適した植物とはいえ、実際に受精の様子を観察するには、植物から取り出してきて *in vitro* の状態（つまりシャーレの上）で観察できる「体外受精系」の実験システムをつくりあげることが必要でした。

トレニアは、高さが20～30センチほどと小さく、自然環境では発芽してから3カ月くらいで最初の花が咲いて種ができ、3～6カ月の長い間、たくさんの花をつけて咲きつづけます。自然界ではふつう自家受粉しませんが、人工的に自家受粉を行なうこともできます。第2章でも説明されたように、この「自家和合性」という性質は、遺伝の研究をするときに便利です。同じ遺伝子をもつものどうしで交配できるからです。さらに、１つの花から５００個ほどの種子がとれます。このような特徴から、モデル植物であるシロイヌナズナ同様、実験植物として非常に適しています。

私がトレニアの体外受精系の確立に取り組みはじめたのは、修士課程の学生のときでした。体外受精系として実験に使うためには、シャーレにつくった培地《ばいち》の上で、胚珠と花粉を培養する必要があります。胚珠と花粉はかなり異なった性質をもっていますから、どちらも培養することのできる培地をつくりあげるのは、困難を極めました。

さまざまな文献にあたり、いろいろな培地の組成を試してみることの繰り返し……指導教官からさえ、「もういい加減にやめろ」といわれながら、それでも試行錯誤の末、なんとかつくりあげた培地で、花粉管を培地の上で発芽させ、また胚珠も生かしつづけることができるようになりました。このときの成功が、現在にいたるまでの私の実験の基礎になっています。

花粉管ガイダンスをとらえた！

ところが、やっとのことで培養した花粉から伸びる花粉管は、ランダムに伸びていくばかりで、生体内で見られるように、胚珠に向かっていく様子は観察されませんでした。花粉管を無理矢理に胚珠のそばにもっていっても、受精しません。*in vivo* で観察されていることが *in vitro* で再現できないのです（**図5-5①**）。

しかし、ふと思いついて、受粉したあとの雌しべを切って、培地の中に置いてみたところ、雌しべの切断面から花粉管が何百本も伸びてくるではありませんか。様式図ではわかりやすくするために1～2本の花粉管だけを記しましたが、実際には、何百本も同時に花粉管が伸びてくるのです。

このようにして雌しべから出てきた花粉管を、胚珠と一緒に培養してみました。すると驚いたことに、花粉管はぐいぐいと培地上の胚珠に向かって伸びていき、受精が行なわれたのです（**図5-5②**）。つまり、ただ花粉を培地の上で育てて花粉管を伸ばすだけでは駄目で、1度雌しべの中を通った花粉管だけが、胚珠に向かって誘引されていくのです。これはすなわち、花粉が雌しべとなんらかのやりとりをして、性質を変化させているということです。

このように、花粉管がなんらかの仕組みで胚珠に誘導されることを、「花粉管ガイダンス」と呼

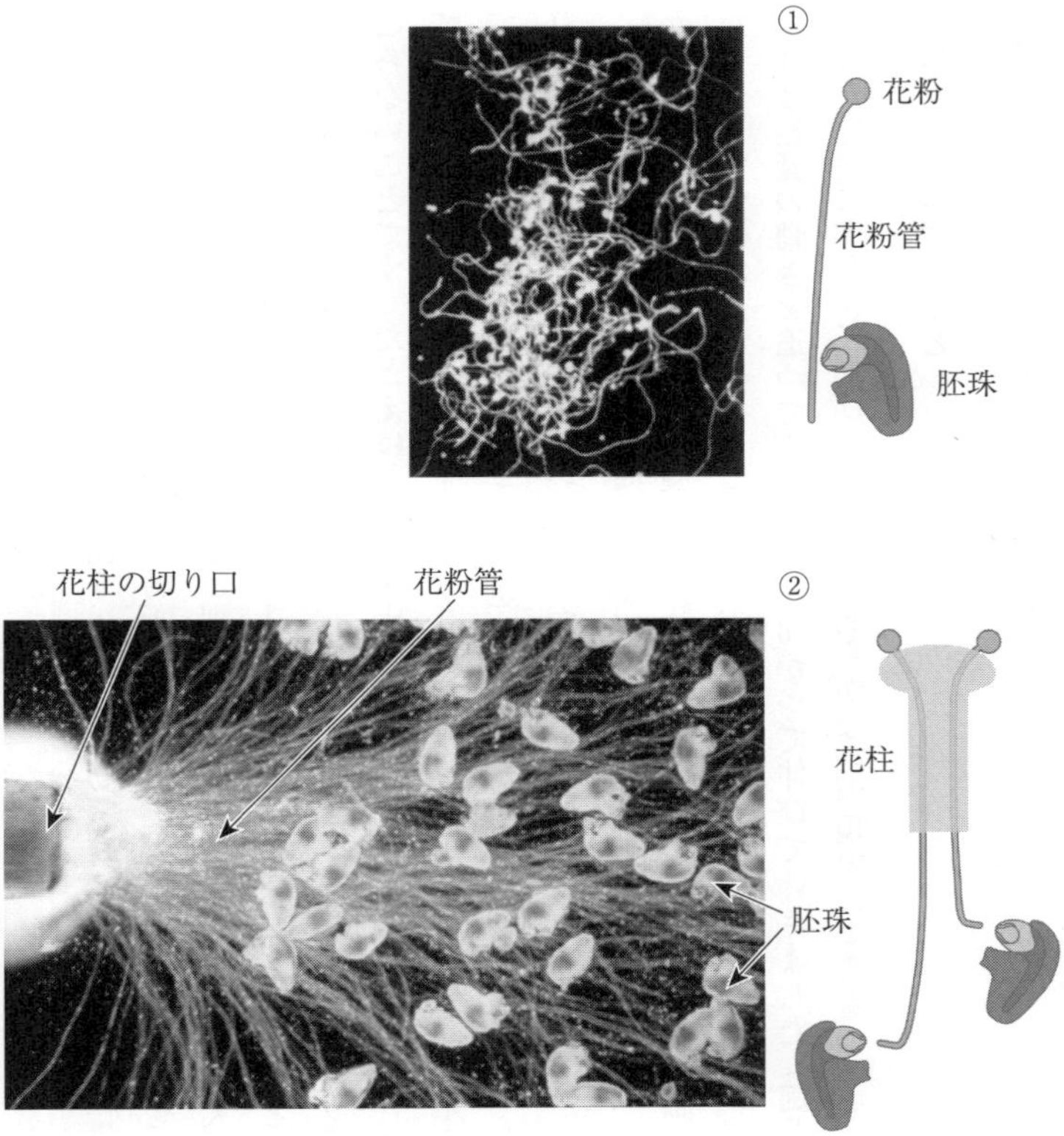

図5 - 5　トレニア体外受精系の確立
花粉と胚珠を同時に培養できるようになったが、これでは受精は起こらなかった①。しかし花柱を通った花粉管と胚珠を培養することで、人工的に受精を起こすことができた②

んでいます。

この様子を追ってみましょう（**図5 - 6**）。伸びてきた花粉管は、胚嚢に向かってまっすぐに伸びていきます。胚嚢の卵細胞がある場所には穴があるわけではありませんので、花粉管は胚嚢の細胞にぶつかってから、なんとか細胞と細胞の間を無理矢理押し広げて入っていきます。

この画像では、花粉管が胚嚢に入り込もうと苦労しているとき、あとからやってきた別の花粉管が「横入り」しようとしています。これは実は *in vivo* の状態、つまり自然の植物ではほとんど起こらないことです。たとえばシロイヌナズナでは、多数ある胚嚢に対して花粉管が1本ずつ向かっていくことが確認されています。つまりこれは、*in vitro* の体外受精系の実験であるために起こっている現象であると考えられます。逆にいうと、*in vivo* の状態では、花粉管を胚嚢に1つ1つ振り分ける仕組みがそなわっていることが推定されます。

花粉管が胚嚢にまっすぐ向かっていくのは、花粉管が胚嚢に引き寄せられているからでしょうか？　これを調べるため、胚嚢を含む胚珠を、小さなガラス針で突き刺して、花粉管が近づいてきたら少しずつ動かしてみる、という、少しいじわるな実験をしてみました。すると、花粉管ははっきりと胚嚢の動きを追ってくねくねと曲がって伸びていきました（**図5 - 7**）。このことから、花粉管が胚嚢に向かって伸びる動きは、明らかな誘引現象によるものであることがわかります。

受精の瞬間に起こること

花粉管が胚珠に到達してからの出来事を見ていきましょう。

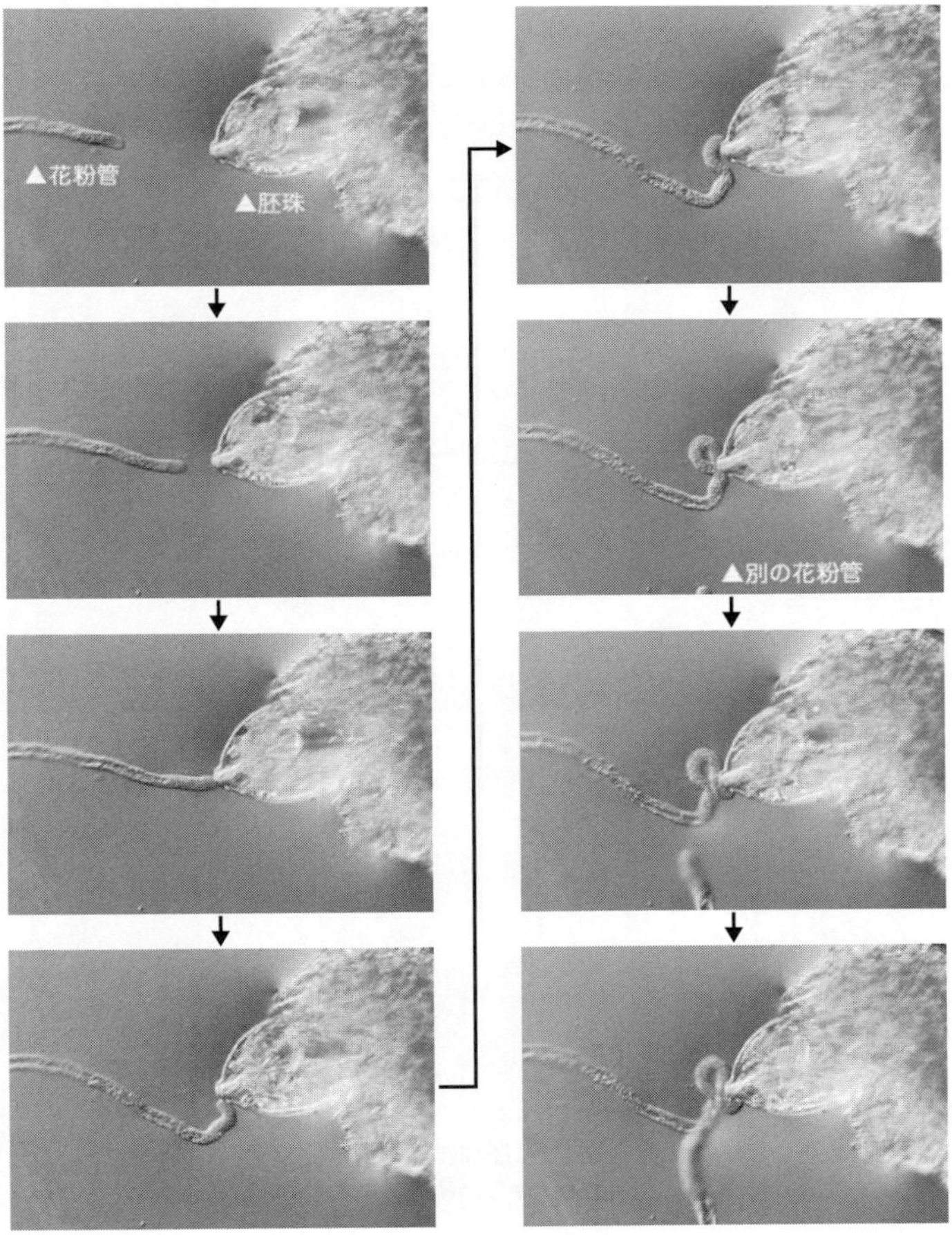

図5－6　花粉管が胚嚢に向かう様子

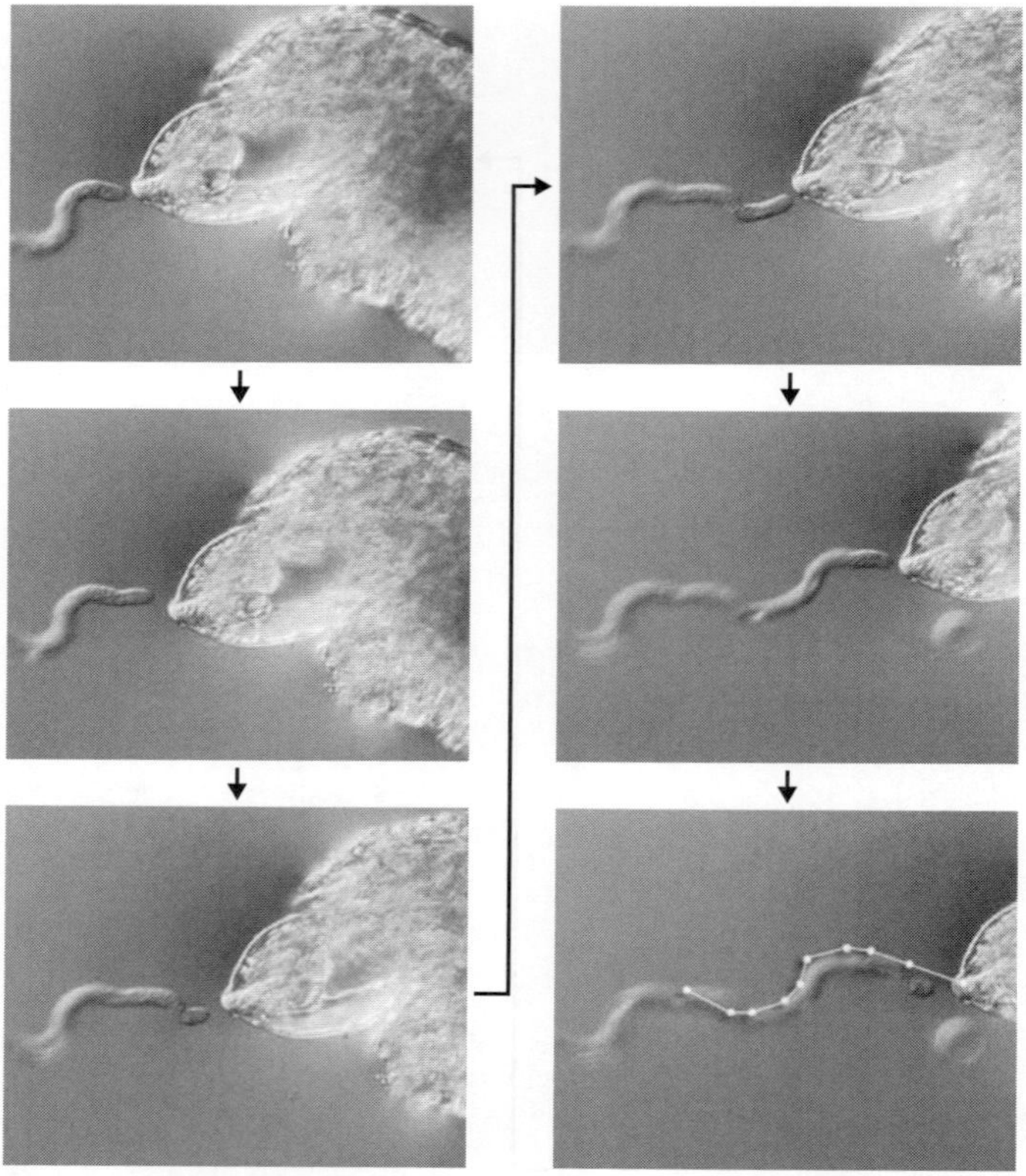

図5 - 7　花粉管が胚嚢を追跡する様子
胚珠組織を動かしてやると、花粉管は胚珠組織を追跡するように伸びていく。最後のコマの白い線は、胚珠組織を動かした軌跡。花粉管が正確に追いかけている様子がよくわかる

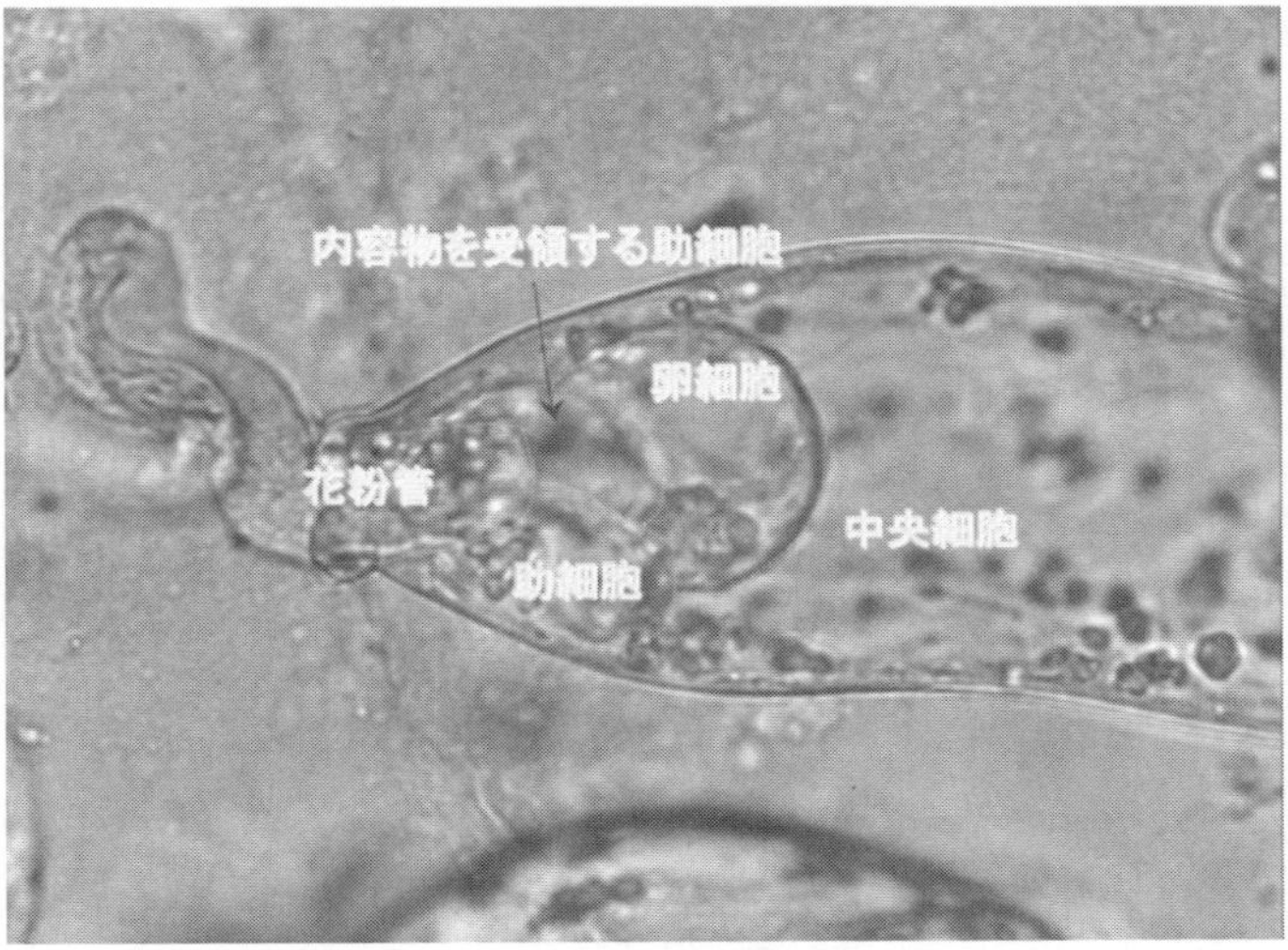

図5－8　花粉管の先端が胚珠の内部で破裂する様子

花粉管が伸びていくとき、精細胞は常に先端にあります。花粉管の先端部分が胚嚢に入り込むと、花粉管と助細胞の1個が連続的に破裂して、もともと助細胞が占有していた空間に花粉管の内容物が放出されます（**図5－8**）。このときに2つの精細胞が胚珠の中に放出され、1つが卵細胞と、もう1つが中央細胞と受精します。

花粉管が中に入ってくると、助細胞との間でなんらかのやりとりがあって、助細胞から花粉管に「止まれ（伸びるのをやめなさい）」という指令が出るようです。そのシグナルを受け取ると、花粉管の先端が破裂するのです。このとき、花粉管の内容物を胚珠に流し込む力は膨圧《ぼうあつ》、つまり花粉管の中の圧力によっていると考えられています。しかし動画から、花粉管のかなり後ろのほうに位置している物質まで胚嚢に出てくることがわかりました。ということは、もしかすると膨圧以外にも、能動的な力を使っているのかもしれません。

花粉管ガイダンスの仕組み

生きている細胞を観察すると、切片にしてスライドグラスの上に置いた細胞（つまり、死んだ細胞）を見ていてはわからない、たくさんの情報をもたらしてくれます。花粉管と胚嚢の接触をとらえたこの映像からも、多くの新しい発見がありました。

中でも大切なのは、２つの事柄です。

１つは、胚嚢から花粉管を誘導するための誘引物質が出てくるらしいということです。「花粉管誘引物質」の研究は19世紀からされていましたが、誰もその実体を見つけていませんでした。１００年間も失敗がつづいてきたので、そんな誘引物質は存在しないのではないかとすら思われていましたが、この実験の結果は、やはりそういった物質が存在していることを示しています。

２つ目は、花柱を通ってはじめて、花粉管は誘引シグナルに応答する能力を獲得するということです。花柱の中を伸びている最中の花粉管は、とにかくまっすぐ伸びていきます。そして花柱を通過したあとの花粉管は、何かの誘引物質に対応して向きを変え、胚嚢に向かって伸びます。つまり、花粉管は伸びている途中で雌しべによって伸長方向を制御されるのです。この仕組みを「花粉管ガイダンス」といい、さらに花粉管ガイダンスによって花粉管が何かの物質を追跡するように曲がる動きを「化学屈性《くっせい》」といいます。花粉管が化学屈性を起こしているだろうということは、１００年以上前からいわれていました。しかし、今回の実験から、花粉管ガイダンスは、化学屈性だけで説明できる単純な仕組みではないことがわかります。おそらく花粉管は、伸びていく間に通過する組織でいろいろなガイダンスを受け、最終的に胚嚢に到達する直前で誘引物質によるガイダンスを受け、化学屈性を起こすのでしょう。

少し整理するために、現在わかっている事柄を含め、花粉管ガイダンスの流れをなぞってみます。まず、花粉が柱頭についたときには、柱頭や花粉自体にある水や脂質《ししつ》と、その中に溶けている物質の濃度の偏《かたよ》り（濃度勾配《のうどこうばい》）とが、花粉管の伸びる方向を定めているのではないかと考えられています。カップに注いだ紅茶の中に、角砂糖を1つ落としてみたとしましょう。角砂糖はじわじわと溶けますが、かきまぜないかぎり、角砂糖の塊《かたまり》の近くは砂糖の濃度が濃く、逆に角砂糖から遠いところでは薄くなります。このとき、カップの中には砂糖の「濃度勾配」ができている、といいます。柱頭で濃度勾配を担っている物質は水であったりタンパク質であったり、と植物種によって異なるようですが、花粉はこれらの物質の偏りによって柱頭の位置と方向を知って、柱頭の細胞に向かって花粉管を伸ばすのです。

つづいて柱頭から花柱に進入すると、花粉管はまっすぐ子房に向かいます。このときには、花粉管は単純な誘導を受けていると考えられています。つまり花柱が筒のようになっていれば、その中を通る花粉管はレールの上を通ったりトンネルの中をくぐったりするように、まっすぐ通過するということです。実際、培地の上で伸びる花粉管は、基本的にまっすぐ伸びますし、花柱の細胞は綺麗に縦方向に配列しています。これは「メカニカルガイダンス」と呼ばれています。

花粉管が花柱を通過して子房に入ってからの花粉管ガイダンスは、私の研究によって明らかになったことです。すでに述べてきたように、このプロセスでは、なんらかの誘引物質を中心としたガイダンスによって、花粉管が標的である胚嚢まで導かれると考えられます。

誘引物質の由来と正体

子房における花粉管ガイダンスを、さらに詳しく見ていきましょう。

花粉管は胚嚢から培地中に出ている何かの誘引物質に引き寄せられているように見えます。それでは、胚嚢の7つの細胞（1個の卵細胞、2個の助細胞、3個の反足細胞、そして1個の中央細胞）のうちどの細胞が、この誘引物質を出しているのでしょうか？

この疑問を解明するため、私はレーザーを当てて1つ1つ細胞をつぶしてみました。2つの助細胞をつぶしたところ、この誘引現象は完全に止まりましたが、1つでも助細胞が残っていると、誘引現象が起こりました。それ以外の細胞をつぶしても、誘引現象には変化がありません。また、助細胞のどちらをつぶしても同じ程度の効果が得られたことから、2つの助細胞には機能的な差はないものと思われました。さらに、受精して片方の助細胞がつぶれた場合には、誘引効果は止まりました。

助細胞から出ているこの誘引物質は、どんな性質をもっているのでしょう？

以前から花粉管の誘引物質として推定されていたものの1つに、カルシウムイオンがあります。誘引物質が単なるカルシウムイオンだとしたら、ほかの植物の花粉管も、トレニアの胚珠に引き寄

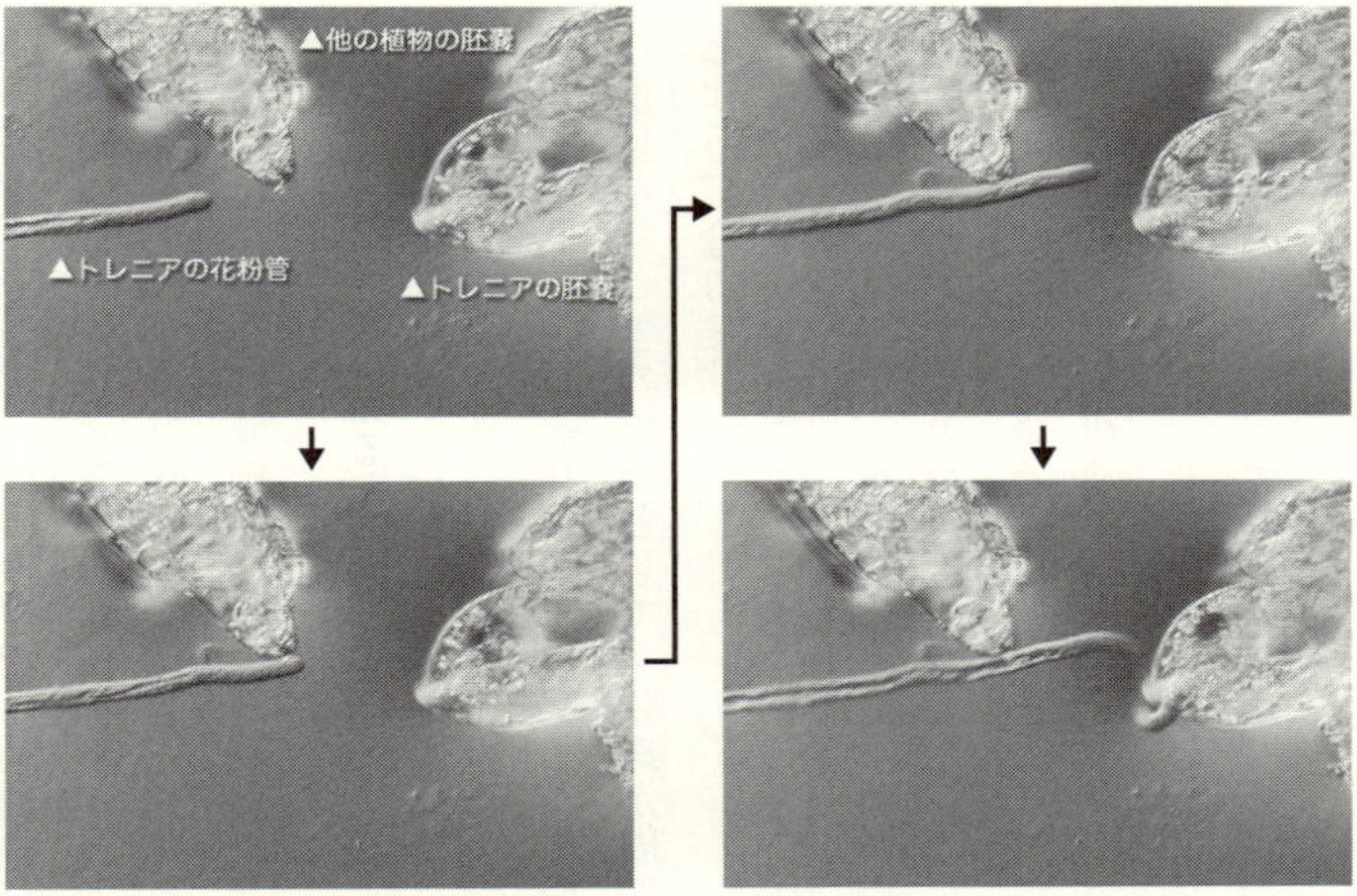

図5-9　トレニアの花粉管は正確にトレニアの胚嚢だけを追跡する
ほかの植物の胚嚢を近くに置いても、トレニアの花粉管はトレニアの胚嚢にまっすぐ向かっていく

せられるはずです。このための実験として、さまざまな植物の胚珠と花粉管を同時に存在させて、その挙動を調べてみました（**図5-9**）。

この結果、異なった種類の植物の花粉管と胚珠をそれぞれ近くに置いても、それぞれの誘引は邪魔されることなく、花粉管は正しい胚珠に向かって伸びていくことがわかりました。このことから植物種はそれぞれ違う誘引物質を使っている（誘引物質には種の特異性がある）ことがわかります。

このように種の特異性が存在するとなると、カルシウムイオンである可能性は低くなります。そこで可能性が高まったのが、「ペプチド」（数個〜数十個のアミノ酸からできている小さなタンパク質）のような物質です。これならば、アミノ酸の配列を変えることで、種ごとに違う誘引信号をつくりだすことができるからです。そこで、胚嚢の中でも助細胞だけで働いている遺伝子を分析してみたところ、あるペプチドをつくる情報をもった遺伝子が、有力な候補として挙がってきました。この物質を精製して、小さな注射器の先から培地に流してやると、花粉管が引き寄せられるような反応を示すことがわかりました。現在は最終的な証明に取り組んでいます。

「愛の神」をつかまえる

これまで述べてきたように、花粉管が受精する能力を獲得するには、まず花柱を通過することが必要です。しかしこれだけでは、まだ花粉管は成熟したとはいえず、誘引物質に対する反応性はありません。つぎの段階として、胚珠が周囲に存在してはじめて、花粉管は成熟して胚珠に誘引されるようになります。

この過程の1段階目、すなわち花柱の中を伸びているときに花粉管に何が起こっているかは、手強《ごわ》そうな問題です。取り組んだら、長い時間がかかるでしょう。しかし2段階目は、おそらく、胚珠から培地中に何かの物質が出てきているわけですから、その「何かの物質」を、比較的短時間で見つけることができるかもしれません。これが現在、私が取り組んでいるテーマの1つです。

この物質は、最初は誘引物質そのものかと思われました。ところが、誘因物質をつくっている助細胞をつぶしても、花粉管の成熟には関係がありませんでした。つまり、誘引物質とは異なる物質だということです。それどころか、胚嚢の細胞はどれも、花粉管の成熟には必要ないことがわかりました。

現在わかっていることは、この物質は胚嚢のまわりにある胚珠の細胞から出ていること、そして成熟した胚珠から出てきており、この物質にも種特異性があるということです。

さらに、液体培地の中でしばらく胚珠を培養してから取り除いた「前培養液」でも、花粉管を成熟させることができました。つまり、しばらく胚珠を培養したこの培養液に、何か花粉管に働きかける物質があることになります。花柱を通過したあとの花粉管をこの培養液につけ、すぐに洗い流してやっても、花粉管は第2段階目のブロックが外《はず》れて成熟します。このことからも、花粉管の成熟にかかわる物質は、誘引の過程に必要なのではなく、一瞬で花粉管の誘引に対する応答スイッチをオンにすることができる物質であることがわかります。

この物質を「AMOR」と名づけ、精製しようとしているところです。「AMOR」はラテン語で愛の神という意味。この物質に成熟した男性（花粉管）が触れると、つぎに出会う女性（胚嚢）に恋をしてしまう、ということです。

AMORの実体解明は、あと少しのところまで来ています。すでにAMORらしき物質を回収するところまでは来ているのですが、ここまで来たところで、トレニアという植物の弱点にぶちあたってしまいました。

現在、少ない量のタンパク質がなんであるかを特定するための決定的な手法としては、「質量分析法」があります。ところが、重さの違いから物質を特定していく質量分析法には、ある程度蓄積された予備データが必要です。世界中で研究されているシロイヌナズナであれば、植物内でつくられているタンパク質の種類や質量についての予備データが大量にありますので、すぐに少量のタンパク質で質量分析を行ない、データに基づいて同定することができます、しかし、どちらかというとマイナーな植物であるトレニアでは、いったいどんなタンパク質がトレニアの体の中でつくられているのか、分析に必要なだけの予備データが足りないのです。

こうなると、大量のタンパク質を集めて、古典的な手法でやってみるしかありません。最初は花3000個、胚珠にして150万個でやってみましたが、駄目でした。花1万個、胚珠500万個からタンパク質を取り出してみても、まだ不十分です。現在では花12万個、胚珠6000万個分のタンパク質を準備して、実験を行なおうとしています。

花粉管と胚嚢の出会いをとらえた私の研究によって、植物の受精について、いろいろなことがわかりました。しかし、まだたくさんの課題が残っています。

1つは、受精の瞬間をとらえることです。トレニアを使った実験でも、受精の瞬間そのものはとらえられていません。なぜなら、精細胞があまりに小さくて、明視野顕微鏡では見ることができないからです。精細胞を可視化するためには、なんらかのマーカーを使うなどの方法に頼る必要がありそうです。現在、トレニアとシロイヌナズナの両方で、この方法に取り組んでいますが、マーカーについてはシロイヌナズナのほうで突破口が開けそうです。

そして最終的に受精の瞬間をとらえることができたとしても、まだもっとも大きな謎が残っています。

「なぜ、狭い胚嚢の内部に放出された2つの精細胞のうち、1つが卵細胞と、もう1つが中央細胞と選択的に受精できるのか？」という謎です。

この問いに答えることができたとき、私たちは被子植物に繁栄をもたらした重複受精という仕組みの本質的な部分を理解したといえることでしょう。

6章

根

植物の隠れた半分

◉深城英弘

草を引き抜いたときに、土をいっぱい抱えてあらわれる細い糸のような根を見たことがあるでしょう。想像していた以上に広く深く張りめぐらされているのに、驚かされます。根を「植物の隠れた半分」と表現する人がいるのにも納得させられます。虫を引き寄せる美しい花、陽《ひ》の光を求めて大きく開いた葉に比べたら、根はほんとうに地味な器官です。しかし、植物体を支え、生きるのに必要な水分や無機塩類を土の中から取り込むという重要な役割を果たしています。人間でいえば、体を支える足であり、同時に食べものや飲みものを取り込む口といった感じでしょうか。

「動かない」という植物の生存戦略が、現在の繁栄を支えていることについては、すでに第1章などでも説明されています。

同じ場所にとどまっていると、たとえば第3章で述べたように、花を咲かせる時期を1日の日照時間を感じて決めている植物は、よほどの環境の大変化がないかぎり、どの年も一定の日照条件のもとで生きることができます。移動できることの利点もたくさんありますが、大きなエネルギーを使ってまで移動したほうがよいとは、一概にはいえません。じっとしている生き方で成功した植物は、環境の変化を的確にとらえて、逆に自分がどう成長するのか決めていくための工夫をしています。

根は、偶然たどり着いた場所の環境に合わせて柔軟に成長するための、いわば「高性能の環境セ

①　②

図6－1　主根系（シロイヌナズナ）①とひげ根系②（②の写真提供：塚谷裕一）

ンサー」です。たとえば、土壌中の水分や無機塩類などの養分を感知する仕組みがあります。土壌中のリン酸が少なく、「ここは環境が悪い！」と感じると、根は深く伸びるのをやめて、横へ伸びる側根《そっこん》の数を増やして、よりよい環境を探索します。また、根には水分が多いほうに伸び、光を避け、重力の方向に向かう性質もあります。

　動かない植物は、土壌から確実に水や無機塩類を吸収するために根を張り、その根によって土壌の状態を鋭く感じているのです。

いろいろな根

「根」というと、中心になる太い根と、そのまわりに比較的細い根がたくさん出ているようなものを連想するかもしれません。これは、「主根《しゅこん》系」といって双子《そうし》葉《よう》植物に特徴的な根です。中心の太い根は「主根」と呼ばれ、芽《め》ってくる根のもと「幼根《ようこん》」が成長したものです。そ生《ば》えとともに出てくる根で、種の中にすでにできている根のもと「幼根《ようこん》」が成長したものです。その脇に生《は》えてくるのが「側根」。さらに、主根や側根の先端に近い部分を拡大してみると、毛のように細い「根毛」が見られます（図6-1①）。

一方、「主根系」対して、主根があってもあまり太くならないか、あるいは枯れてしまい、代わりに茎の根元からヒゲのように細い根がたくさん出ているものを「ひげ根系」といいます。単子葉《たんしよう》植物に見られる根です（図6-1②）。双子葉植物に見られる「主根系」では、根は幼根に由来する根（主根や側根）から出るのですが（このような根を「定根《ていこん》」と呼ぶ）、単子葉植物の「ひげ根系」の根は、イネなどで見られるように茎の節といった根以外の部分から多く出ます。このように根以外の部分から出てくる根が「不定根《ふていこん》」です。シバやツユクサの地面を這う茎の節から出ている根も不定根です。

主根系とひげ根系は、いちばんよく見かける根の姿ですが、私たちの身のまわりには、水と養分を取り込む、という根の本来の役割以外の機能を果たすようになった、いろいろな根があります。たとえば植物体を支える働きが大きくなった根を、「支柱根」（図6-2①）と呼びます。トウモロコシやタコノキの根などが支柱根です。樹の幹や壁面に張り付くキヅタには「付着根」が見られます。ニンジンや大根、サツマイモは水や養分を貯蔵して太った根、「貯蔵根」（図6-2②）です。

そのほかにも、おもしろい根があります。たとえば、「呼吸根」（図6-2③）はその名のとおり呼吸する根です。水中や水分の多い泥の中など、酸素を取り入れるのが困難な環境に生育している植物が、根の一部を空気中に出しているのです。「呼吸根」の中には地上にのぞいている部分の形

①

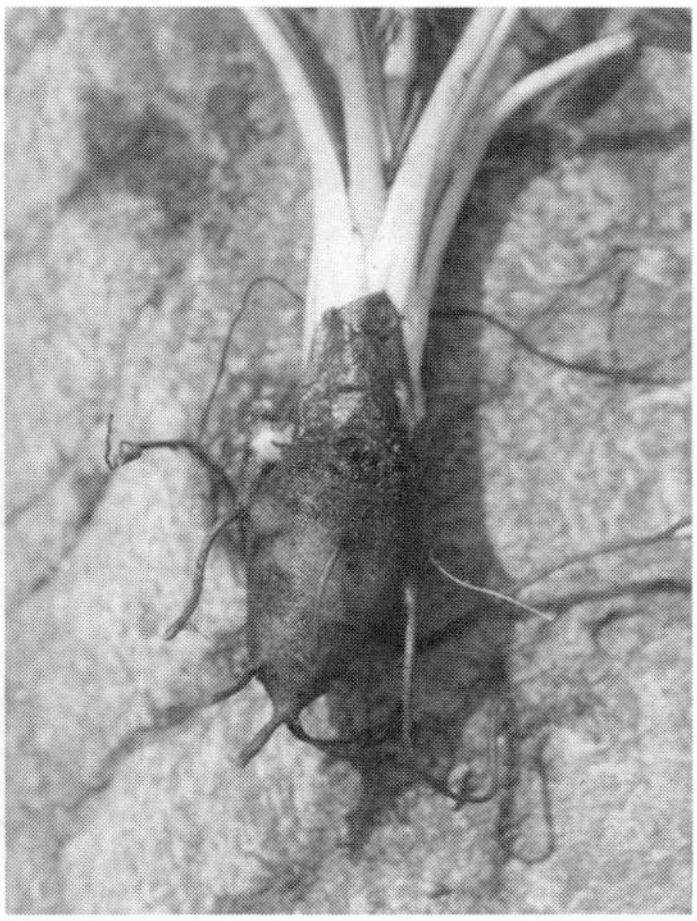

②

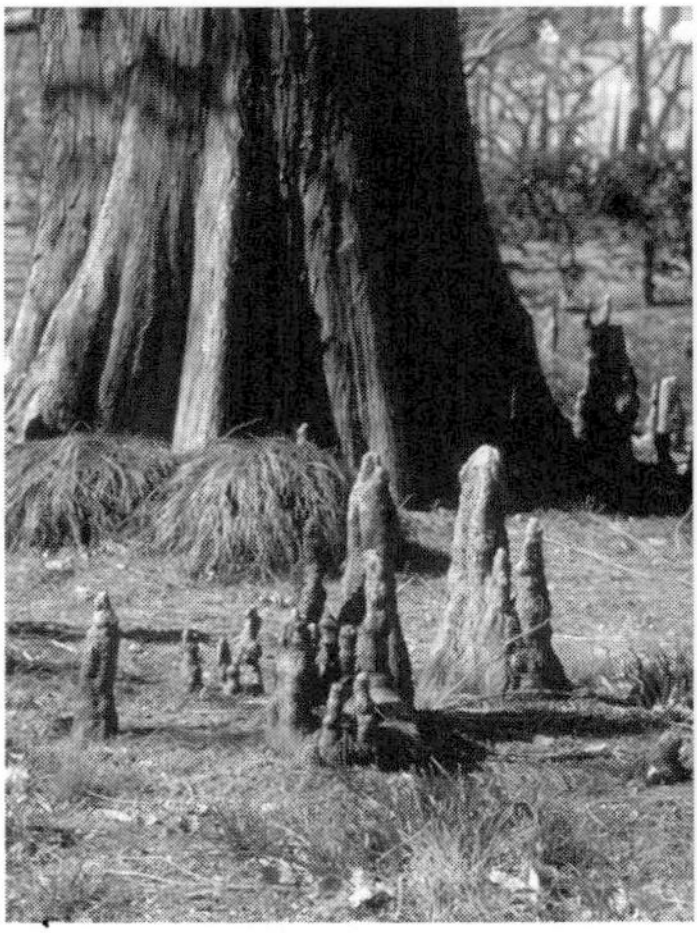

③

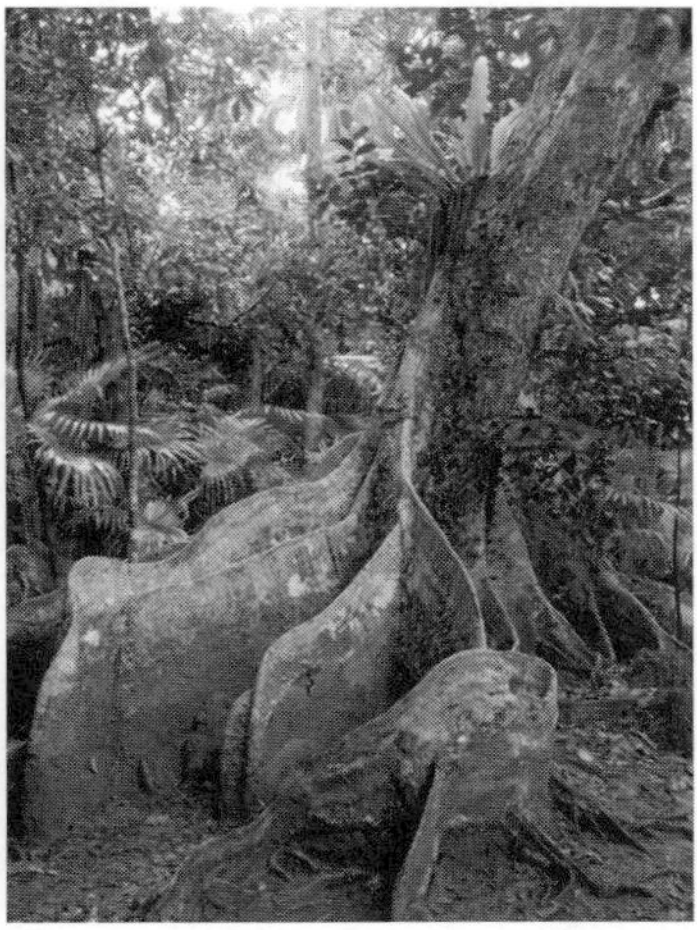

④

図6 - 2　いろいろな根。①ヤエヤマヒルギの支柱根、②トリカブトの貯蔵根、③ラクウショウの呼吸根、④サキシマスオウノキの板根(写真提供：木原浩氏)

がまるで膝《ひざ》を折ったように見えることから、別名「膝根《しつこん》」と呼ばれるものもあります。膝根は熱帯雨林の川辺に群生しているマングローブなどに見られます。土の層が薄く、根を深く張ることのできない環境では、根が板状に発達した「板根《ばんこん》」（**図6-2④**）になり、植物体を支えます。

これらはいずれも、植物の種類や生育環境に応じて、水分や無機塩類を取り入れる以外の機能をもつようになった根です。このような特殊な根は、まだあまり研究されていないので、わからないことばかりです。しかし、この多様性は「根」という器官のおもしろさの1つです。

根の構造

つぎに根の内側を見てみることにしましょう。

根の横断面を見ると、放射パターンになっているのがわかります（**図6-3①**）。どの部分を切っても同じ放射パターンが見られ、金太郎飴《あめ》のようです。外側から「表皮《ひょうひ》」「皮層」「内皮《ないひ》」「内鞘《ないしょう》」という層構造になっています。内鞘とその内側の部分を合わせて「中心柱」といいます。中心柱は根の中心にある柱状の構造のことで、水やいろいろな物質が流れる管、維管束《いかんそく》が通っています。維管束には水や無機塩類が通る「木部《もくぶ》」と葉でできた光合成産物などが通る「師部《しぶ》」があります（維管束については、第8章を参照してください）。

根は水と無機塩類を求めて、地中を深く深く進んでいきます。一見どこも同じように見える根ですが、付け根部分はもはや伸びることのない領域、一方、先端部分はこれからどんどん伸びて成長していく領域です。この成長の盛んな領域で、いま述べたような放射パターンがつくられています。

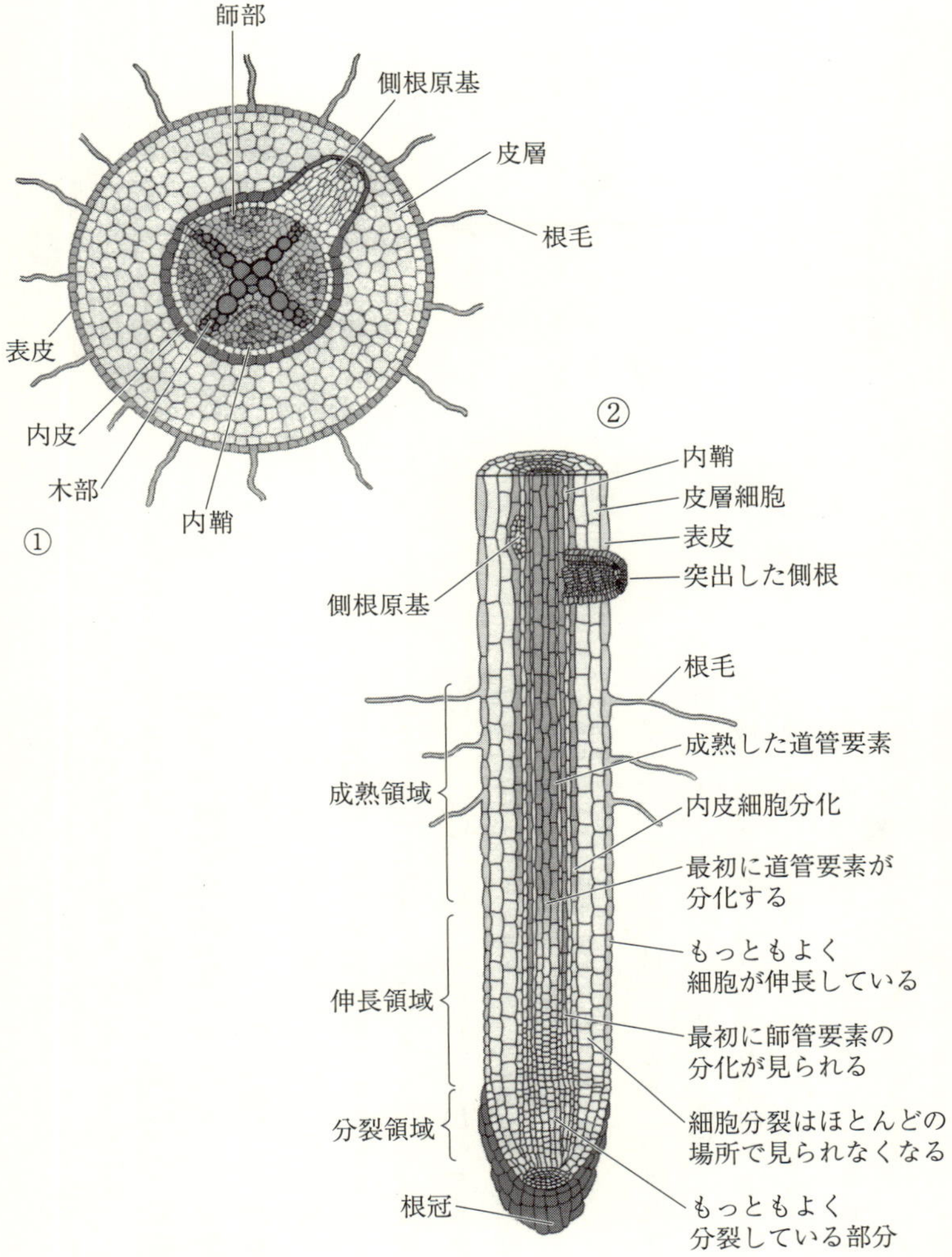

図6-3　根の横断面と、根の成長している部分の構造

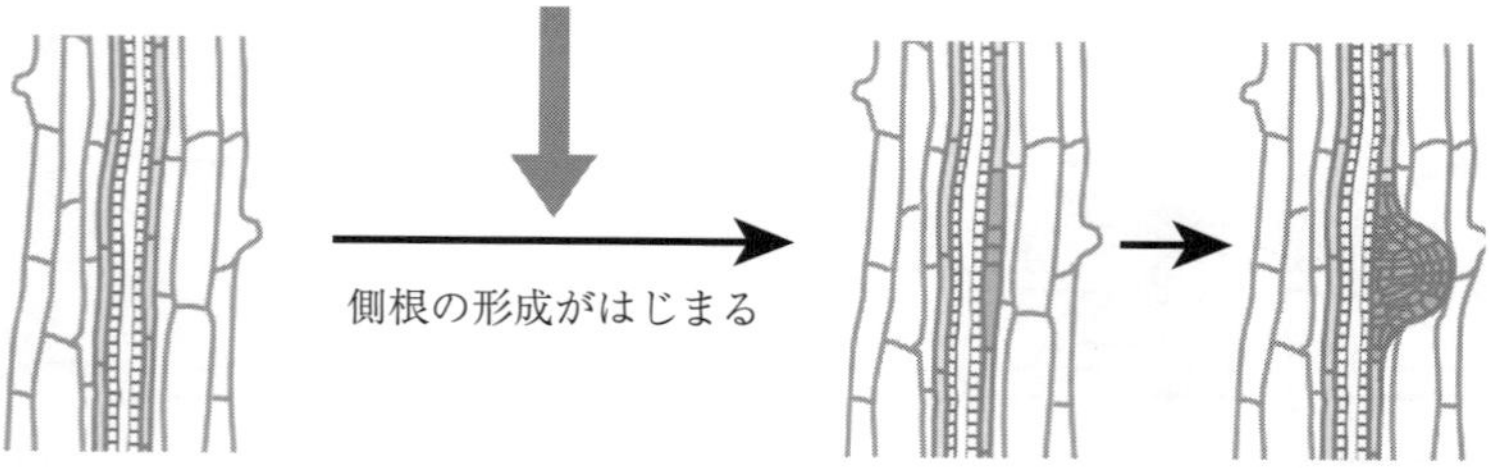
オーキシン
側根の形成がはじまる
「側根原基」がつくられる

図6-4　側根がつくられる様子

成長の盛んな領域は、さらに4つに分けることができます（**図6-3②**）。境目ははっきりしませんが、根の先端から「根冠《こんかん》」「分裂領域」「伸長領域」「成熟領域」です。

根が伸びるために、実際に細胞の数が増えている領域が「分裂領域」です。その先にある「根冠」は大事な分裂領域が土の粒などで傷つかないように保護しています。根冠は流線型で、「ムシゲル」という粘液物質を出して表面を滑《なめ》らかにするほか、細胞がつぎつぎと脱離してゆくことで、地中を前へ進みやすいような工夫もしています。

そして、「伸長領域」は分裂した細胞が成長する、もっとも伸びの盛んな領域です。「成熟領域」になると、伸び切った細胞が十分に育ち、道管《どうかん》、師管、内鞘といった組織が完成します。また、成熟領域では水を効率良く取り込むために表皮細胞が伸びて根毛ができます。

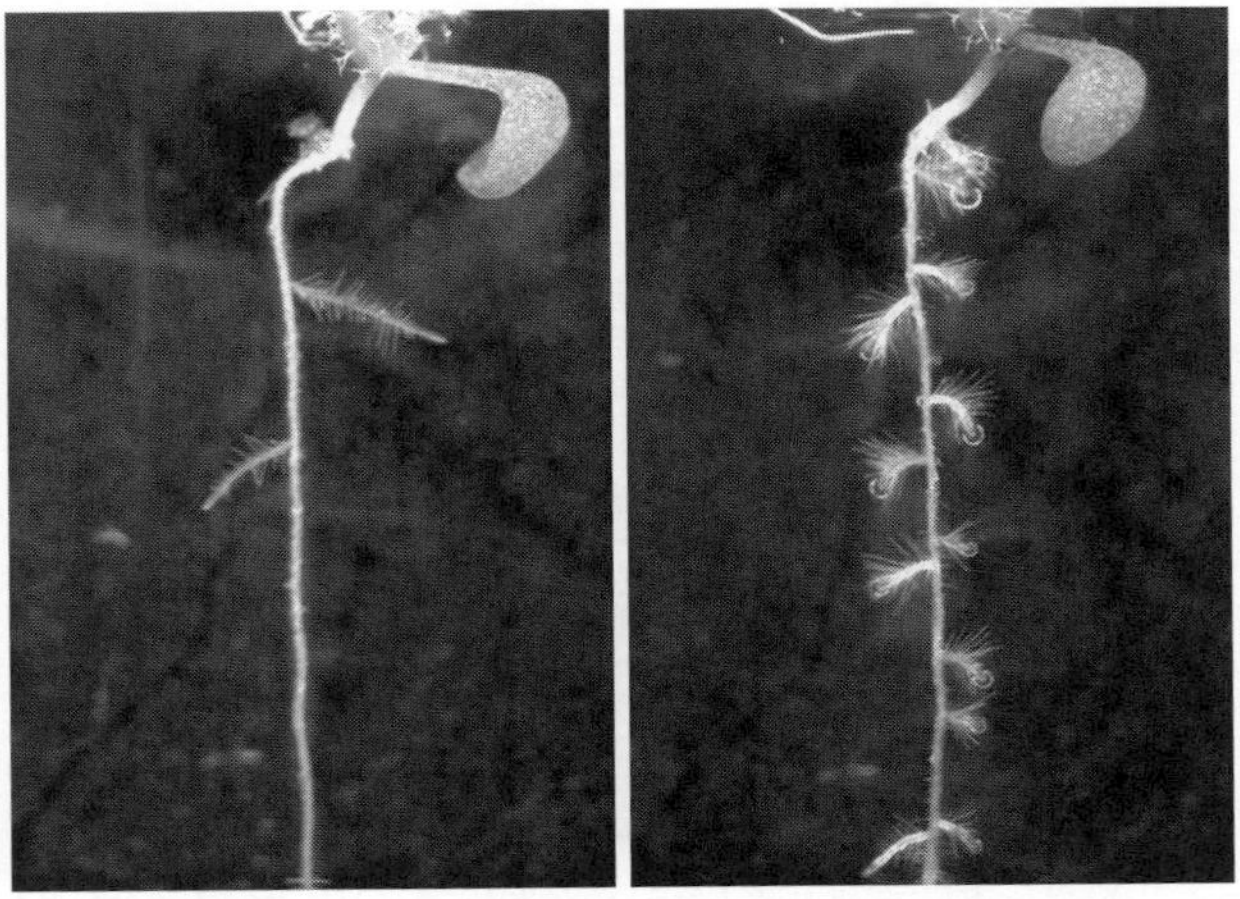

図6-5　オーキシンを与えると、シロイヌナズナは側根をたくさんつくるようになる(右)。左はオーキシンを与えていない野生型

それより少し上、伸びることのない領域の内鞘細胞から盛り上がるようにしてできてくるのが「側根」です(**図6-4、口絵6**)。私は1998年、大学院を卒業するころから、この側根形成の研究をはじめ、今日までつづけています。のちに述べるように側根の形成には「オーキシン」という植物ホルモン(第9章参照)がかかわっていることがわかっていて、根にオーキシンを与えると、側根がたくさんつくられます(**図6-5**)。また、側根がどのくらいつくられるのかは、環境に左右されることもわかっています。

根は植物のほかの部分に比べて、余計な付属器官のないシンプルなつくりになっています。土壌中を伸びるのに邪魔になるものは、極力つけないということのようです。側根も、もう伸びない領域にしか生えません。ほとんどの植物の根がこのようなシンプルなつくりをしていることから、根の形を決める基本的な仕組みは多くの植物種で保存されていると考えられています。

根毛は、根のいちばん外側にある表皮の細胞が伸びたもので、ほとんどの植物にあります。表皮細胞は、水や無機塩類を取り込むのが仕事ですが、細長い根毛の役割は、表面積を広げ、粘液を分泌することで土壌との密着度を上げ、水分の取り込み効率を上げることです。ですから、水が十分ある環境で育つ水生植物には、根毛が見られないものがあります。そのほか根毛の形成には、「エチレン」という植物ホルモンや、土壌のリン酸やカルシウムなどの無機塩類なども関係していることがわかっています。

水はどのようにして根に取り込まれるのでしょうか。ふつう根毛や表皮の細胞内の溶液濃度のほうが土壌溶液の濃度に比べて高いので、水分子は自然に植物細胞内に入ります。塩害で作物が駄目になってしまうことがありますが、これは、土壌中に塩分が多いと、土壌の溶液濃度が根の細胞より高くなるために、水分がうまく取り込めなかったり、過剰な塩分が細胞の機能を阻害してしまうからです。

このように表皮から吸収された水は、皮層、内皮を通って、植物体内の水が通る管である道管に入ります。道管を通って、水は地上部の茎や葉など植物体のあらゆる場所に届けられます（第8章参照）。

根は重力を感じている！

「縁の下の力持ち」といったイメージのとおり、根は土中に張りめぐらされて植物を支えています。

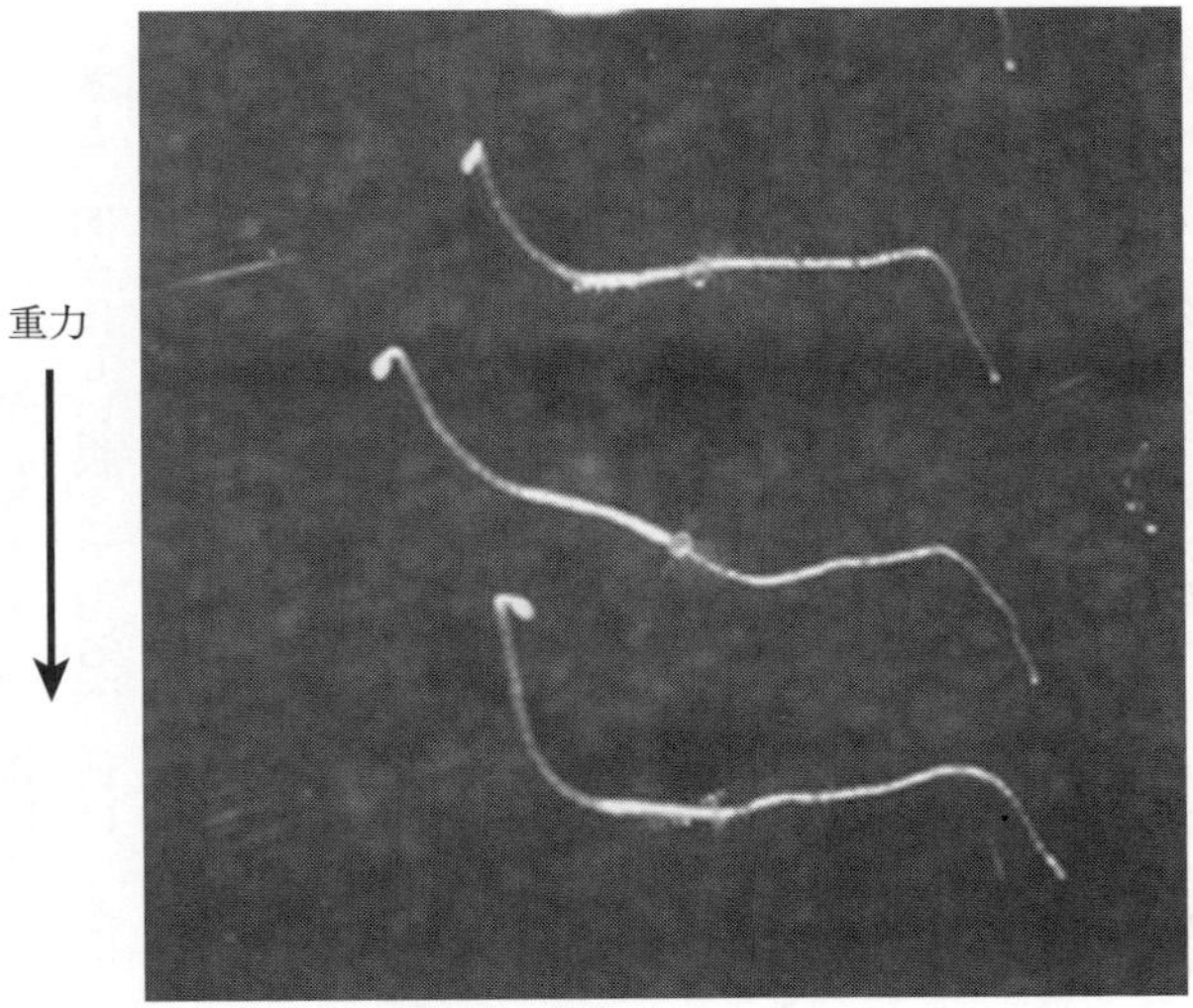

図6-6　重力を感じて下向きに生える根
シロイヌナズナの芽生えの重力屈性反応。暗いところで発芽させて3日目の芽生えを水平に倒してから24時間後の様子。根は重力を感じて下向きに曲がって伸びる。一方、胚軸(子葉と根の間の、茎のように見える部分。茎でも根でもない)は重力の反対方向に屈曲して伸びる

そのために、根は下に向かって生える必要があります。植物を根こそぎ水平に倒しても、根がいつの間にか向きを変えて下向きになるのは、重力を感じているからだとわかっています（**図6-6**）。この重力に向かう性質は「重力屈《くっ》性《せい》」といって、1806年、英国の植物生理学者トーマス・ナイトが最初に報告しています。以来、現在までに、多くの植物学者によって研究されてきました。

　進化論で有名なチャールズ・ダーウィンも、息子のフランシスと重力屈性の研究をしていました。また、昆虫記で知られるアンリ・ファーブルも、重力屈性には興味をもっていたようです。彼は

1867年に『薪《たきぎ》の話』というタイトルで植物記を1冊書いています。根の項を読んでみると、そこには、こんな行《くだり》がありまます。「植物は性格が正反対の2つの部分に分かれる。光を求めてやまない茎と、闇《やみ》がほしい根とである」。彼は、その謎を解こうと、さまざまな実験を行なっています。あるときは、種が発芽したころに、上下をひっくり返して、根を上に、茎を下に位置させてみました。また、あるときは土の入った箱を吊るして、箱の底に穴を開け、この穴に種子を植えました。いずれの場合も結局、茎は真の上・空に向かって、根は真の下・土壌に向かって伸びました。それを目撃したファーブルは「抵抗できないほどの本能が根や茎を動かしているようだ。（略）自説を堅く守る手におえない小さな植物を、私はえらいと思う」と書いています。

ファーブルの時代から140年たった現在、重力屈性についてはかなりのことがわかっています。

根の重力屈性については、

1　根が重力刺激をどの部分でどのように感じているのか。
2　根が感じた重力刺激はどのようなシグナル（信号）に変換されるか。
3　変換された重力シグナルがどこを通って、実際に曲がる部分に伝わるのか。
4　結果、どのようにして根は重力の方向に曲がるのか。

という4つの段階で考えなくてはなりません。

現在、根の重力屈性においてもっとも有力なのは「平衡石説《へいこうせきせつ》」です。「平衡石」とは、動物では耳の中にある炭酸カルシウムを含む結晶で、「耳石《じせき》」とも呼ばれ、体にかかる重力や傾きを感じるとされています。植物の根の場合、この「平衡石」に相当するのは「アミロプラスト」という色素体で、根冠の「コルメラ細胞」の中にあります。アミロプラストはデンプンを溜め込んだ比較的重たい色素体で、重力の方向に応じて細胞の中を移動することで重力の方向を感じると考えられています。根冠にあるコルメラ細胞をレーザーで壊すと重力屈性を示さなくなったことや、アミロプラストをつくらない変異体などからわかってきました。

コルメラ細胞が感じた重力刺激がどのような形でどこを通って伝わっていくかは、まだはっきりしていません。しかし、最終的には植物ホルモンの1つである「オーキシン」の濃度が関係していることはわかっています。たとえば、水平に置かれた根は上側と下側のオーキシンの濃度に差が生ずることにより、上下の伸びに差が出て、重力の方向に曲がるのです。

オーキシンは、細胞分裂や細胞伸長、組織の分化や器官の発生などを制御するなどいろいろな働きをします。葉や若い芽でつくられたオーキシンは、必要な場所に向かって流れていきます。根の師部を通って先端まで流れつくと、今度は逆にUターンして表皮を通って根の基部へ向かって流れます。

ふつうオーキシンは根で均等に流れるので、根はほぼまっすぐに伸びます。しかし、根が水平に倒されていると、オーキシンの逆流は均一ではなく、重力の影響で上側の部分で低濃度に、下側の部分が高濃度になります。高濃度のオーキシンは根の伸長を阻害する働きがあるので、オーキシンの流れが少ない上側部分が伸長し、より多く流れる下側部分の伸長が抑えられます。結果、根は重力の方向に曲がるのです。オーキシンの濃度勾配《のうどこうばい》がかかわっていることは、根が重力の方向に向かないシロイヌナズナの突然変異体を調べることなどでわかってきました。

「寂しい根」

第2章で説明されたように、シロイヌナズナはさまざまな理由から研究に適した植物です。突然変異体が得られやすいことも理由の1つで、具体的には、シロイヌナズナの種を「エチルメタンスルホン酸」という物質に浸《ひた》すことで、突然変異が起こります（「変異原処理」といいます）。変異原処理をしたシロイヌナズナがどんなふうに成長するかはまったく予想することができませんが、だからこそ、変異体探しは宝探しのようなワクワク感があります。

そんなふうにして得られた根に関係する変異体としては、これまでに分裂組織の形がおかしいものや、根の横断面の放射パターンがおかしいものなどが数多く知られています。それぞれに、根をつくる仕組みを調べるうえで重要な手がかりです。ですから、新しい変異体をとることができれば、新しい研究を展開できます。

私が根の研究に興味をもったきっかけは、大学院時代に茎の重力屈性の研究で調べていた変異体が、実は根の放射パターンにも異常をもっていたこと、それともう1つ、これから説明する側根をつくらない「*slr* 変異体」を見つけ出したことでした。それで博士の学位を取得した1998年に、当時ニューヨーク大学で根の研究をしていたフィリップ・ベンフィー博士（現デューク大学）の研究室に移り、博士研究員として本格的に根の発生研究をスタートさせました。以降、私は根の研究、特にオーキシンと側根形成に関する研究をしてきました。

すでに言及したように、オーキシンは根の成長にかかわりのある植物ホルモンです。オーキシンでシロイヌナズナを処理すると、側根の形成が促進されます。また、根のオーキシンの流れを止めると、側根は生えてきません。このようなことから、側根形成にオーキシンが大事らしいことは、すでに当時から知られていました。しかし、オーキシンがどのような遺伝子を制御することで側根がつくられるのか、といった分子生物学的に詳しい部分はわかっていませんでした。

そこで、私は大学院を卒業するころに見つけた「側根が生えてこない突然変異体」を使って、謎に迫ることにしました。この変異体は、側根がまったく生じず、たった1本の主根しかない様子がなんだか寂しい感じがしたので、「寂しい」または「単一の」を意味する英語「solitary」にちなんで、「*solitary-root*（*slr*：エス・エル・アール）」と名づけました（**図6-7**）。*slr* 変異体はほかにも、根毛がほとんど生えない、重力屈性に異常が見られる、オーキシンに対する感受性が低いといった特徴があります。

このような変異体のできる原因遺伝子を調べたところ、「IAA14（アイ・エイ・エイ14）タンパク質」

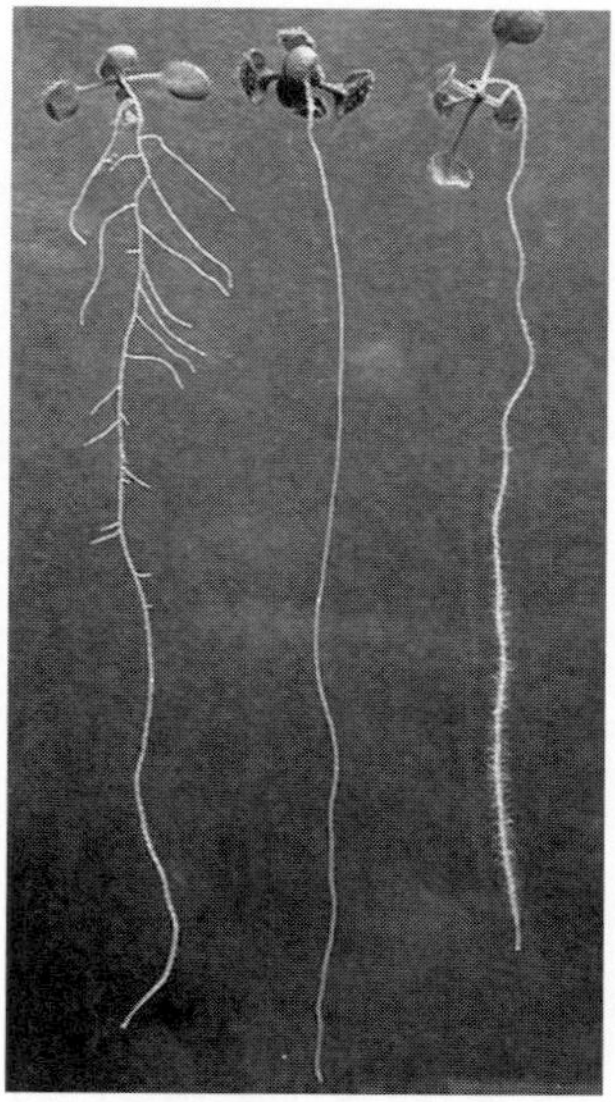

図6-7　側根の生えないシロイヌナズナの変異体。左から野生型、*slr* 変異体、*arf7 arf19* 二重変異体

をつくる遺伝子だとわかりました。この変異体は、オーキシンに応答して分解されるはずのIAA14タンパク質が、突然変異のために分解されにくくなっているのです。

IAA14タンパク質は、ほかの遺伝子の働きを調節する「ARF（アーフ）」というタンパク質グループのどれかと結びついて、ARFが働かないように作用していることが知られています。そこにオーキシンが流れてくると、IAA14が分解されるために、ARFのスイッチが入るのです。しかし、*slr* 変異体では、IAA14が分解されないために、ARFが働かないのではないか。そのために、側根が形成されないのではないか。そう考えた私は、IAA14タンパク質が作用するARFを探すことにしました。

そのころ、米国カリフォルニア大学バークレイ校のアタナシオス・テオロジス教授の研究室で博士研究員をしていた奥島葉子さん（現奈良先端科学技術大学院大学）から、*ARF7* と *ARF19* という遺伝子が両方とも突然変異を起こした *arf7 arf19* 変異体では、側根が生えにくくなるという連絡を受けました（**図6-7**）。テオロジス研究室はもともとIAA14を含むIAAタンパク質ファミリーを最初に見つけた研究室で、当時はARFタンパク質ファミリーの研究を進めていました。ARFタンパク質はシロイヌナズナに22個あるのですが、どれか1つの *ARF* 遺伝子に変異を起こしたからといって、*slr* 変異体のように側根がまったく生じなくなるということはなかったのです。

しかし、*ARF7* と *ARF19* の2つの遺伝子に変異をもつ変異体で側根が非常に生えにくくなるということは、*ARF7* と *ARF19* が側根形成において互いに補い合う働きをするということ、そしてこれら2つのARFタンパク質こそ、私が探している、「IAA14と作用するARF」である可能性が高いと考えられます。そこでテオロジス研究室と共同研究した結果、推定したとおりARF7とARF19がIAA14と相互作用していることや、ARF7、ARF19、IAA14が根の内鞘細胞（側根が形成される部位）で働いていることが確認されました。

つまり、野生型のシロイヌナズナでは、オーキシンによってIAA14の分解が進むと、それまで相互作用していたARF7、ARF19の働きが活性化し、側根形成に必要な遺伝子のスイッチが入るのです。一方、*slr* 変異体で側根が形成されないのは、オーキシンがあってもIAA14が分解されないので、相互作用しているARF7とARF19の働きが抑えられ、側根形成に必要な遺伝子のスイッチが入らないと考えられます。実際、オーキシンを与えて側根ができるときにスイッチの入る遺伝子は、*slr* 変異体や *arf7 arf19* 変異体ではほとんどスイッチが入らなかったのです。このような研究から、側根の形成にはARF7、ARF19、IAA14によるほかの遺伝子の発現調節が重要なことが明らかになりました。

ただし、これだけで側根の形成がすべて解き明かされたわけではないことは、いうまでもありません。側根がつくられるときに起こる何段階もの遺伝子のリレーの一部が、わかってきたのです。

現在は、ARF7やARF19タンパク質が、さらにどのような遺伝子のスイッチのオン・オフにかかわっているのかを調べています。そして最近、側根が形成されるときにARFタンパク質によって直接スイッチが入る遺伝子が見つかってきました。今後は、「側根がつくられるまでに起こる遺伝子のリレー」をさらに詳しく解き明かしていきたいと思っています。

これまで私は、シロイヌナズナを用いた根の研究をつづけてきましたが、まだ、わからないことはたくさんあります。たとえば、側根が根のどこにできるかを決めている要因さえ、わかっていません。

ここで紹介した「根を使った研究」は、これから大きな可能性を秘めていると思っています。根は、伸びる伸びないというわかりやすい現象を手がかりにして、分裂組織の形成や器官形成、植物ホルモンのシグナル伝達、細胞の分裂や分化の制御、さらには環境要因に対する応答など植物科学における重要な問題を研究できるからです。また、根は先端に向かうほど常に新しい組織があるので、若い細胞から古い細胞まで、細胞の成長を追って研究する材料としては最適です。また、根がどのように進化してきたのかということも興味深い問題です。

この研究の展開していく方向はもちろん、基礎研究だけにとどまりません。シロイヌナズナの根の発生の仕組みを理解することは、ほかの植物の根の研究に役立ち、将来、農作物の収量を増やすために効率の良い根の張り方に関する知見が得られるかもしれません。植物を研究している以上、農作物や園芸作物に応用できるものを発見したいと思っています。

7章

根におけるいとなみ

◉川口正代司

マメ科植物は根で根粒菌《こんりゅう》と「共生」という関係を結び、共生している菌と生存をかけた取引と、そのための情報のやりとりをしています。根粒菌は化学工業が高圧・高温をかけて行なう空中窒素の固定を、静かにやってのけます。マメ科植物と根粒菌の共生関係は一般によく知られていますが、このほかに、いろいろの植物とかなり普遍的に共生している不思議な菌がいます。植物の根における共生のたくみな制御がどんな仕組みで行なわれているのか、共生する菌と植物はどう進化してきたのか。そうしたことを解き明かすのが私のテーマであり、興味の中心です。

マメ科は種類も多く、この地上で大いに繁栄しています。われわれが食物としてお世話になっている、ダイズ、アズキ、エンドウなどの豆類はもちろん、こんな植物も？　という意外なものもあります。畑のそばや野原で見かけるシロツメクサ、レンゲソウ、アルファルファ、ウマゴヤシ、ミヤコグサ。花を楽しませてくれるスイートピーやルピナス。ハギ、フジ、アカシアもそうです。オジギソウにネムノキ、役に立つところで、アラビアゴムノキ、紫檀《したん》もマメ科の植物です。

かつては、荒れ地にレンゲソウの種を蒔《ま》いて、育ったレンゲソウを土に鋤《す》き込み、そこを水田にすることがよく行なわれました。作物が育たなかった荒れ地を、マメ科の植物が地味豊かな土壌に変えてくれるからです。江戸時代の農業ノウハウ本『広益国産考《こうえきこくさんこう》』（大蔵永常《ながつね》著、１８５９年刊）には、「畦《あぜ》にダイズを植えるといい」といった意味合いのことが書かれています。マメ科植物の耕作への効用は昔から知られていたのです。いまも、休耕田《きゅうこうでん》でダイズを栽培することが行なわれています。メキシコの先住民たちが住む山間地の畑では、主食になるトウモロコシと副食のインゲンマメを一緒に植えるそうです。地球上どこでも、人々はマメ科植物の力を経験的に知っていたのでしょう。土壌を肥沃《ひよく》にする力をマメ科植物に与えている正体は、根粒《こんりゅう》菌というバクテリアです。

古くから知られてきたマメ科植物と根粒菌の共生

エンドウの根を引き抜いてみると、数ミリほどの小さなコブがたくさんついていて、まるで、もともと植物の根の器官であるかのような顔でおさまっています。これが「根粒」です。根粒は、マメ科植物の根と根粒菌の共生の場であり、根粒菌が根についた結果分化した、植物のれっきとした器官なのです。

根粒菌が土壌を栄養豊富にする理由は、「ニトロゲナーゼ」という酵素を介した「空中窒素《ちっそ》固定作用」にあります。窒素は生命を形づくるタンパク質や核酸の成分ですから、植物にとっても必要不可欠な物質です。窒素なしに、植物は成長も繁殖もできません。窒素肥料を施《ほどこ》される作物はよいとして、野原や山地に自然に生育する植物にとっては、どうやって窒素を取り込むかは重要な課題です。

われわれを囲む大気は、組成のおよそ5分の4が窒素という恵まれた窒素源です。しかし、植物は大気中の気体状の窒素をそのまま利用することはできません。アンモニウムイオンや硝酸《しょうさん》イオンのように水に溶ける形で根から吸収しなくては使えないのです。大気中にこんなに大量にある窒素を、利用できる形に変える化学合成を「空中窒素の固定」といいますが、そのわざを静かにやってしまうのが根粒菌です。マメ科以外の植物では、「放線菌《ほうせん》」の窒素固定の働きに頼って、窒素を供給してもらうものもあります。ハンノキ、ヤマモモ、グミなどが放線菌の世話になっています。

大気中の窒素は、窒素原子2つが三重結合で結ばれた、きわめて安定な分子です。このため、窒素固定をいざ人工的にやろうとすると、相当の大わざが必要です。とても、静かにとはいきません。自然界では雷の放電によって空中の窒素が固定されることがあります。これに倣《なら》って、高電圧放電で気体窒素と酸素から硝酸をつくる方法が、20世紀のはじめに発明されました。しかし、とてつもない量の電力を消費しないと硝酸はできません。反応温度は3000℃という高温です。空中の窒素と水素から直接アンモニアを合成する方法がドイツで発明されたのは、それから間もなくのことでした。この方法も、よい触媒に加えて高温高圧が必要です。ドイツ皇帝ウィルヘルム2世はアンモニア合成の成功を聞いて、第1次世界大戦の開戦を決意したという言い伝えもあるほどですから、いかに画期的な発明だったか想像できるというものです。

現在も、空中窒素を利用したアンモニアや尿素《にょうそ》の合成は、化学工業の重要な一角を占めていますが、地球上の窒素の収支を見ると、根粒菌などの生物によって固定される窒素の量のほうが、工業的に固定される窒素の量より、3対2の割合で多いという推計があります。窒素固定能力をもつ生物は、核をもたない原核生物（細菌など）に限られます。真核生物（原核生物である細菌などをのぞいたほとんどの生物）にはこの能力をそなえたものは存在しません。われわれ人間も、根粒菌などが固定した窒素を間接的に栄養分として頂戴《ちょうだい》して生命を維持しているわけです。

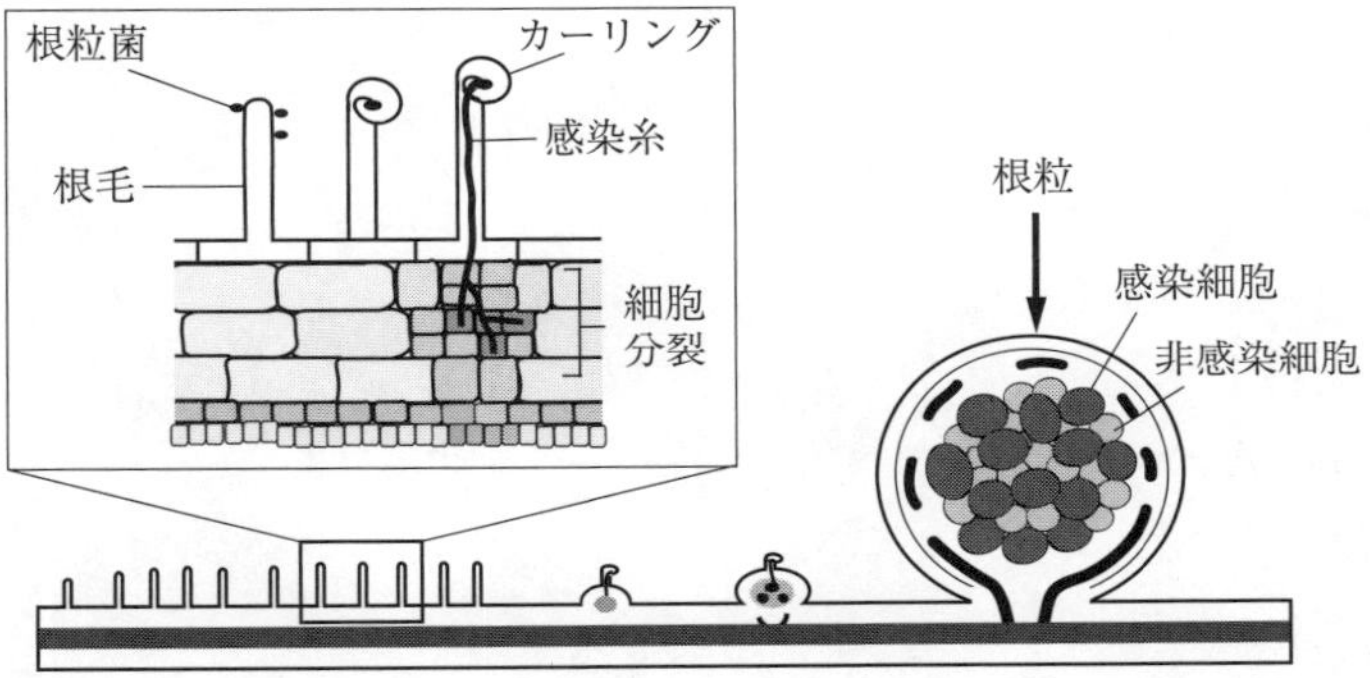

図7-1　根毛の細胞が土の中の根粒菌を感じ取ると、根毛の先端が丸まって(「カーリング」という)根粒菌を閉じ込める。根粒菌は感染糸を通って根の内部に侵入し、細胞分裂によって根粒ができる

シグナル物質を介した相互作用

土の中に根粒菌がいて、マメ科植物がある。それだけでは共生ははじまりません。多種多様な細菌が無数に住む土の中で、植物はどうやって根粒菌を判別し、根粒菌だけに根における「共生」を許して、ほかの細菌をシャットアウトしているのでしょうか。

根の表面につくられる根毛が根粒菌の存在をとらえると、「カーリング」といって菌を取り囲むように丸まり、菌を閉じ込めます。そこから根粒菌は「感染糸」を通って根の細胞内に侵入し、根の細胞分裂を誘導して根粒をつくります（**図7-1**）。感染糸がどうやってつくられるのか――植物がつくりだすのか、菌がつくりだすのか――は、まだ解明されていません。

根粒菌には多くの種類がありますが、不思議なことに、エンドウはエンドウにつく特定の根粒菌と共生し、ミヤコグサはミヤコグサにつく根粒菌と共生するというように、マメ科植物と根粒菌の共生関係では、かな

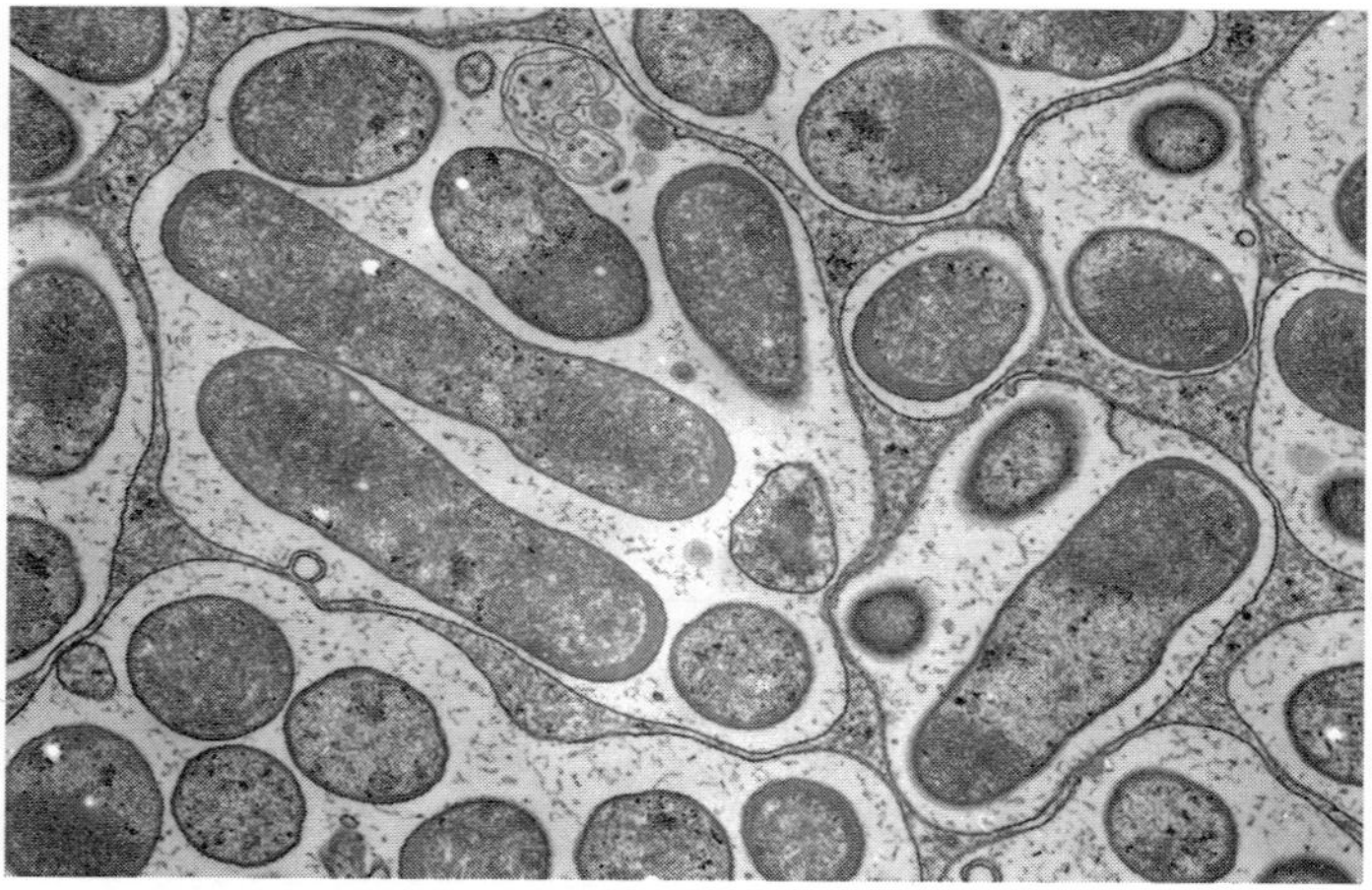

図7－2　根粒菌が感染した細胞。くっきりした線が植物由来の細胞膜、黒っぽい「かりんとう」のように見えるのが根粒菌

り厳密にパートナーが決まっています。共生とは、互いの共存共栄をはかる互恵《ごけい》条約です。マメ科植物は根粒菌から窒素固定した産物のアンモニアイオンを受け取り、根粒菌はマメ科植物から光合成の産物を受け取ってエネルギー源にする、もちつもたれつの関係です（**図7－2**）。これは、マメ科植物が出現した6500万年前にさかのぼる、長い縁らしいのです。

土の中にいる細菌には、植物に害を及ぼしたり、病気をもたらしたりするものも多く、植物としては感染を防いで排除しなくてはならないものもたくさんあるはずです。共生のパートナーどうしはどうやって互いを認識し、他を排除して、こんなにもきっちりした関係（「共生の特異性」）を結ぶことができるのでしょうか。多重のセキュリティで管理されたそのメカニズムが、分子

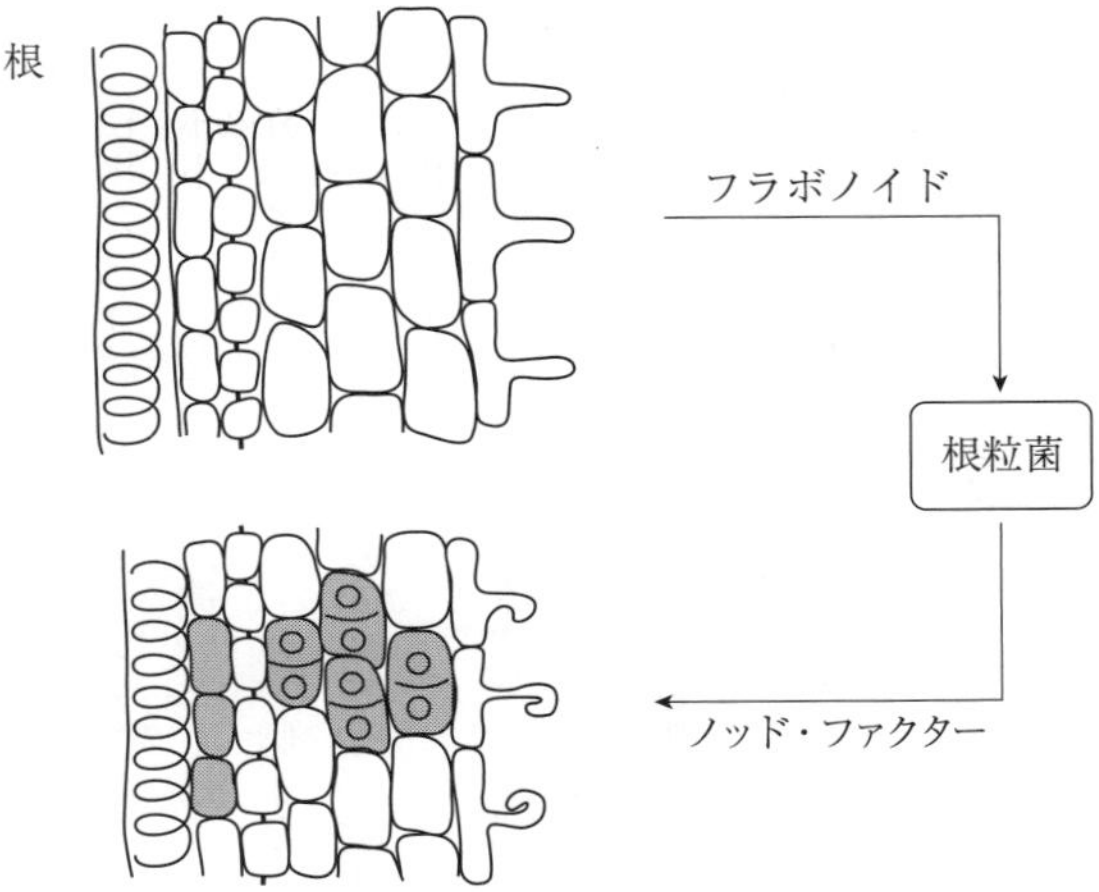

図7-3　マメ科植物と根粒菌のシグナル物質を介したかかわり。植物が出したフラボノイドを根粒菌が感知すると、根粒菌は種によって少しずつ構造の異なる「ノッド・ファクター」をつくる。ノッド・ファクターを感じ取った植物では、根粒をつくるための細胞分裂がはじまる

のレベルでだんだん明らかになってきました。

　根と根粒菌の間には、化学物質を使って情報を伝える仕組みがそなわり、互いに共生関係を結ぶべきパートナーであることを伝え合っています（**図7-3**）。マメ科植物の根は、土の中に「フラボノイド」という物質を分泌します。この物質を根粒菌が感知すると遺伝子のスイッチが入って、根粒菌は宿主に情報を伝えるシグナル物質である「ノッド・ファクター」をつくりはじめます。ノッド・ファクターの正体は、糖と脂肪酸からできた「リポキチンオリゴ糖」という化学物質で、エンドウにつく根粒菌はそれに独特の構造のノッド・ファクターをつくり、ミヤコグサ根粒菌はまた固有の構造をもったノッド・ファクターをつくりだします。それぞれの化学構造の違い

はほんのわずかなものですが、それが身分証明なのです。エンドウ、アルファルファ、ダイズ、インゲン、シロツメクサ、ミヤコグサなどの根粒菌について、それぞれのノッド・ファクターの分子構造が判明しています。

植物のほうは、ノッド・ファクターを受け取ると、分子のわずかな構造の違いから、共生すべきパートナーかどうかを間違いなく知ることができるわけです。通行手形を交わしたうえで、共生関係がスタートするのです。植物側がどんな仕組みで、それぞれのノッド・ファクターを認識するかについても、研究が進んでいます。共生を行なうのに必要な植物側の遺伝子も、数多く見つかってきました。

正しいパートナーであることを確認して、根毛が根粒菌を取り込み、根粒が形成され、しかも適正な数ができるまでは、さらにいろいろの鍵で扉を開けていかなくてはなりません。いったん、根毛の先にパートナーになるべき根粒菌が付着しても、たとえば菌の表面の物質に異常があると、根粒菌は排除されてしまいます。とりあえずたくさんの菌を根毛につけておいて、そのうちからほんとうに必要な数だけを細胞の中に取り入れて、根粒づくりまで進める仕組みもあるのです。植物はなかなか慎重派です。

なぜ根粒菌はマメ科植物とだけ共生関係を結ぶのか、どうしてそうなったのか、そこは実のところまだわかっていません。

根粒菌の数を制御する仕組み

やたらに根粒菌を取り込んで、根粒が増えてしまうと、得るものも多いけれども与えなくてはならないものも多く、植物にとっては過大なエネルギーを消費することになります。共生窒素固定は、植物のエネルギー源である「ATP（アデノシン三リン酸）」という物質を多く消費するいとなみです。たまに、根粒をつくりすぎて成長できなくなってしまった変わりものがいます。必要にして十分、合理的な数の根粒菌を取り込まなくては、せっかくの生存戦略が破綻《はたん》しかねません。マメ科植物に窒素肥料を与えると、根に直接アンモニウムイオンや硝酸イオンの形で窒素源が供給されるので窒素固定は不要になり、根粒は形成されなくなります。いったいどのようにして、根粒菌の種類ばかりでなく、数までコントロールしているのでしょうか。この制御がどんなふうに行なわれているのかに、私は興味をもちました。

植物は動物と違って、判断をして指令を出す脳や中枢神経をもっていません。それに代わるのが、物質を介した情報伝達と判断のシステムです。根粒菌がまだ足りないか、もう十分かを判断し、不要なら取り込まないようにする仕組みは、根だけで行なうのではなく、全身がかかわっていることがわかってきました。ATP消費量が多くなりすぎて成長できなくなることは、植物の全身にとって由々しい問題です。根だけにその判断を任せておくわけにはいかないのです。植物は遠くにある器官にまで情報を伝え、そこで判断し、その結果をフィードバックして制御する、という仕組みをもっています。共生におけるその仕組みを明らかにしたいと考えて、このテーマに取り組んできました。

植物学の実験でよく使うのが「接木《つぎき》」という手段です。根と全身にコミュニケーションがあるら

図7-4　ミヤコグサは黄色の小さい花をつけ、ゴマのような黒い種子を稔らせるマメ科植物。マメ科のモデル植物として利用され、そのゲノムも解読が近いと期待されている。写真は、私が見つけた宮古島に自生する早咲きミヤコグサで、これを材料に全ゲノム配列決定プロジェクトが進んでいる

しいことは、いまから20年ほど前に接木実験から想定されました。また、根粒の数の制御が自動的に行なわれていることは、半世紀近く前に英国のフィリップ・ヌトマンが気づきました。この人は、アカツメクサの根粒をナイフで切り取って数を減らしてみたのです。すると、根の別の場所に切り取ったのとほぼ同じくらいの数の根粒ができてきます。まだ窒素固定の仕事をはじめていない根粒の元になる組織を切り取っても、やはり同じように別の場所にこの組織ができてきます。根粒は自分自身で根粒の数を制御している（これを「オートレギュレーション」といいます）と、彼は考えました。

根における根粒の数を感じ取り、その信号を植物の体の地上部に伝えて、数を制御する、そのシステム全体の鍵になる遺伝子

を私たちが見つけたのは、2002年のことです。ミヤコグサから発見したこの遺伝子は「*HARI*」（ハーイ）という名前です。

ミヤコグサは日本に自生する雑草で、黄色の小さい花をつける背丈30〜40センチの多年草です。ゴマのような黒い種子をたくさん稔らせます（**図7‐4**、**口絵4**）。ゲノム（DNAのすべての塩基配列）のサイズが比較的小さく、世代交代が早くて実験室でも育てやすいので、最近はマメ科植物の遺伝子の働きや多様性を調べるかっこうのモデルとして、よく使われるようになりました。ミヤコグサのゲノムサイズはヒトの6分の1ですが、ほかのマメ科植物には、ゲノムサイズがヒトの1・5倍ほどもある大きなものが多く、遺伝子の働きを調べたりすることがやっかいなのです。ミヤコグサについてはゲノムの解読も進んだので、それを利用した研究用の技術もできています。

一方、ミヤコグサに共生する根粒菌のゲノムは、2000年に日本のかずさDNA研究所で完全解読されました。アルファルファやダイズの根粒菌についても、その後、ゲノムの塩基配列が解読されました。

植物の全身で情報伝達する遺伝子

さて、遺伝子*HARI*のことをお話ししましょう。前に、根粒をいくらでもつくってしまい、成長できなくなる変わりもののマメ科植物がいることを紹介しました。根粒の数の制御ができなくなったこうした変異体のミヤコグサを調べてみると、*HARI*が欠けており、この遺伝子が働いていないのです。*HARI*を欠いた変異体は、窒素肥料が土の中にあるときにも、不必要な根粒をつくってし

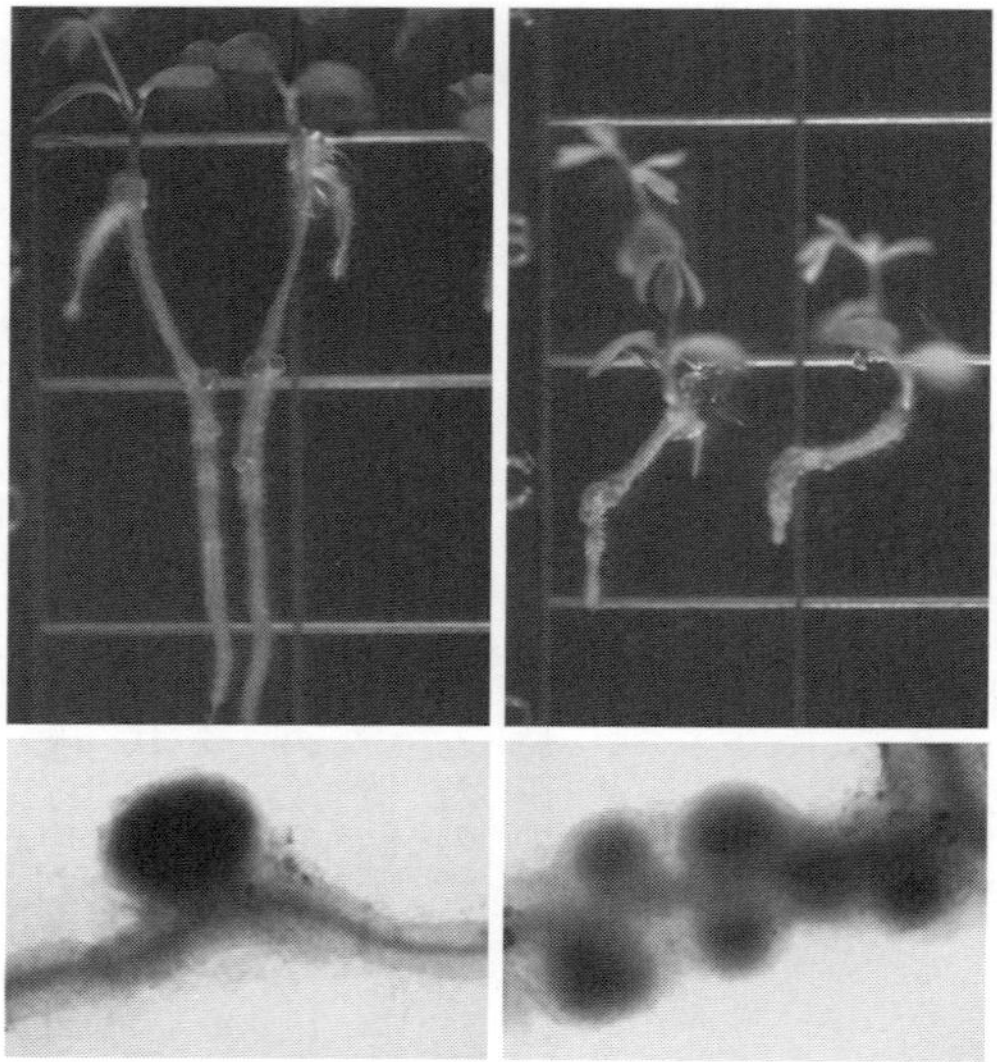

図7－5　根粒の数の制御にかかわる遺伝子。*HAR1*が働いている野生型のミヤコグサ(左)では適当な数の根粒が形成されているが、働かない変異体(右)では根粒ができすぎて、その結果、植物全体の成長が抑制されているのがわかる。下の写真は、それぞれの根の部分を拡大したもの

まいます（**図7－5**）。*HAR1*は、根粒がつくった窒素化合物と同じく、環境にある窒素化合物の量も感知して、同じ仕組みで根粒の数を制御していることがこれでわかります。

*HAR1*が働くのは、葉などミヤコグサの地上部分です。地下の根から「根粒は十分できた」という情報を受け取ると、「根粒づくりストップ」という指令を出すことによって、数を制御しているようです。根が根粒をつくるときの最初の信号となっている物質は、さきに紹介した根粒菌のノッド・ファクターです。これを受け取ると根粒づくりの引き金が引かれて根の細胞分裂がはじまります。そし

て、根粒菌の感染や根粒でつくられる窒素化合物の量が、さらにそのつぎの信号になるのでしょう。しかし、窒素をどのように認識するかについては、まだ何もわかっていません。どうやって研究すればよいのか、その方法が容易に見つからないのです。窒素については、ホルモンなどの微量物質を認識したり、情報を伝えたりするのとは違うシステムで認識するのではないかと考えている人もいます。

それでは、とりあえず根粒菌の数や窒素化学物の量が十分だと判断したときに、根粒づくりを抑える働きをする物質はなんなのでしょうか。私がいまその候補と考えているのは「ジャスモン酸」という植物ホルモンです。この物質は植物の葉が虫に食われるなどの被害を受けると合成され、全身に広く作用して害虫に対する防御遺伝子が働くように仕向けます。試みにジャスモン酸をミヤコグサの葉に吹きかけてみると、根における根粒形成が確かに抑えられることがわかりました。根粒がつくられすぎた変異体でも、抑制効果が認められます。マメ科植物でも、もちろんジャスモン酸がつくられています。根粒の数を抑制する物質がほんとうにジャスモン酸なのかどうかを、私たちはもっか北海道大学のジャガイモ研究者たちと一緒に調べているところです。ジャガイモでは、ジャスモン酸の一種が葉でつくられて根に循環し、イモを形成する働きをしているのです。

実は、*HAR1*とよく似た遺伝子がシロイヌナズナにあります。それが「*CLV1*」（クラブ1）です。この遺伝子の役目は、細胞どうしのコミュニケーションを通して、茎頂《けいちょう》（茎の先端）や花芽（つぼみ）の分裂組織で細胞の増殖を制御することです。こちらは近距離の情報伝達を担っています。*HAR1*のほうはもっと遠距離の情報伝達を担い、根と全身のコミュニケーションをつかさどるわけです

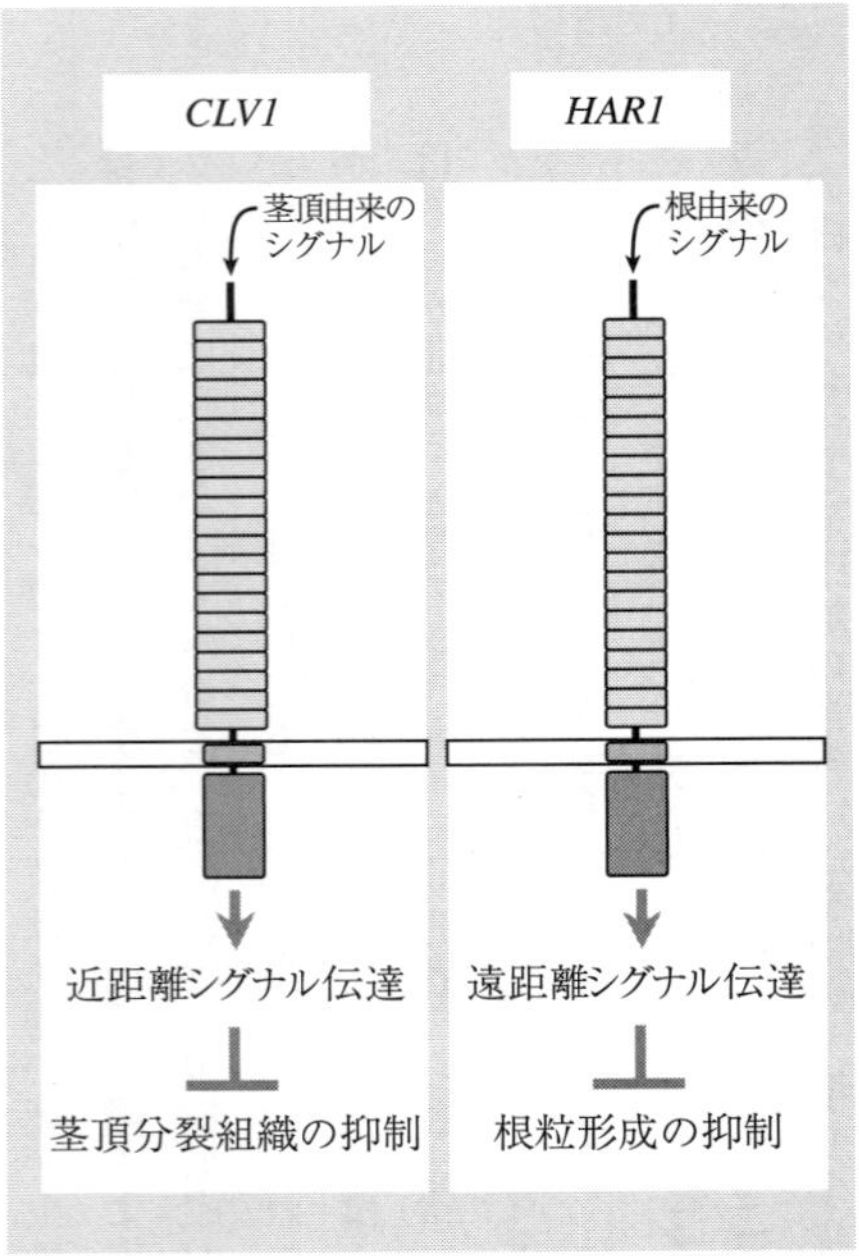

図7-6　シロイヌナズナの茎頂分裂にかかわる遺伝子*CLV1*とミヤコグサの根粒の数を制御する*HAR1*はよく似た遺伝子である。*CLV1*は近距離に情報を伝え、*HAR1*は葉から根というように遠くの情報を伝える

が、2つの遺伝子はよく似ています（**図7-6**）。そして、*CLV1*が働く茎頂にかぎって、*HAR1*は働きません。おそらく、両方の遺伝子は起源を同じくしていて、進化の過程で一方は根粒という共生器官の分化を制御する遺伝子へと機能を転換させていったのではないか。いま、そんなふうに考えています。

ミヤコグサの地上部で働く遺伝子としては、*HAR1*のほかに「*KLAVIER*（クラビア）」があります（**図7-7**）。*KLAVIER*の遺伝子機能が失われると、根粒菌が過剰感染して根粒が多く形成されますが、それ以外にも不思議な現象が起こります。茎頂が2つに分かれ二叉分岐《にさぶんき》するのです（**図7-8**）。また、維管束《いかんそく》の分化不全も観察されます。このような形質は、およそ4億年前の初期陸上植物「アグラオフィトン」などで見ることができます（**図7-8**）。二叉分岐した初期の陸上植物から、主軸がしっかりした現在の植物へと進化していったプロセスはまだ謎なのですが、*KLAVIER*はもしかするとそれを解き明

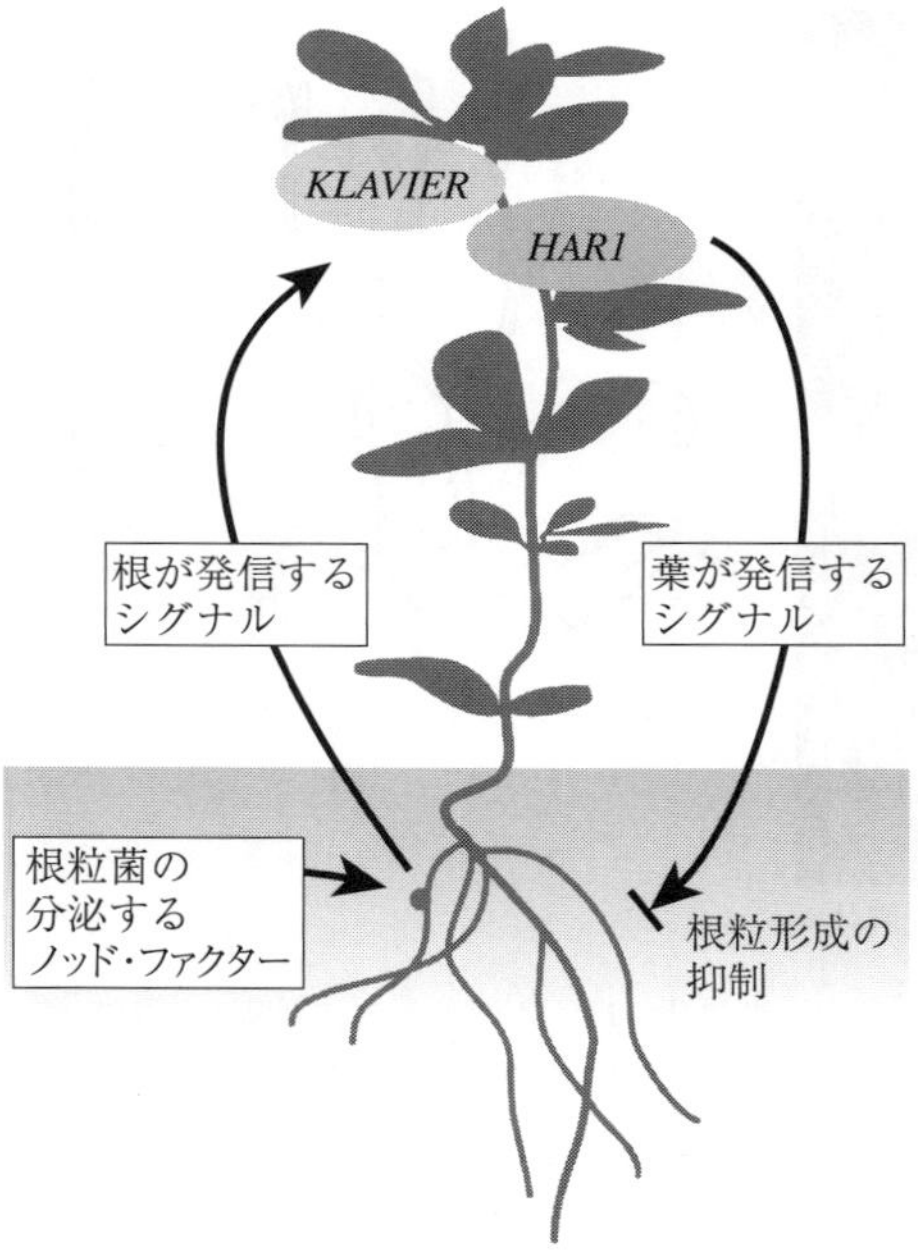

図7-7　遠距離シグナル伝達による根粒形成のオートレギュレーション。*KLAVIER* は *HAR1* と同じく植物の地上部で働く遺伝子で、根粒の抑制シグナルを根に送って共生バランスを保つ

かしてくれるかもしれません。

「おそらく」とか「らしい」とか「わからない」という話が多くなりましたが、サイエンスは、何かを解き明かすというより、何がわからないかがわかってくるいとなみです。何が問題なのか、どこがわからないかが見えてくる。そういうものだと思います。「おそらく」はまだ少しつづきます。実は、共生の進化についていろいろ示唆してくれる興味深い菌がいるのです。

多くの植物と共生する菌根菌

それが「アーバスキュラー菌根《きんこん》菌《きん》」（**図7-9**）です。この菌は真核生物ですが、カビやキノコと異なる、分類学的にきわめて独立した菌

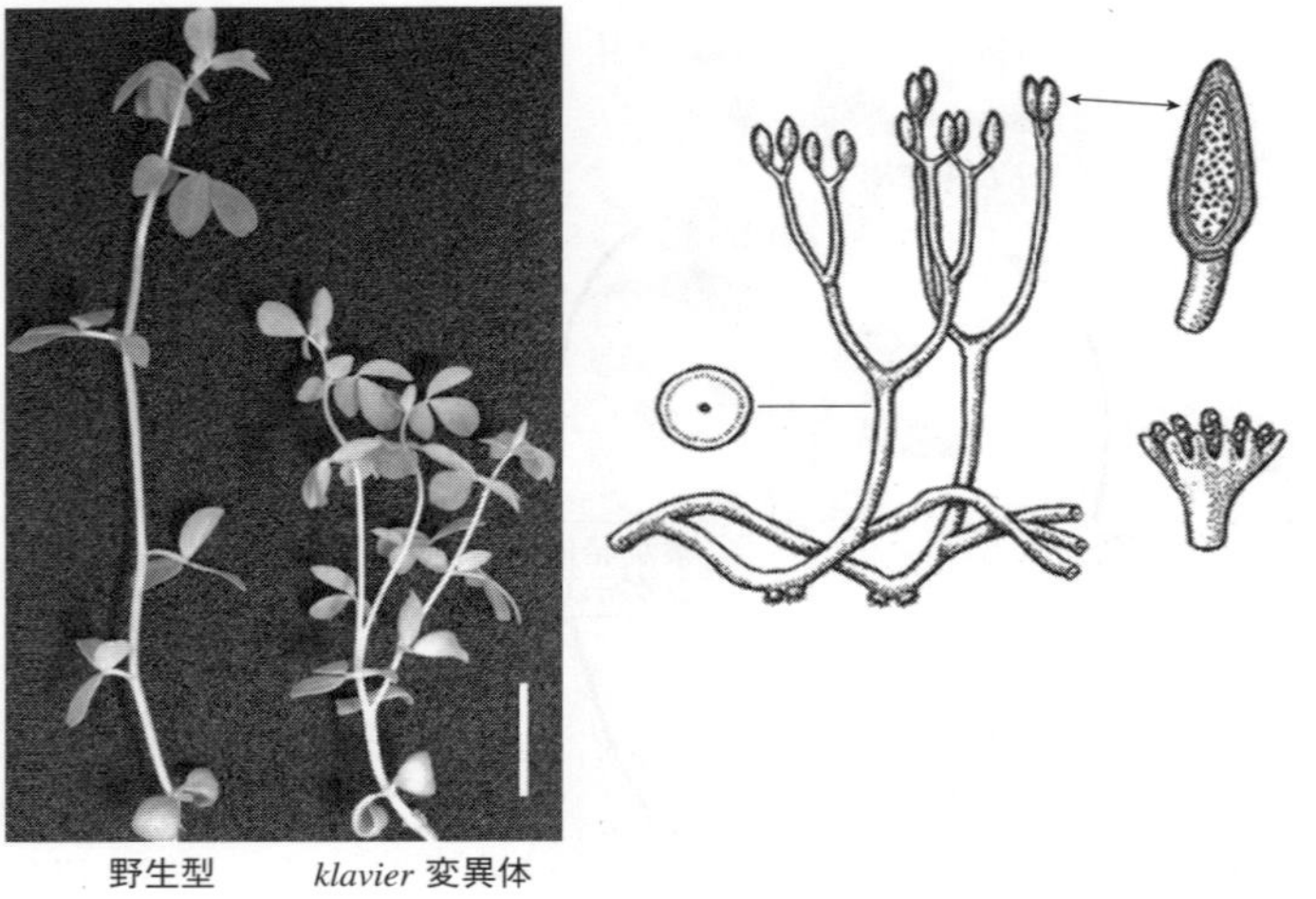

図7-8　おもしろいことに*klavier*変異体では、4億年前の初期陸上植物アグラオフィトン(右)のように茎が二叉に分岐する現象が認められる

類です。ずっと昔に進化を止めて、その後あまり種類を増やした様子もありません。この菌が興味深いのは、シダやコケも含めてなんと8割ほどの陸上植物の根と共生していることです。根粒菌と違い、厳密にパートナーが決まっているということはありません。宿主特異性がないのです。マメ科植物とももちろん共生します。まったくつきあいがないのはアブラナ科やアカネ科、マメ科ではルピナスなどの一部の植物です。これらの植物は、何かのきっかけで、この菌との共生という生存戦略を破棄したのでしょう。

　アーバスキュラー菌根菌と多くの植物との共生関係は、植物が先祖のいた海から陸上に上がった4億年以上前からずっとつづいてきたようです。そのころの植物「アグラオフィトン」の化石に、樹枝状体の痕跡

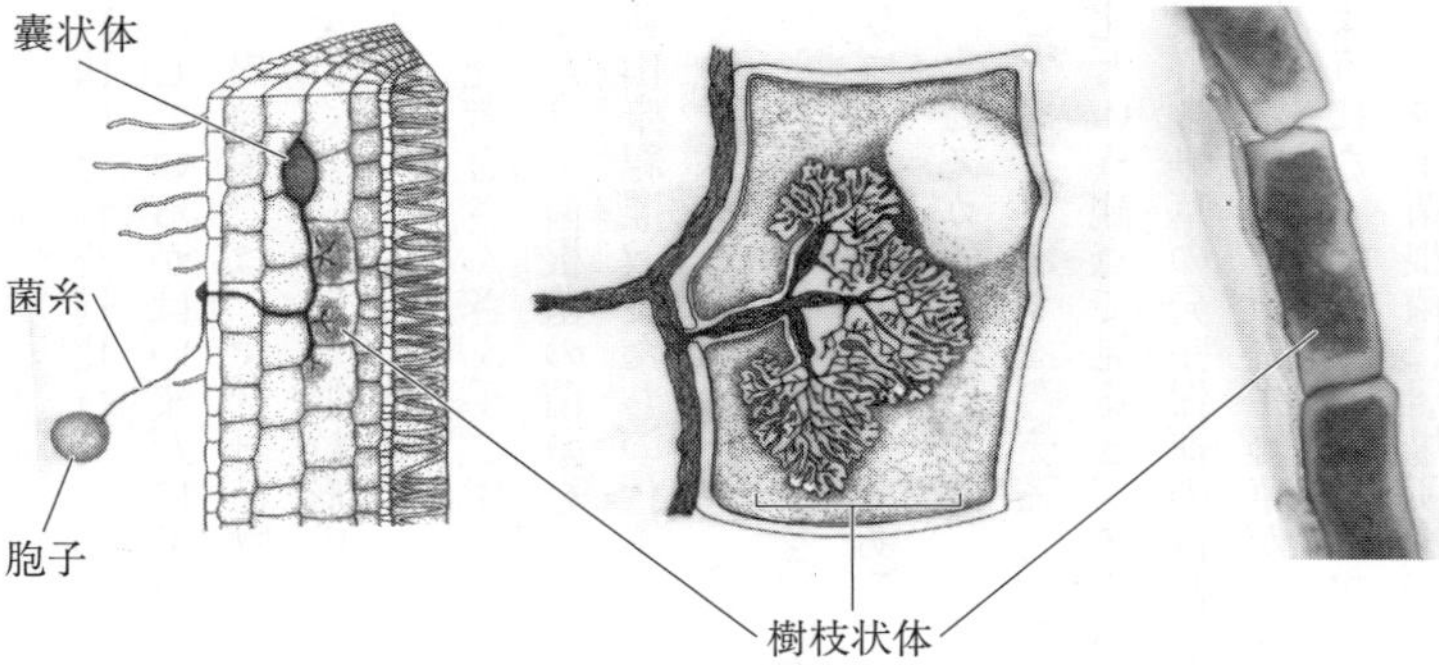

図7-9 アーバスキュラー菌根菌と植物との共生。外側にある菌糸が土壌中のリン酸を取り込み、菌糸を通じて内側にある樹枝状体に伝える

が見つかっているのがその証拠です。この菌の主な仕事は、土壌の中のリン酸を、菌糸を通して植物に提供することです。植物からは光合成の産物をもらってエネルギー源にします。リンもまた植物の成長に欠かせない元素ですが、土壌中にあるリン酸は土に強く結合しているため、植物にとっては利用しにくいのです。アーバスキュラー菌根菌は微量なリン酸を取り込む輸送体をもっていて、これによってリン酸を植物に渡しているようです。菌根菌との共生をしないルピナス科などの植物は、自ら土壌のリンを溶かして吸収する能力をもち、菌根菌と共生しなくても自力でリンを獲得できるようになっています。

アーバスキュラー菌根菌には隔壁《かくへき》がなく、数百から数千の核が1つの細胞の中に存在します。このため、遺伝子解析がむずかしいうえ、単独で培養することもできないので、私たちにとってはまことに研究しにくい「変なヤツ」です。どうして私がこの変なヤツに興味をもったかというと、菌根菌の共生は、根粒菌の共生の素地をつくっていることがわかってきたからです。菌根菌の共生系が先にあって、根粒菌はそれを進化させたのではないかと考えているのです。どうしてマメ科だけが根粒菌を道連れにしているかはいまだに謎なのですが……。

根粒菌では、マメ科植物の根が分泌するフラボノイドを根粒菌が感知して、ノッド・ファクターをつくり、これが根粒形成の最初の引き金になると述べました。根粒菌におけるフラボノイドやノッド・ファクターのような物質が菌根菌にもあるのでしょうか。それはどんな物質なのでしょう。研究者をさんざん手こずらせたあげく、最近になってようやく、植物の根から分泌されてアーバスキュラー菌根菌の菌糸をつぎつぎに枝分かれさせて増やす物質が見つかりました。大阪府立大学の秋山康紀《こうき》准教授たちの仕事です。ほんの微量で働き、また化学的に不安定なので、分離・精製してその正体を見極めるにはたいへんな注意力と労力を要します。ピコグラム（1ミリグラムの10億分の1）のオーダーで効果を発揮するこの物質は、「ストリゴラクトン」の仲間の「5-デオキシストリゴール」という物質であることがわかりました。これが宿主を認識する信号になっているのです。

ところが奇妙なことに、ストリゴラクトンというのは、根に寄生して養分を奪い取り、農作物にひどいダメージを与える寄生雑草の種子の発芽促進物質として、前からよく知られていました。進化という観点で見ると、アーバスキュラー菌根菌に信号を伝える役割のほうがさきにあったはずで、根寄生雑草の発芽促進の役割をもつようになったのはずっとあとのことです。おそらく、菌根菌に伝える信号を根寄生雑草が傍受《ぼうじゅ》して、それを頼りに寄生する植物のありかを知り、上手に寄生するようになったのでしょう。アブラナ科などの植物は、ストリゴラクトンを分泌して有用なアーバスキュラー菌根菌に居場所を伝えることと、有害な根寄生植物に居場所を知られてしまうことと、どちらが有利かを見定めて、菌根菌との共生を断念し、リン酸を自分で可溶化する別のシステムをつくる道を選んだのではないかと想像しています。共生の破棄にもちゃんと理由があるのです。

こんなふうに自然界では、先住者がつくった信号伝達システムをあとから来た生物が別の目的で上手に利用してしまうことがときどき行なわれています。根粒菌のノッド・ファクターにあたるミック・ファクターについても、その正体を見極めようと研究が進んでいます。また、おもしろいことに、根粒菌とアーバスキュラー菌根菌を受け入れる植物側は、どうやら共通する情報伝達の仕組みを利用しているらしいことが示唆されています。フランスの研究者が、根粒をつくれないエンドウの変異体にアーバスキュラー菌根菌を感染させてみたのです。すると、このエンドウは菌根菌の感染も受けつけず、菌糸を増やすことができませんでした。この結果は、両方の菌の受け入れに何か共通の背景が存在することをうかがわせます。最近、いずれの菌も受け入れない変異体ミヤコグサが見つかり、その遺伝子の解析が行なわれた結果、7つの遺伝子が特定されました。これをきっかけに共生の仕組みがわかっていきそうです。

菌根菌がつくる地下ネットワーク

アーバスキュラー菌根菌には、植物研究者の関心を強く引く大きな理由がさらにあります。この菌は、菌糸を枝分かれさせて共生し、しかも宿主特異性がないので、ある植物と別の植物とを種類によらず地下で連結しているという説があるのです。菌糸を介して植物どうしが地下でつながった目に見えない群落を形成し、1つの植物が枯れると菌糸を通じて別の植物に栄養が移動したり、病気にかかった植物がいると、その信号を受け取った別の植物に病気に対する抵抗性ができたりするのではないかというわけです。

アーバスキュラー菌根菌を介した自然界の地下コミュニケーションネットワークがあるかもしれないなんて、研究意欲を大いにそそられる話なのですが、培養もできない菌のことですし、実験系をどうやってつくるのか、そこからして難問です。こうすれば結果が得られるだろうという見通しがまったく立たないのです。しかし、生物とはなんなのかと考えるときに、菌根菌はいろいろヒントを与えてくれそうな気がします。菌根菌の共生現象に魅せられている研究者は少なくないのですが、正面から研究テーマにするにはリスクが大きく、いまのところ片手間にやるほかない状態です。この菌に興味をもってひっそりと研究している人も結構いるのではないでしょうか。そんな研究者のことを「カクレキンコン」と呼ぶくらいですから。私も関心をもちつづけたいと思っています。

もともと共生に強い興味があって、科学の立場からそれを明かしたいと考えてきました。共生という言葉は、科学とは別の立場から主観的、情緒的に使われることも多く、自然界におけるその原理やシステムがあまり解析されてきませんでした。共生の開始や維持、破綻にもサイエンスがあるはずです。身近なマメ科植物と根粒菌を主な対象に、システムとしての共生をさらに解き明かしていきたいと思っています。

8章

4億年の歴史をもつ維管束

◉福田裕穂

最初に陸上に上がった植物はコケのようなもので、陸上といっても水辺のような湿気の多い場所でしか生きることができませんでした。植物が地上に進出するのに、もっとも問題となったのは、第6章でも説明されたように、生きていくための水をどうやって得るかということです。もっともっと内陸に入っていくために、植物はこの章でお話しする道管《どうかん》や師管《しかん》といった「維《い》管束《かんそく》」を発達させ、体内を水が流れるようにしたのです。

維管束を獲得したことで、コケより背の高いシダのような植物があらわれ、次第に水辺から離れたところに進出していきます。ですから、維管束の起源は古く、4億年くらい前と考えられています。

長い歴史の中で、維管束《いかんそく》はどのように変わってきたのでしょうか。

4億年くらい前に植物が発明した維管束は、木生シダなどの巨大化を助けました。その後、3億年くらい前にあらわれた裸子《らし》植物は、「仮道管《かどうかん》」を使って根からの水を吸い上げています。

1億数千年前になると、現在の地球においてもっとも繁栄している被子《ひし》植物があらわれます。被子植物では、仮道管に加えて「道管《どうかん》」が発達してきています。道管は効率の良い水の運搬を可能にしましたが、しかしこれを除いて、維管束は大きくは変わっていないと私は考えています。

それよりも重要なのは、植物がいろいろな環境に適応し、その場所で栄えていくために、維管束のつくり方を少しずつ変えていることです。このようなそれぞれの植物の知恵が、何万とも何十万種ともいわれる植物を生み出しているのです。
それでは、維管束をめぐる旅に出ることにしましょう。

維管束の形

植物には、樹木になる「木本植物《もくほん》」と草のままの「草本植物《そうほん》」があります。近縁な種でも、木になるものもあれば、草のものもあります。たとえば、マメの仲間では、アカシアは木になりますが、エンドウは草のままです。

日の光を求めて上へ上へと伸びようとする植物体を支えている器官が茎です。樹木がより太く、より高くなったのは、強い幹をつくるからです。幹はいうまでもなく茎が変形したもので、このような草と木の違いをつくっているのは維管束です。

維管束は水や養分を植物の全身に送る組織です。茎だけではなく葉や根にも見られる器官ですが、ここでは、よりわかりやすい茎の維管束の様子を見てみましょう（根の維管束については、第6章で説明されています）。

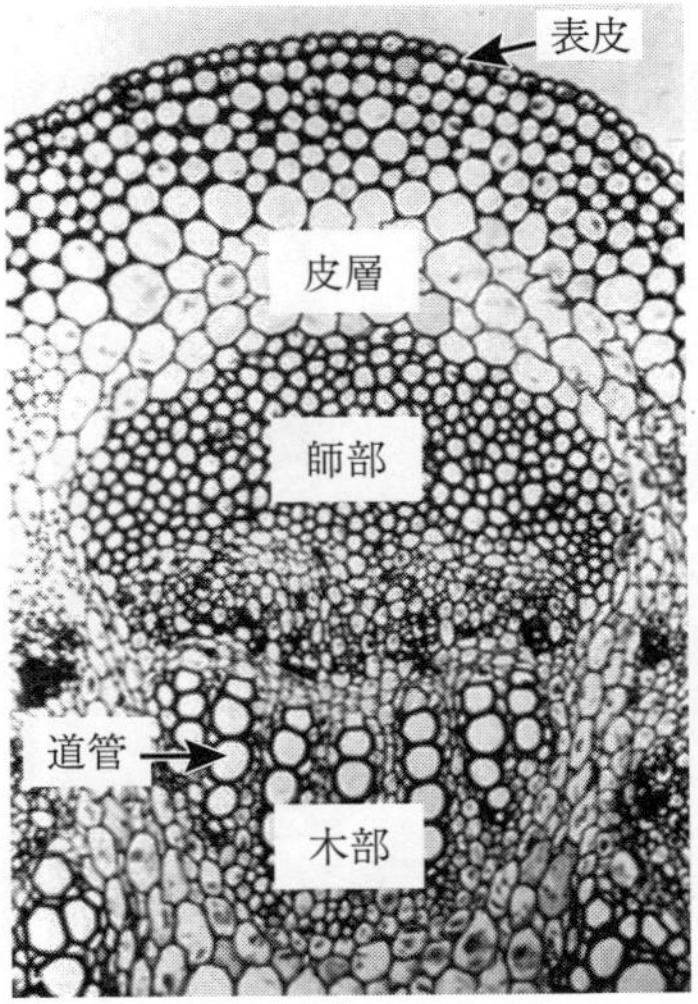

図8－1　茎の断面図（T. E. Weier：*Botany*, 6th Edition, 1982, John Wiley & Sons, p.118）

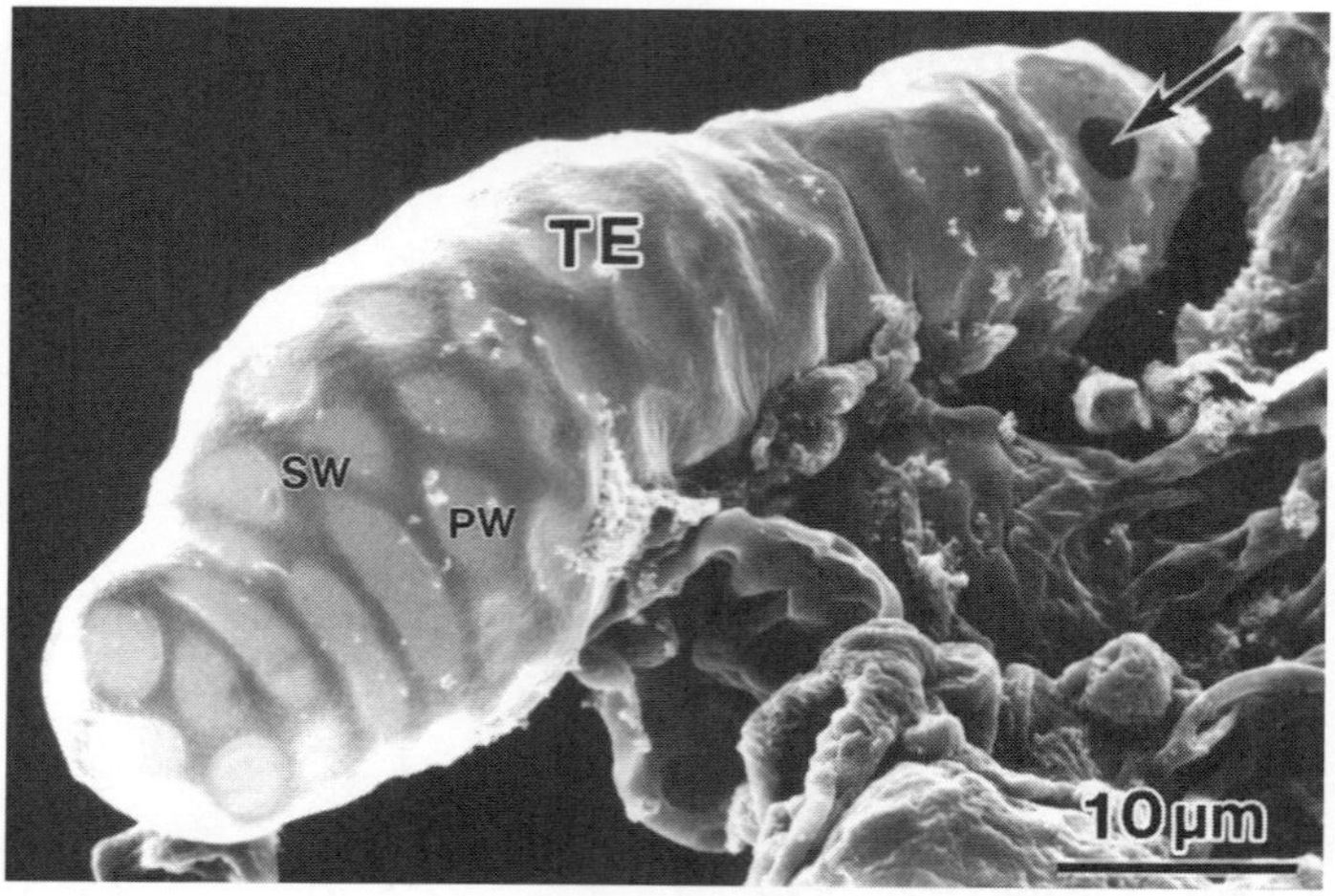

図8－2　道管細胞の電子顕微鏡写真。端に穴(矢印)が開いているのがわかる。ＴＥ＝道管細胞、ＰＷ＝１次細胞壁、ＳＷ＝２次細胞壁(J.Nakashima, et al.：*Plant Cell Physiology,* 41, 1267–1271, 2000, Fig. 2)

茎の切り口を見るとどんな植物でも、外側から「表皮《ひょうひ》」と「皮層《ひそう》」があり、その内側に維管束が通っています（**図8－1**）。

根から運ばれてきた水が通る道管と仮道管、それを支える細胞の集まった部分を「木部《もくぶ》」といいます。道管も仮道管も、「茎頂《けいちょう》」（茎の先端）、「根端《こんたん》」（根の先端）や木部と師部の間にある「分裂組織」でつくられた細胞が、道管の細胞あるいは仮道管の細胞に分化して、それがつながって長い管になります。道管と仮道管の違いは、道管は細胞の上端と下端に大きな穴が開いて水が通りやすくなっているのに対して、仮道管には大きな穴が見られないことです（**図8－2**）。この章では主に、被子植物で発達している道管について述べていきます。

葉の光合成によってつくられた養分が通る管は「師管《しかん》」といい、師管とそれを支える細

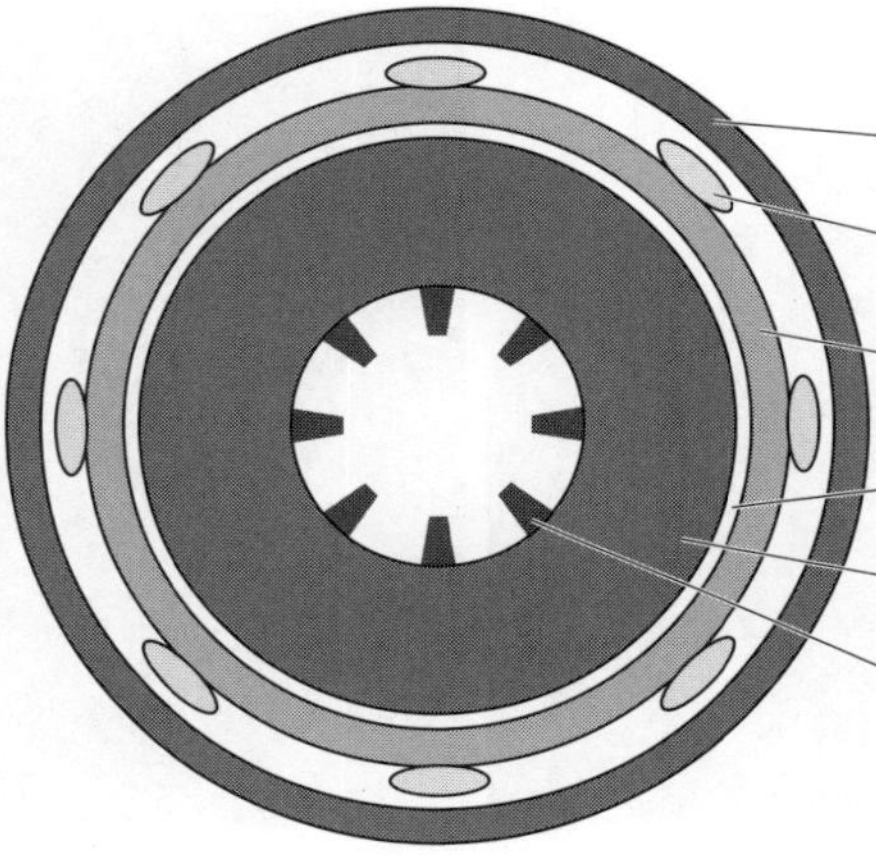

図8－3　材の形成。形成層の働きにより木部がたくさんつくられ、茎が太って幹となる。前形成層から1次木部と1次師部がつくられ、つづいて形成層から2次木部と2次師部がつくられる

胞の集まりが「師部」です。

木本植物も芽生《めば》えのときは、草と同じような茎をもっています。茎には木部と師部がある、と述べましたが、この木部と師部の間には「形成層」と呼ばれる、増殖をつづける組織があり、内側に木部、外側に師部をつくります。草本植物では、この部分があまり発達しないのですが、木本植物では形成層の分裂が盛んで、内側に新しい木部をつくりつづけます（**図8－3**）。この木部の組織が積み重なることで、幹はどんどん太くなっていくのです。材木として使われるほとんどの部分が木部です。樹齢を知ることができる年輪は、その1つ1つが1年間に成長した木部に相当します。

植物の「血管」と「心臓」

維管束は、水や養分、老廃物が流れる「血

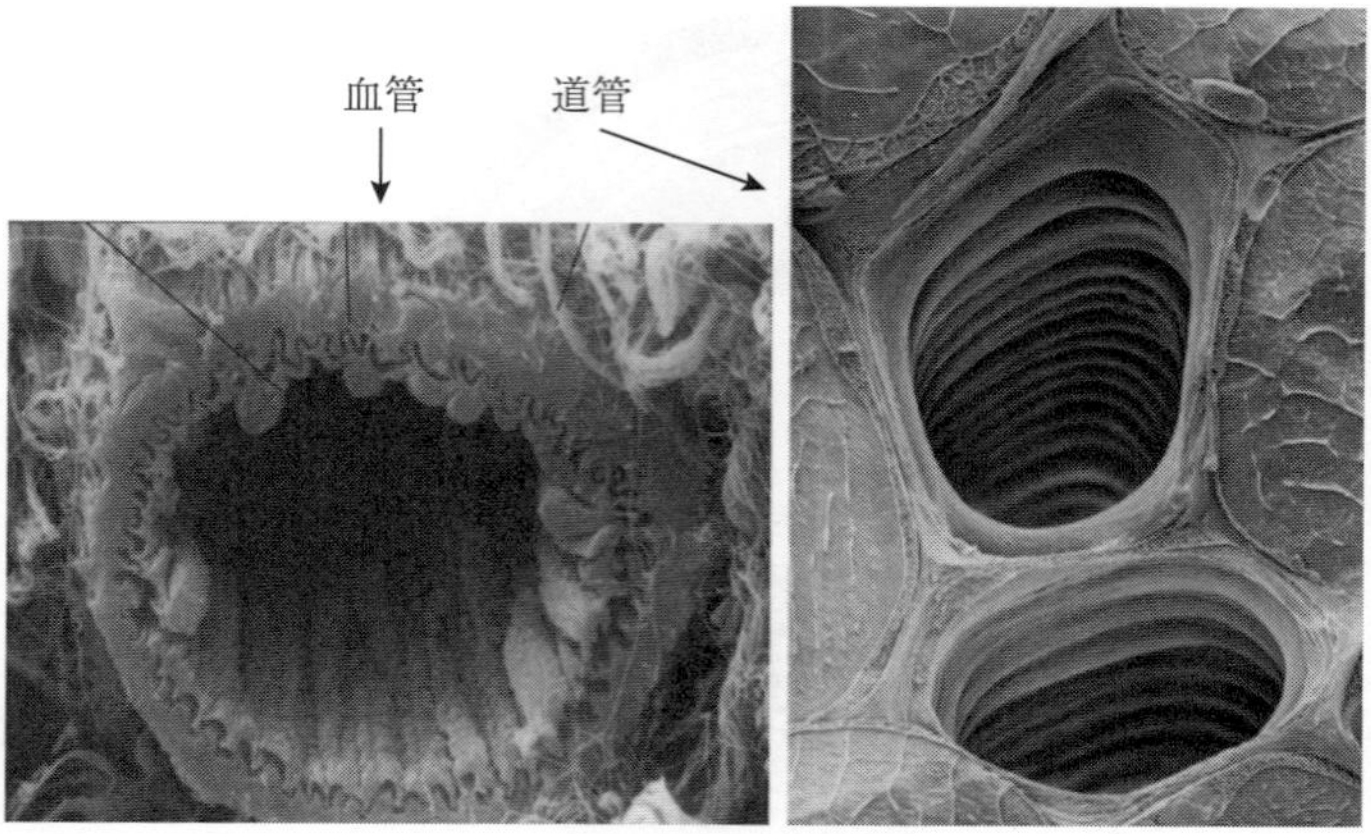

図８－４　血管（R. G. Kessel and R. H. Kardon : *Tissues and Organs : A Text-Atlas of Scanning Electron Microscopy,* Freeman, 1979）と道管（K. Roberts and M. C. McCann : *Current Opinion in Plant Biology,* 3, 517–522, 2000, Fig. 1）

管」に似ています（**図８－４**）。血管が動物の体をくまなくめぐっているように、道管も師管も植物の体の隅々まで通っています。違っているのは、血管は末端に行った血液がまた心臓に戻ってこられるように、途切れることのない「輪」になっているのに対して、道管や師管は柱状の管で両端はつながっていないことです。このことは、道管や師管の中を流れる液体が血液とは違って循環していないことを意味しています。道管は根が土中から吸い上げた水を葉や花に届けるために、下から上に向けて流れています。また、師管は葉でつくられた栄養分を茎や根にも運ぶための管ですから、考えてみれば、循環する必要はないわけです。

　血管を流れているのはいうまでもなく血液ですが、血液をもたない植物の場合、道管や師管を流れているのは、どのような液体なのでしょうか。

ここで、師管について調べるユニークな方法を紹介しましょう。

アブラムシなどの昆虫は口吻《こうふん》を師管に突き刺し、その液を吸います。そこで、これを利用して、師管液を採取するのです。

アブラムシが口吻を突き刺した瞬間を狙って、レーザーで口吻を切ってしまいます。すると、口吻の切り口から液が出てくるので、これを集めて解析します。その結果、師管の中には養分だけでなく、情報を伝える物質であるタンパク質やRNAも流れていることがわかりました。

第3章で紹介されたように、植物は日長を感じて花を咲かせます。このとき日長を感じているのは葉で、花芽をつけるのは茎頂です。葉で感じた日長の情報は花の咲く茎頂に伝えられなくてはいけません。この情報は師管を通して運ばれると考えられています。

道管や師管で運ばれる液体が循環していないことから、植物には心臓のようなポンプの働きをする器官がないことがわかります。しかし、下のほうにある根や葉から上のほうにある茎頂などに水や養分を運ぶには、なんらかの力が必要です。

道管の場合は、葉の裏側にある「気孔《きこう》」という穴から水分が蒸発する蒸散《じょうさん》という力を利用して、水を根から引っ張り上げています。もう1つの力は水の「凝集力《ぎょうしゅう》」です。水は道管の中で、根から葉の気孔までつながった水の柱をつくっています。この水の分子が引き合う力（凝集力）が、大きな力を発揮します。主として、この2つの力を利用して、何十メートルもあるような木の梢《こずえ》にも水を運び上げているのです。

それでは、師管の液体を運ぶ力はなんでしょうか。師管の場合は、道管とはまったく違う仕組みを使っています。葉では、光合成によってつくられた「ショ糖」(いわゆる砂糖です)という糖を師管に運び込みます。このために師管の中は、濃い砂糖水に浸《ひた》っている状態になります。細胞膜は、ショ糖は通せませんが水は通り抜けることのできる性質があるので、まわりのショ糖濃度が低い細胞から、師管の細胞の中に水が流れ込んできます。水が入ってきて膨《ふく》れることで、細胞内に圧力が生じて、中の物質が押し出されていくことになります。

つまり、道管では、内側の圧力が外側より低くなって「陰圧」が生じ、水が引っ張り上げられているのに対して、師管では逆に、内側の圧力が外側より高くなって「陽圧」が生じ、水を送り出しているのです。こうした圧力に耐えるために、師管や道管の管は補強されているのですが、この話はあとであらためてします。

細胞が管になるまで

私たちの血管が切れると血が固まって、それ以上血が血管の外に出なくなります。そして、新しい血管が再生します。植物の維管束もそのような修復能力をもっているのでしょうか。

茎が動物などにかじられて、その中の道管や師管が切れてしまうことがあります。そのときには、まわりの細胞が性質を変え、新しく道管や師管をつくります。そして、切れていない元のほうでつながります。つまり、植物の維管束にも修復能力があるということです。

この修復能力には、葉や根が必要なことがわかっています。葉や根を取ってしまうと新しい維管

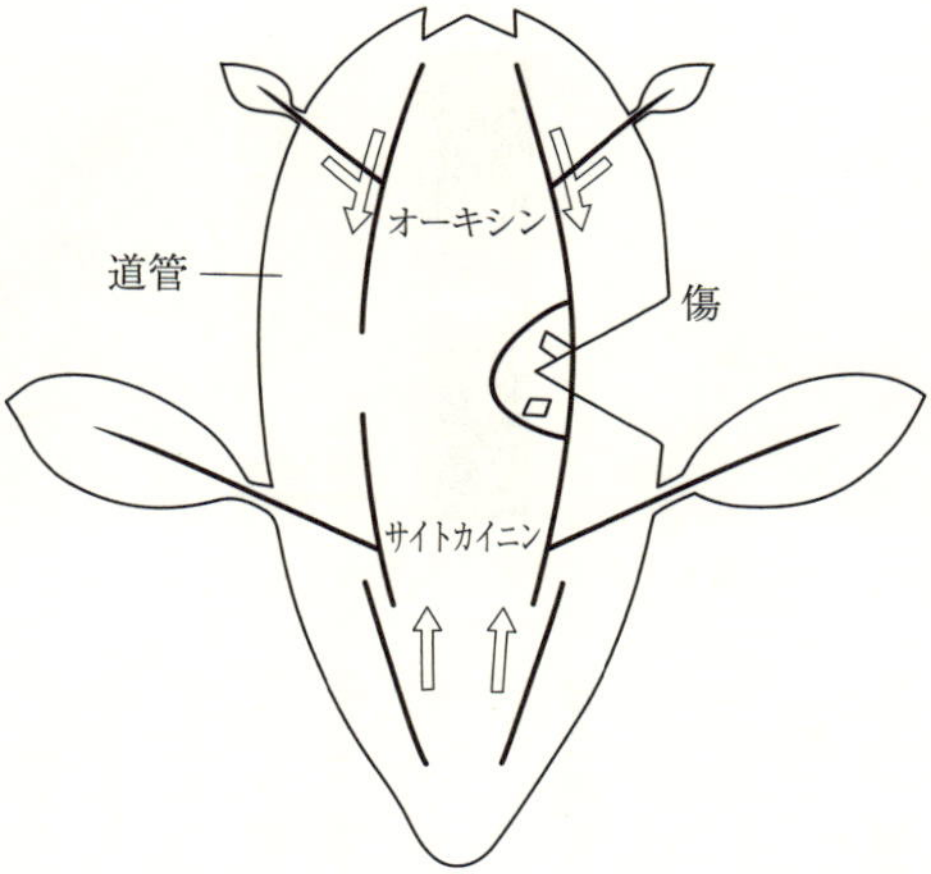

図8-5　維管束の修復。新たな維管束の形成には、葉からのオーキシンと根からのサイトカイニンが必要である

束がうまくできないのです。この原因はわかっていて、葉でつくられる「オーキシン」という植物ホルモンと根でつくられる「サイトカイニン」という植物ホルモンが、新しい維管束をつくるために必要なのです（**図8-5**）。植物ホルモンについては、第9章を参照してください。

それでは、もともとの管の中にあった栄養分は、管が切れてしまったときにはどうなってしまうのでしょう。師管（篩管）という名前は、管のところどころに篩《ふるい》のような構造（師板《しばん》。**図8-8**）があることに由来しています。普段はこの篩状の穴を通して栄養分が流れているのですが、師管に傷がつくとこの穴のところに「カロース」という糖が沈着し、瞬《また》く間に穴をふさいでしまいます。これにより、液が漏《も》れるのを防ぐのです。

血管は細胞が筒状に集まった器官で、その筒の中を血液が流れています。つまり、細胞の外

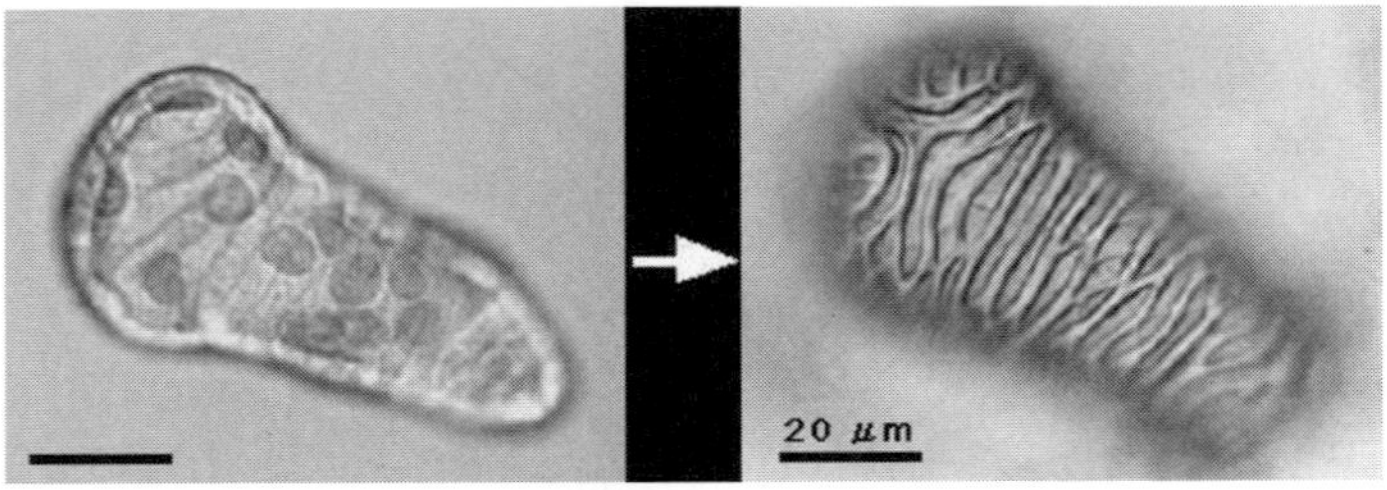

図8-6 道管の模様のできかた

を液が流れています。一方、道管や師管は細胞自体が管になり、その中を水や栄養分が流れます。それでは、道管や師管はどのようにしてできるのでしょうか。

道管は実は、死んだ細胞でできています。ある細胞が道管になると決まると、最初に、細胞壁に「セルロース」という糖が沈着し螺旋《らせん》や網目状の模様ができます。さらに、セルロースの上に、「リグニン」という物質が付着します（**図8-6、口絵2**）。この裏打ちによって、細胞の構造は補強されます。そのために、水を引っ張り上げる陰圧に耐えることができるようになるのです。

ところで、リグニンといえば、白くて柔らかい紙をつくるときに厄介な物質だ、という話を聞いたことがあるかもしれません。紙づくりのときには、分解して取り除かなくてはなりませんが、植物にとっては道管を十分な強さの管にするのに欠かせない物質なのです。

さて、セルロースやリグニンによって細胞の外側が補強されるだけでは、細胞の内側を水が通ることはできません。細胞の中身であるタンパク質やDNAやRNAが壊れて、がらんどうの管にならなければなりません。そこで、細胞の中身を壊すためのさまざまな「酵素」がつくられることになります（酵素は、体の中で起こる化学反応を起こり

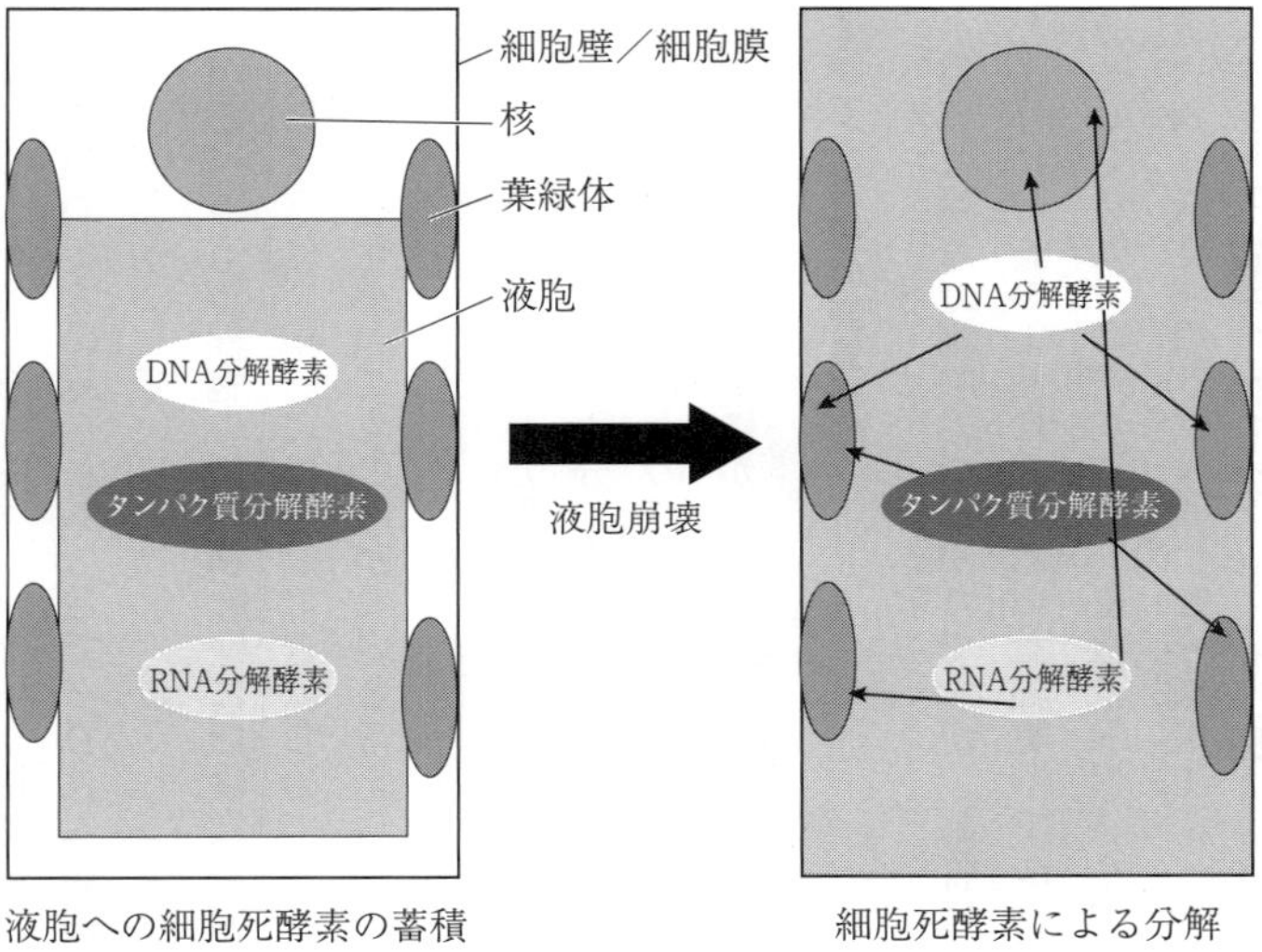

図８‐７　液胞の崩壊とそれにつづく細胞内容物の分解

やすくする働きのタンパク質です）。しかし、細胞の外側で十分な準備のできていないときに酵素を放ってしまうと、きちんとした水の通る管をつくる前に細胞自体が壊れてしまいます。そこで、タンパク質を壊す酵素、ＤＮＡやＲＮＡを壊す酵素などを細胞の中にある「液胞《えきほう》」（**図１‐２**参照）というところにためておいて、ほかの内容物と接触しないようにしておくのです。そして、準備のできたところで、つまり細胞壁《さいぼうへき》の補強ができたときに、液胞の膜を破裂させ、酵素を一気に細胞内に放出します（**図８‐７**）。これにより、細胞の中身を分解します。

この分解には順序があります。液胞の破裂後、まず細胞の核にあるＤＮＡの分解が行なわれます。液胞が壊れてから約10分間で、ほとんどのＤＮＡが分解されてしまいます。つづいて、細胞内タンパク質が壊されます。素早くDNAを分解するのは、すべての生物の細胞が死ぬときに見られることで、DNAが細胞内に取り込まれ、正常な遺伝子の働きに悪い影響が出ないようにしているのです。こうして中身が完全に分解されると、最後に道管の開通です。つながるべき道管細胞の側の細胞壁にだけ穴が開いて、道管細胞どうしがつながります。

このように、細胞に模様ができはじめてから、穴が開くまでにかかる時間は約6時間。目に見えて大きな変化を起こすことがないと考えられがちな植物にしては、意外に早いのではないでしょうか。

ところで、分解された細胞の中身は、どうなるのでしょうか。実は、すべて養分として吸収されて再利用されます。水分でも養分でもいつも豊富にあるとはかぎらない環境に生きる植物は、使えるものはなんでも使うのです。死んだ細胞を道管として利用し、分解物は再利用する。無駄がない生き方、エコロジーにかなった生き方だと感心させられます。

2つで一人前の師管細胞

道管は死んだ細胞のつながりですが、師管は、生きた細胞がつながっています。すでにお話ししたように、篩のように穴の開いた細胞壁でつながっています。ふつうの細胞と違っているのは、核がないことです。そのため、必要なRNAやタンパク質を自前でつくることができない半人前の細胞です。それを補うために、師管細胞には「伴細胞《ばんさいぼう》（コンパニオンセル）」が寄り添っていて、必要なタンパク質を供給してくれます（**図8-8**）。まさに、伴侶、コンパニオンです。それだけではありません。師管に葉の光合成でつくられたショ糖が積み込まれるとき、その手助けをするのも伴細胞です。伴細胞はもともとあるわけではありません。ある細胞が師管になると決まると、その細胞は2つに割れ、1つが師管、もう1つが伴細胞になります。このように、師管と道管は植物の水や栄養を運ぶ管なのですが、たいへん異なった仕組みでその役割を果たしているのです。

バラバラにした細胞が道管細胞に変わる

ちなみに、私の長年の研究は「道管のできる仕組み」を解き明かすことです。大学院生だったころの1980年に、ヒャクニチソウの葉の細胞を取り出して、試験管の中で3日ほど育てることで道管細胞に変えてしまう実験手法をつくりました。

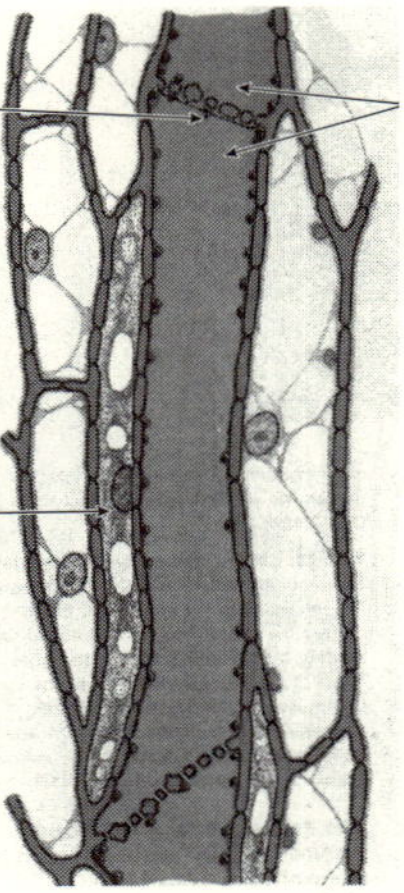

図8-8 師管と伴細胞（T. E. Weier：*Botany*, 6th Edition, 1982, John Wiley & Sons, p.126）

花が長持ちすることからその名がつけられたヒャクニチソウ（百日草）は、もともとメキシコ原産です。現在ではさまざまな品種があります。1メートルにもなる高性から、10センチ程度の極矮性《きょくわいせい》まで、花径は2センチの小輪から15センチの大輪まで、花色は赤、桃、橙《だいだい》、黄、緑、白から絞り咲きまで、花形はダリア咲き、カクタス咲きなどからポンポ

図8-9　クラクフのヒャクニチソウ

ン咲きまで、きわめて多彩です。世界中で園芸植物として愛されています。ちなみに、**図8-9**はポーランドのクラクフの城に咲いていたヒャクニチソウです。

ヒャクニチソウを使う理由は、ヒャクニチソウの葉から簡単に細胞をバラバラにして集めてくることができるからです。方法は簡単です。葉を乳鉢《にゅうばち》に入れて乳棒でゴリゴリこするだけです。これにより、光合成をする「柵状《さくじょう》細胞」や「海綿状細胞」が1個1個バラバラになります（**図8-10**）。ふつうの植物ではこうはいかず、細胞はつぶれてしまいます。こうしてバラバラになった細胞に、道管になることを促す植物ホルモン（オーキシンとサイトカイニン）を加えて3日ほど置くと、約4割が道管の細胞になります。

この実験手法を使って、道管ができる過程で何が起きるかを丹念に調べていきました。すでに述べた、液胞に酵素がたまるといった発見もこの実験手法を使ってわかってきたものです。植物の奥に隠れていて、その過程の進行が追えない維管束を、試験管の中に取り出して観察することにより、はじめて道管のできてくる過程の詳細がわかるようになったのです。

1つの遺伝子がさまざまな細胞を道管細胞に変える

いくつかの章で触れられているように、モデル植物であるイネやシロイヌナズナのゲノム（DNA上の全塩基配列）はすべて解読され、イネには約4万、シロイヌナズナには約2万6000の遺伝子があることが、すでにわかっていますし、それぞれの遺伝子の働きも解明されてきています。しかしそれ以外の植物では、たくさんの遺伝子の働きを知ることはそう簡単ではありません。

私たちはヒャクニチソウを実験の材料としているので、自分たちで、まず1万数千ほどの遺伝子を明らかにしました。つぎに、これらの遺伝子の働きが活発になっているかどうかを「DNAマイクロアレイ」という方法で調べました。これは1個1

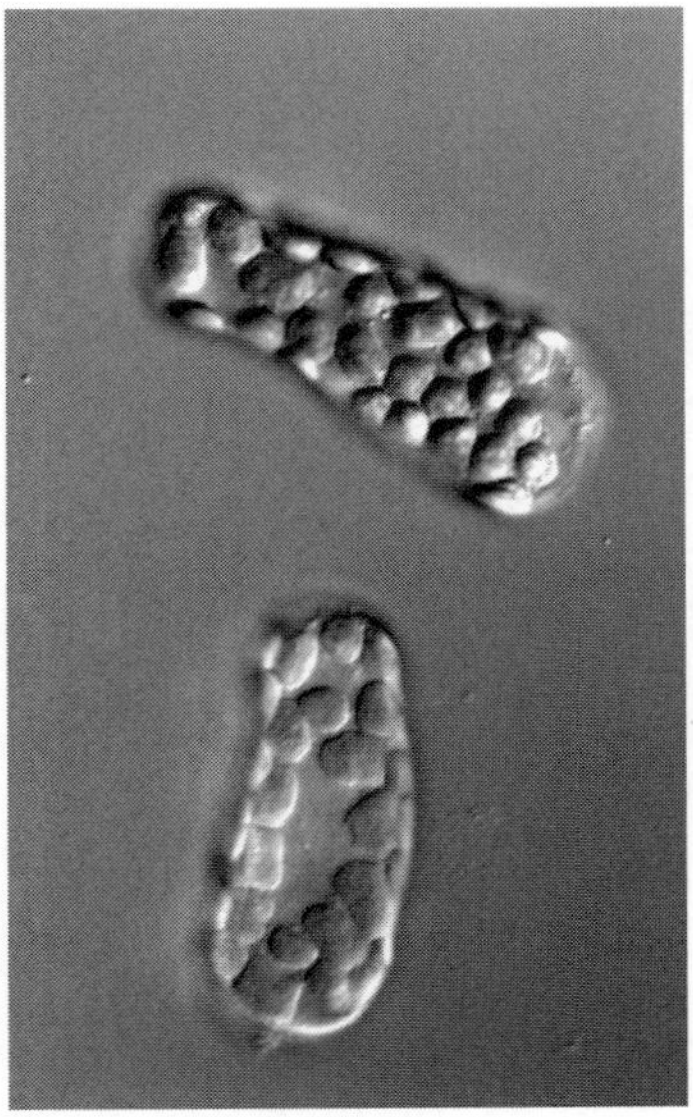

図8-10 ヒャクニチソウの葉からとった細胞

個の遺伝子をスライドの上に高密度に貼り付けて、スライドの上で1万にも及ぶ遺伝子の活動を同時に調べることができる方法です。この方法で調べたところ、光合成細胞から道管細胞へと変化する過程で、たくさんの遺伝子が、グループとして働きを活性化させることがわかりました。

とするなら、特定のグループの遺伝子を一斉に活性化させるような仕組みがあるはずだと、私たちは考えました。そこで、「転写因子《てんしゃいんし》」の遺伝子に注目しました。生物は必要なときにだけ必要な遺伝子を働かせるために、遺伝子のスイッチの入り切りを行なっています。遺伝子の入り切りを行なう重要なタンパク質が、転写因子です。その結果、道管形成に関係しているらしい転写因子がいくつか見つかりました。その中で、維管束（vascular）の形成に関係しているらしいことから、*VND6*（ブイ・エヌ・ディー6）と*VND7*と名づけた転写因子は、たいへんユニークな性質をもっていました。

*VND6*や*VND7*は、シロイヌナズナに入れると、どの部分にでも道管ができてしまったのです。気孔なども気孔の細胞の形のまま、道管の細胞壁模様をつくってしまいました。このことから、どちらも道管形成のスイッチを入れる遺伝子だとわかりました。しかし、両者はできあがる道管の様子が違っていました。*VND6*を入れた植物では、網目状の模様がある道管ができるのに対して、*VND7*を入れた植物では、螺旋状の模様の道管ができました（**図8-11**）。これは、もともとの植物に存在する、2つの違った道管の性質と同じです。網目状の模様の道管はもう伸長しない部分に、螺旋状の模様の道管は伸長している部分にできます。螺旋状の模様の道管は伸展性に富んでいます。このように、2つの遺伝子はそれぞれ性質の異なる道管をつくりだす働きをしていることがわかりま

した。植物はうまくできていると感心させられます。そして何より、VND6やVND7といった1つの遺伝子が動き出すことで、道管つくりのスイッチが入る単純さに驚きました。

互いにコミュニケーションを取る細胞たち

このように、1つの遺伝子の働きにより、さまざまな細胞が道管の細胞になることがわかりました。しかし、それだけでは道管が連続してつくられ、根の先端から葉の先までつながることを説明できません。そこで、道管細胞が連結してつくられ、それがつながって長い管になるために必要な「何か」を探すことにしました。

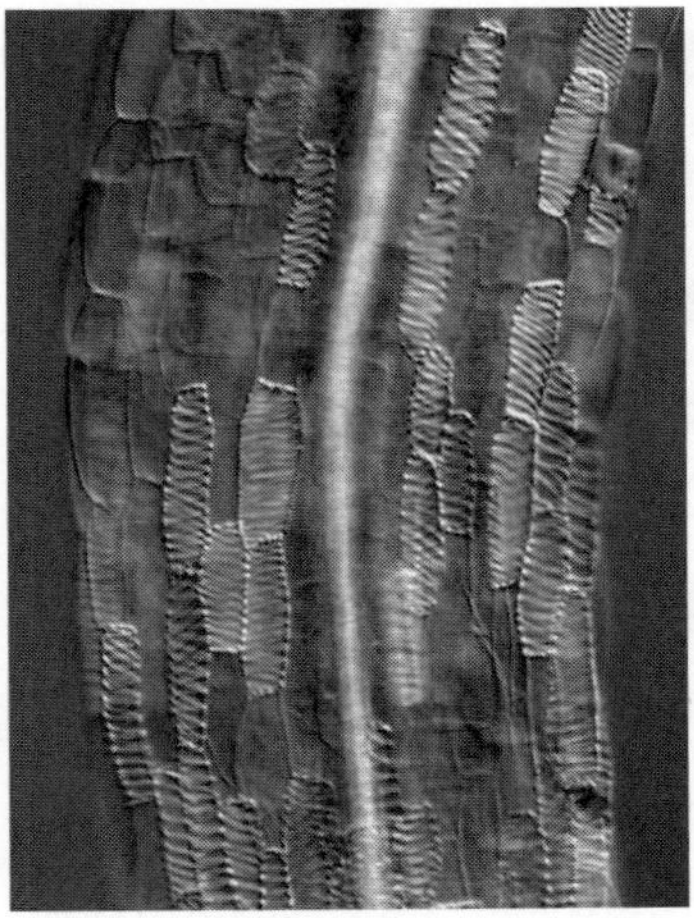

図8-11 *VND7*の過剰発現により表皮細胞が道管細胞に変わった(M. kubo, et al.:*Genes and Development*, 19, 1855-1860, 2005, Fig. 3A)

まず、個々の道管細胞がつながるためには、細胞と細胞が互いに連絡を取り合う必要があるだろうと考えました。動物では、細胞どうしが接触して互いに情報を伝え合う仕組みが研究されて話題になっていますが、植物の細胞は堅い細胞壁に覆《おお》われているため、じかに触れ合ってはいません。ですから、細胞どうしのコミュニケーションには、なんらかの情報伝達物質が介在していると考えられまし

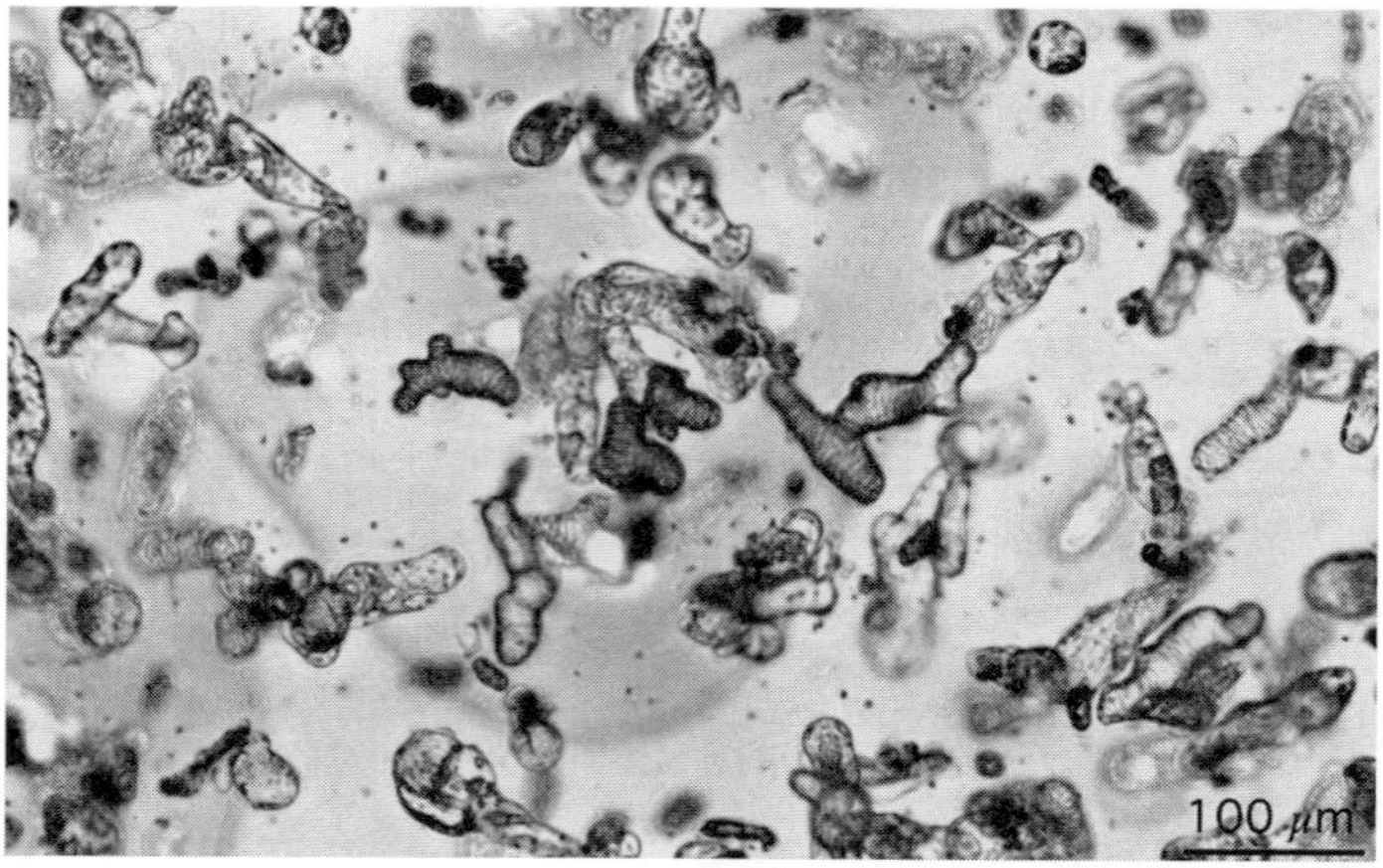

図8-12 薄い寒天中での細胞の培養。道管細胞がかたまって分化する（H.Motose, et al.：*Planta*, 213, 121–131, 2001, Fig. 2A）

た。私たちは、情報伝達物質を仮に「連続的に木部（xylem：ザイレム）をつくる分子」という意味で「ザイロジェン（xylogen）」と名づけました。

ザイロジェンの働きを調べるために、まず、ヒャクニチソウの葉からとった細胞を薄い寒天（厚さ0.2ミリ）の中に閉じ込めて培養して、その中で道管細胞をつくらせました（**図8-12**）。すると、道管細胞がつくられるときにその周辺の細胞も道管細胞になりやすいことがわかったのです。ザイロジェンが道管になりかけの細胞でつくられて、まわりの細胞に影響している証拠です。そこで、このザイロジェンをとろうということになりました。このとき、細胞を育てたあとの培養液をザイロジェン探索の材料としました。つまり、細胞が放出した因子が培養液中にたまると考えたからです。

このザイロジェンを単離するまでには何年も

かかりましたが、最後に成功して、ザイロジェンはタンパク質と糖が結びついた物質であることがわかりました。また、細胞内のザイロジェンの追跡により、道管になりかけの細胞から新たに道管になる細胞に向けて、一方向に放出されるらしいことも観察されました。そして、このザイロジェンをつくれなくすると、維管束がつながらなくなりました。こうした事実から、私たちの見つけたザイロジェンが、道管細胞が一列に並んでつくられるために重要な働きをしていることがわかります。

道管細胞が近隣の細胞に向けて道管になるように指示する物質ザイロジェンを出していることはわかりましたが、あらゆる細胞が道管になってしまうのでは困ります。だとすると、道管になってはいけない細胞は、ザイロジェンの影響を防ぐ仕組みをもっているのではないでしょうか。そこで、今度は、細胞が道管にならないようにする「道管分化阻害因子（ＴＤＩＦ）」の存在を確かめることにしました。

この研究もまた、ヒャクニチソウの葉からとったバラバラの細胞を使いました。そして、この細胞を育てたあとの培養液を、ＴＤＩＦ探索の材料としました。ザイロジェンのときと違うのは、道管細胞をつくりにくい培養条件を用いたことです。つまり、このような条件のときはＴＤＩＦがたまって、道管細胞をつくりにくくしていると考えたからです。培養液から抽出《ちゅうしゅつ》したいろいろな成分を、いろいろな性質の違いにより分け取ります。そして、分け取った成分をヒャクニチソウの葉の細胞に加えて、道管細胞の形成を阻害するかどうかを調べるという、気の長い研究をつづけました。

この研究でいちばんたいへんだったのは、この因子がきわめて少量で働く因子であったために、これを機器分析できるようになるまで集めることでした。しかし最終的には、ＴＤＩＦを十分な量集めて、その構造を決めることができました。そして、ＴＤＩＦは、酵素によって長いタンパク質から切り出された、12のアミノ酸からなるペプチド（数個～数十個のアミノ酸からできている小さなタンパク質）であるということもわかりました（図8-13）。

この結果に、私たちはとても驚きました。というのも、動物の場合には細胞間の情報のやりとりがペプチドを介して行なわれていることはよくあるのですが、植物では数例しか知られていなくて、ペプチドによる情報伝達は特殊な例だと思われていたからです。

ペプチド研究の発展

いろいろな生物のゲノムの情報をもとにＴＤＩＦによく似たアミノ酸配列をもつタンパク質を調べてみると、ＴＤＩＦにはたくさんの仲間「ＣＬＥファミリー」と呼ばれるタンパク質グループのメンバーがあることがわかりました。このメンバーはタンパク質の一部にＴＤＩＦの12個のアミノ酸配列と似た配列をもっていて、シロイヌナズナには31種、イネにもほぼ同数、第7章に登場するミヤコグサというマメ科の植物やコケにもあります。このことから、たくさんのＣＬＥファミリーメンバーは12個のアミノ酸のペプチドとして切り出され、多様な働きをしているのではないかと予想されます。

ここからの研究は、ペプチドですと簡単です。タンパク質と違って化学的に合成することができるからです。全シロイヌナズナＣＬＥメンバーの12アミノ酸からなるペプチドを化学的に合成し、

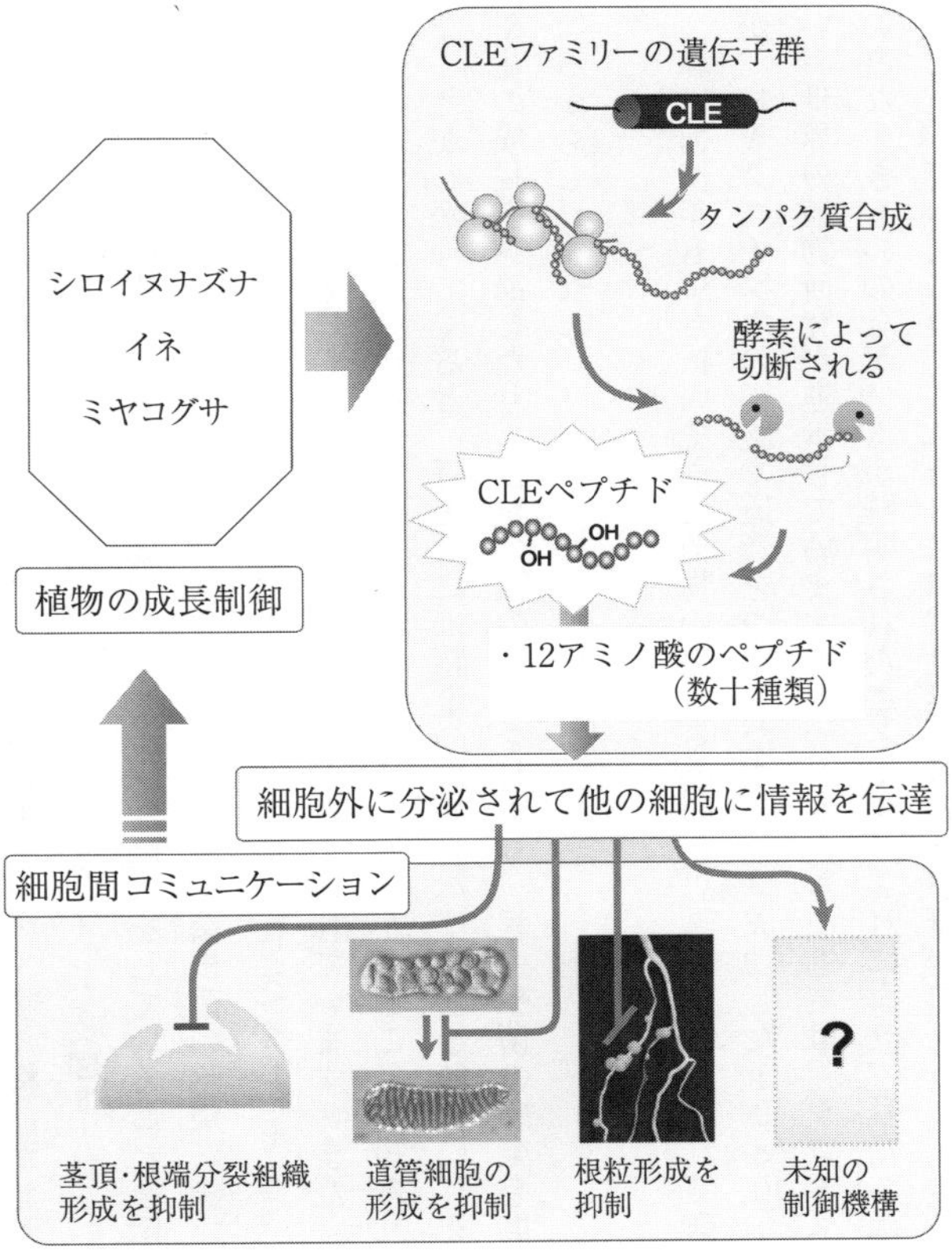

図8-13 CLEペプチドによる植物の成長の制御（吉田彩子博士作図）

これを植物に与えてその影響を見ました。すると、根が伸びないように働くもの、道管ができないように働くもの、葉や花がつくられないように働くもの、まだ機能がわかっていないものなど、いくつかのグループに働きが分けられることがわかりました（**図8-13**）。このことは、CLEペプチドは、植物の成長において重要で、また多様な働きをしていることを示しています。

最近では、CLEペプチドはマメ科の根粒の形成や菌根菌《きんこんきん》の感染に働いていることがわかりつつあります（第7章参照）。実際、第7章が紹介している*HAR1*やCLV1タンパク質に結合して情報分子として働くのはCLEペプチドの一種だと考えられています。また、おもしろいことに、ダイズに感染する線虫の中にCLEペプチドをつくるものがあることが知られてきています。このようなことがわかってくると、将来的には特定のCLEペプチドを植物に与えることにより、植物の根や花の成長を調節したり、根粒の数の調節をしたり、線虫《せんちゅう》や菌の感染を抑えたりすることが可能になるかもしれません。

私は何億年も生き抜いてきた植物の生きる姿の不思議さに魅せられて研究をつづけています。私が、ヒャクニチソウの細胞で道管をつくりだすことに成功した1980年からは想像できないくらい、世界の植物研究が進歩しています。もっとも大きな進展は、シロイヌナズナやイネなど、いろいろな生きものの全ゲノムが解明されたことです。これにより、私たちは生命の設計図を手に入れることができました。これをもとに、世界中の人々が研究できるようになりました。しかし、明らかになっているのはまだまだわずかですし、私たちが明らかにしてきたのも、設計図の上に乗っている大切な遺伝子のうちの数個の働きにすぎません。

ところで、研究をやっていて良いなと思うのは、人と違うことをしていると、独創性があると、褒《ほ》められることです。会社社会ではこのようにはいきません。このあとも、人と違う新しい発想をもつ若い人たちに参加してもらって、生命の設計図の解明をどんどん進めていきたいと考えています。

9章

成長をつづけるためのしたたかな戦略

頂芽優勢

◉森　仁志

アサガオの葉の付け根に小さな「わき芽」があるのを見たことがありますか？　わき芽は、アサガオのツルがどんどん伸びている間は、小さいままです。しかし、ツルの先端の芽を切ってしまうと、すぐ下のわき芽が伸びはじめます。この性質は、アサガオにかぎらず多くの植物で見られます。上へ上へと伸びることを宿命づけられた植物は、なんらかの理由で先端の芽を失ったとき、「代打」を繰り出す仕組みをもっているのです。その仕組みを探る研究は、どこまで進んでいるのでしょうか。

植物のいちばん上の芽を「頂芽《ちょうが》」といいます。植物が成長する途中で、頂芽が風で折れてしまったり、虫に食べられたりすることはよくあります。植物の先端には活発に細胞をつくりだす部分がありますから、頂芽が失われたままでは、植物は成長できなくなり、花を咲かせることもできなくなってしまいます（第1章参照）。植物にとっては一大事です。そこで、それまでおとなしくしていた「腋芽《えきが》」が伸びてきます（腋芽とは、葉が茎に付着しているところの上側の茎の部分、すなわち葉腋《ようえき》につくられる芽のことで、一般的な言葉でいえば、「わき芽」です）。

図9-1は、そういうふうにして成長したと思われるセイタカアワダチソウの写真です。1本の茎がまっすぐ伸びることで知られるこの植物が、4本に枝分かれしています。実は、この性質は、農業や園芸の世界では古くから利用されてきました。たとえば、リンゴやナシなどを栽培する農家

の人たちは、上手に芽を摘《つ》んで木の枝振りを整えます。菊の愛好家たちは、芽を摘むことを繰り返し、1株に何百もの大輪の花を1度に咲かせます。

しかし、頂芽がなくなったという情報は、いったいどうやってわき芽に伝わるのでしょうか。そもそも、頂芽があればわき芽がおとなしくしている（これを「頂芽優勢」といいます）のはなぜでしょうか。植物の中で起こっていることは謎だらけです。

実は身近な植物ホルモン

頂芽優勢の主役と見なされてきたのは、「オーキシン」と「サイトカイニン」という植物ホルモンです。この2つがどのように働くのか、ほかにはどんな役者が出てくるのかは、あとで説明するとして、まずは植物ホルモンの話をしておきましょう。花芽をつくる「フロリゲン」という植物ホルモンについては、第3章に詳しく書かれているので、ここではそれ以外の主なものをとりあげます（**図9-2**）。

植物ホルモンの中で日本人にとっていちばん有名なのは、おそらく「ジベレリ

図9-1　なんらかの事情で頂芽が失われ、枝分かれしたセイタカアワダチソウ

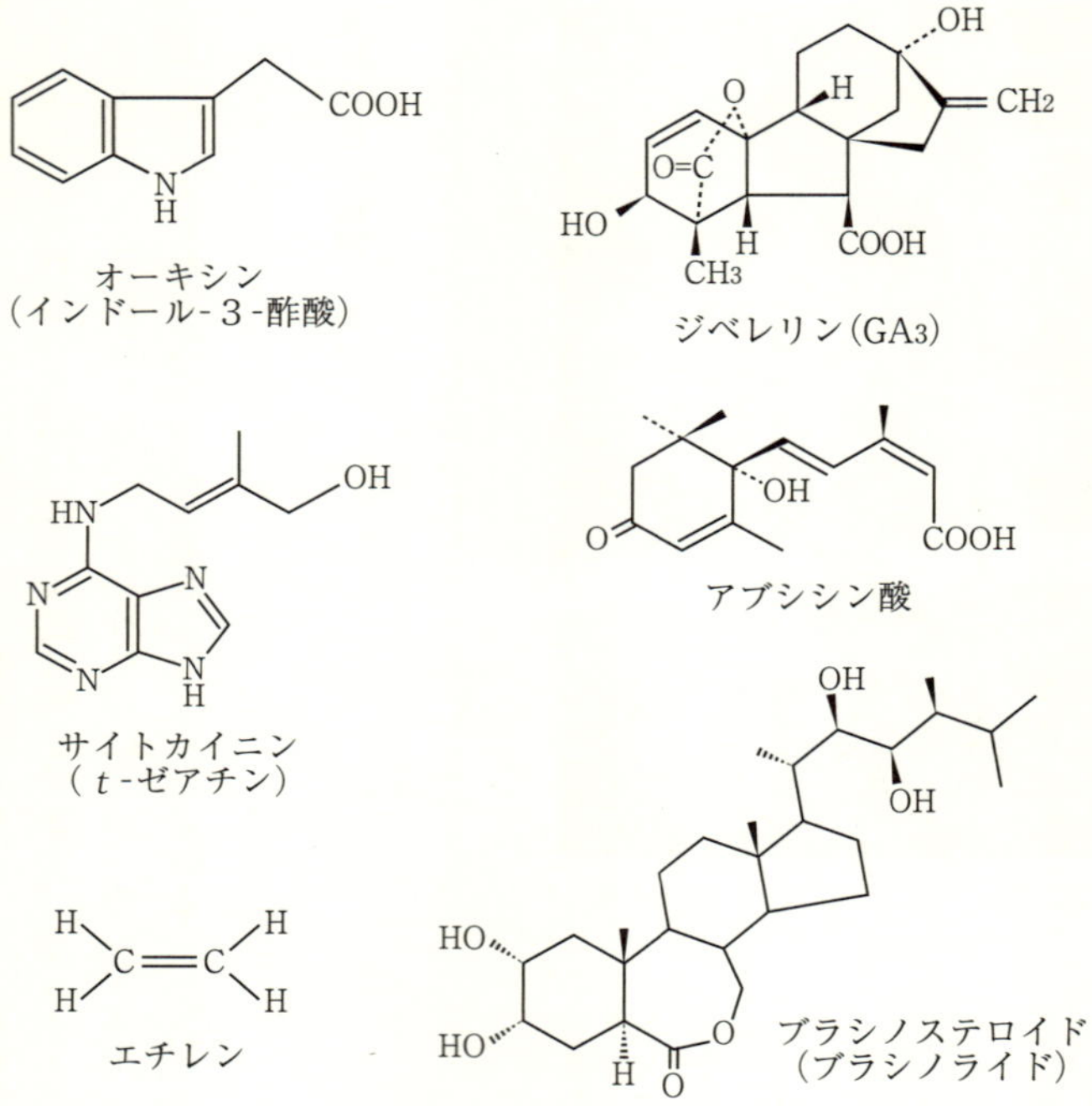

図9-2　主な植物ホルモン

ン」でしょう。ジベレリンは、第10章では、イネの背丈を伸ばす働きが紹介されていますが、種なしブドウをつくるのに使われることで広く知られています。ブドウの実の食べるところは、雌しべの根本にある「子房《しぼう》」が膨《ふく》らんだものです。子房は本来、受粉によって種子ができるときに膨らむのですが、ブドウの花をジベレリンの入った液に浸《ひた》すと、受粉しなくても子房が膨らみます。それで種なしブドウができるのです。

　このように、植物の体内でつくられ、少しの量で植物の成長や生理現象に作用を及ぼす物質を「植物ホルモン」と呼んでいます。ただし、その「作用」は単純ではなく、どのくらいの量のホルモンが、いつ、どこで働くかによって違ってきます。植物によっても変わってきます。また、ほかのホルモンとのバランスによっても、作用は変わってきます。ですから私は本音《ほんね》でいうと、「オーキシンには○○の働きがあり、○○に使われる」とか、「ジベレリンには××の働きがある」と一義的に記述したくありません。例外がいっぱいあって正しい表現ができなかったり、使用されている例自体が例外だったりするからです。植物ホルモンの話を読むときは、いつもそういうことを頭に置いてほしいというのが、私からのお願いです。

さて、知らないうちにお世話になっている植物ホルモンとしては、「エチレン」があります。堅くてまだ酸っぱいキウイフルーツを、リンゴと一緒にビニール袋に入れておくと、熟して甘くなりますね。これは、リンゴからガスとして出てくるエチレンが、果実を熟させる働きをするからです。意外な感じがしますが、エチレンは、ポリエチレンの原料で、石油から合成されるのと同じものです。

食用にしているいわゆるモヤシは、通常モヤシ豆（緑豆とかヤエナリ、あるいはケツルアズキと呼ばれるマメ）を暗所で発芽させた芽生《めば》えです。暗いところで発芽させるので、「胚軸《はいじく》」（子葉《しよう》と根の間の茎のように見える部分。茎でも根でもない。第1章参照）がどんどん伸びてひょろひょろとした形をしています。でも、最近売られているモヤシは太くてがっしりしています。どうしてでしょう。エチレンは、太くてがっしりしたモヤシをつくるのにも欠かせません。根の細胞は側面にタガ（「表《ひょう》層微小管《そうびしょうかん》」といいます）がはまったような状態になっていて、細胞が成長すると縦方向に伸びるようになっているからです。ところがエチレンをかけると、タガは細胞の側面ではなく上と下を押さえるようになります。このため、細胞は縦方向に伸びることができず横方向に広がり、胚軸が太くなるのです。

植物の一生のさまざまな場面に登場

あまり知られていませんが、オーキシンとサイトカイニンも農業に使われています。ジベレリンは126種類もあるそうですが（第10章参照）、オーキシンとサイトカイニンも、それぞれ10種類ほどが知られています。オーキシンの場合、天然のものはほとんど「インドール-3-酢酸《さくさん》（IAA）」という物質で、あとは人工的に合成されたものです。

オーキシンは、種なしブドウをつくるジベレリンと似た働きが利用されています。トマトの花にオーキシンをかけると、受粉しなくても実が育つのです。トマトは夏の暑い日差しの下で栽培されるイメージがありますが、南米のアンデスが原産地ですから、実は乾燥した比較的涼しい温度を好みます。雨が当たると実が割れてしまうこともあって、日本では雨よけのためにハウスで栽培されることが多いのです。しかし、ハウスの中には虫が来てくれないので、花が咲いても受粉ができません。また、気温が高いと花粉に受精させる能力がなくなってしまいます。そこで、農家の人たちは花の1つ1つにオーキシンをスプレーしているのです。サイトカイニンもメロンやスイカの着果を促進するのに使われることがあります。

また、人工オーキシンは除草剤としても使われます。ベトナム戦争で使われた枯葉剤も、人工のオーキシンです。植物体内のオーキシン濃度よりもはるかに高い濃度のオーキシンをかけると、除草剤として働いてしまいます。

応用が先になりましたが、オーキシンのいちばん大きな働きは、細胞の分裂や伸長を促し、植物を成長させることです。この働きはとても重要で、おそらくどんな植物もオーキシンなしでは生きていけないだろうと思います。一方、サイトカイニンは、葉の裏にある「気孔《きこう》」を開かせたり、葉の老化を防いだりするほか、オーキシンといっしょになると細胞分裂を促進する作用も示します。

サイトカイニンとは逆に、気孔を閉じる働きをするのが「アブシシン酸」です。水の「蒸散《じょうさん》」(気孔から水が蒸発すること)を抑え、乾燥から植物を守るためです。それ以外のアブシシン酸の代表的な働きは、種子や芽の休眠です。種子を割ってみると、中に発芽するときの「芽」の元が入っていることがわかります。この芽は、種子の乾燥に耐えて休眠しています。このときに、アブシシン酸が働いているのです。もしアブシシン酸が働かないと、この芽は種子になる前に、さやや果実の中で発芽してしまいます(これを「穂発芽《ほはつが》」といいます)。また、冬を迎える前、木の芽にはたくさんのアブシシン酸がたまり、芽の成長を抑え冬の寒さに耐えられるようにしています。しかし、冬の間にアブシシン酸は少しずつ減っていき、春になると、芽は再び成長しはじめます。

ところで、アブシシン酸という名前は、葉や実の脱離を意味する「abscission」からきています。最初、ワタの落葉を促す物質として単離され、「アブシシンⅡ」と名づけられました。一方、別の研究者は落葉樹の冬芽の休眠に成長抑制物質がかかわっていることを見つけ、シカモアカエデの葉からその成長抑制物質を単離して「ドーミン」(休眠を意味する「dormancy」に由来)と名づけました。その後、両者が同じ物質であることがわかり、で、アブシシンIIの化学構造が先に決定されたので、「アブシシン酸」という名前に決まったのです。しかし、現在では落葉を促す物質はエチレンであり、ワタの実験はアブシシン酸がエチレンの生成を促したために落葉したということがわかっています。直接的な作用が陰に隠れてしまったのは残念な気がしますが、仕方ありません。アブシシン酸は植物の乾燥耐性やストレス耐性にかかわっているので、研究は盛んですが、現在のところ、農業に広く利用されている状況ではありません。

最後にご紹介するのは「ブラシノステロイド」です。高校の生物をよく覚えている方は、これまで出てきた植物ホルモンの名前を聞いたことがあるでしょうが、ブラシノステロイドという名前を聞いたことのある方はほとんどいないと思います。この植物ホルモンは、セイヨウアブラナ（*Brassica napus*）の花粉から、植物の成長を促す物質として発見されたので、ブラシノライドと名づけられました。その後よく似た形の物質が発見され、みなさんが薬として使ったことのある「ステロイドホルモン」とよく似た形をしているので、それらの物質を総称してブラシノステロイドと呼んでいます。細胞の伸長や分裂など、オーキシンやジベレリンと似たような働きをしますが、暗所での芽生えが、いわゆるモヤシの形をとっていることにもかかわっています。

クリの葉にコブができているのを見たことがありますか。「虫えい」というこのコブは、昆虫が植物に産卵した結果できているのですが、このコブもブラシノステロイドの働きによるものです。ブラシノステロイドは非常に多面的な働きをして、注目されていますが、農業にはまだ利用されていません。私はそれ以前に、早く生物の教科書にとりあげられるべきだと思っています。

研究の先駆者の功罪

本題に戻りましょう。オーキシンとサイトカイニンが、頂芽優勢でどういう働きをしているかという話です。この研究を大きく進展させたのは、ケネス・ビビアン・ティマンという英国生まれの米国の植物生理学者です。

オーキシンに関する最初の記述は、チャールズ・ダーウィンが息子のフランシスとともに著した『植物の運動力』（1881年）の中の「光屈性」に関する部分といわれています。その後、植物の成長を促す物質が追い求められ、この成長物質はギリシャ語で「増加」や「成長」を意味する言葉「auxein」にちなんでオーキシンと名づけられました。1934年にはオランダのフリッツ・ケーグルらによって、人の尿からこの物質が見つけられ、さきほども言及したインドール-3-酢酸（IAA）という化合物であることがわかりました。植物の成長物質が人尿から？ ちょっと不思議な気がしますが、これにはちゃんと背景があります。でも、その話は別の機会にしましょう。その後1935年には、ティマンによってカビから成長物質としてIAAが単離され、1946年にアリー・ハーゲン-シュミットによって未熟なトウモロコシの種子からもIAAが単離され、植物自身もたしかにIAAをつくっていることがわかりました。

さて、ティマンは、オーキシンを中心に植物ホルモンのさまざまな作用を詳しく研究し、植物ホルモン研究の基礎を築いた先駆者です。彼は頂芽優勢に関して2つの重大な発見をしています。彼はソラマメの頂芽を切除したあとの切り口に、オーキシンを含んだ寒天を置くという実験を行なっ

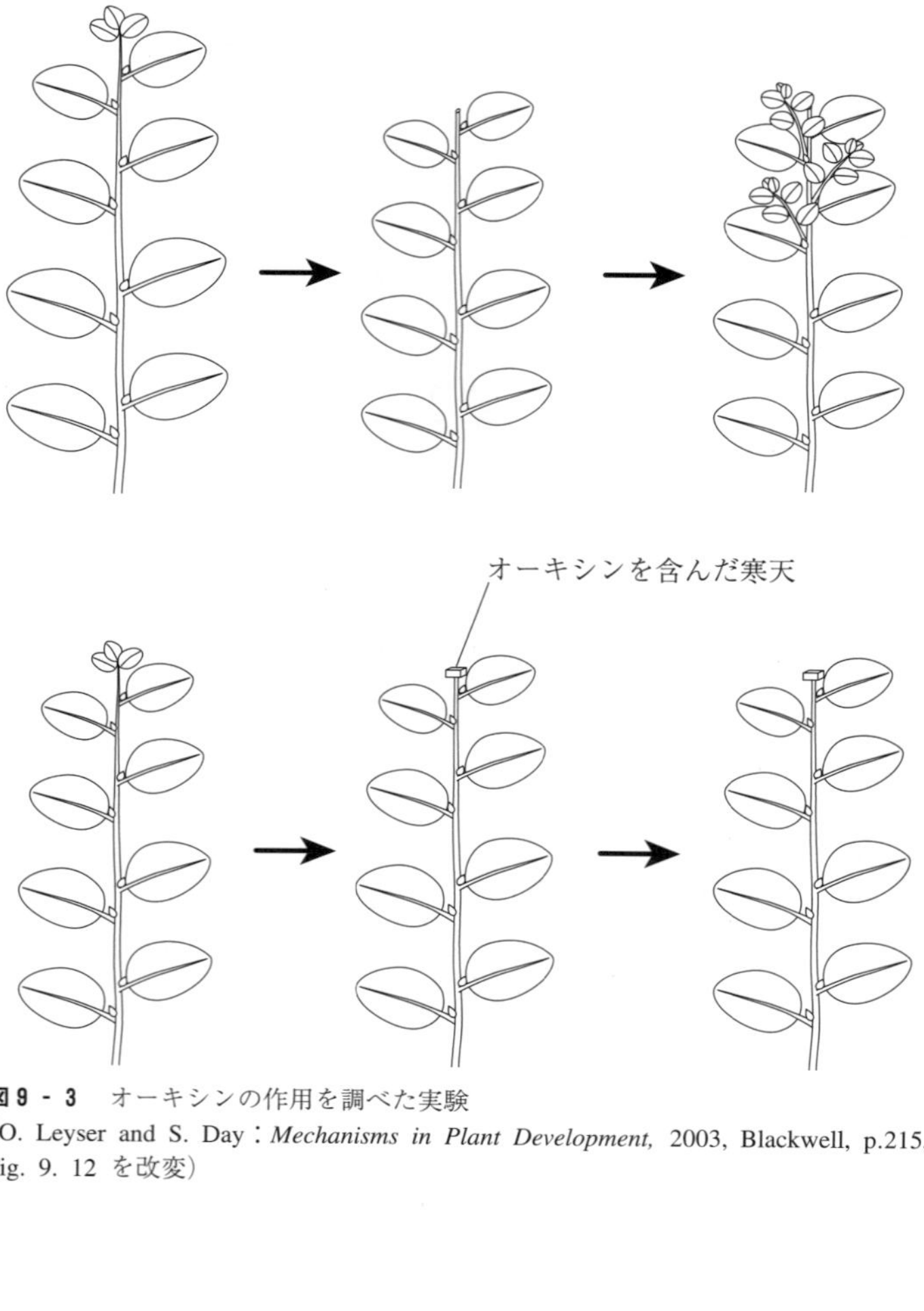

図 9 - 3　オーキシンの作用を調べた実験
（O. Leyser and S. Day：*Mechanisms in Plant Development,* 2003, Blackwell, p.215, Fig. 9. 12 を改変）

たのです（**図9-3**）。すると、頂芽がなくなったにもかかわらず、わき芽の成長は抑えられたままでした。この発見は1933年のことで、以後、「オーキシンがわき芽の成長を抑える」ことが広く知られるようになりました。

いま、オーキシンと書きましたが、この実験が報告されたのは1933年ですから、オーキシンという言葉が生まれたかどうかというタイミングで、実験にはカビから取り出した成長物質を用いています。もちろん、その物質がIAAであることもまだわかっていないときです。当時としてはそのような物質をもっていたのは、世界中で数人しかいなかったでしょうし、成長を促進する物質と思っているものに、わき芽の成長を抑える働きがあることを発見したわけですから、まさに最先端の研究だったわけです。これが1つ目です。

もう1つは、1964年の報告です。サイトカイニンが頂芽優勢で眠っているわき芽を目覚めさせることを発見したのです。ティマンは、わき芽に直接サイトカイニンを与えてみました。すると、頂芽を切除したわけではないのに、わき芽が成長しはじめたのです。これらのことは、その後の研究者によっても確かめられています。

さて、このような立派な研究成果を残したティマンですが、ちょっと問題も残しています。ティマンの有名な研究結果の中に、高等学校の生物の教科書にも載っている「オーキシンが根、芽、茎を成長させる働きは、オーキシンの濃度によって異なる」というものがあります。オーキシンの濃度が増すと、最初はどんどん成長が促進されていくが、ある濃度を超えると逆に成長が抑制されること。成長速度がピークになる濃度は根、芽、茎で異なること。ティマンはこの2つのことを1937

年に報告しました。

　ティマンがどの程度の実験をしてこの結果を得たのかは疑問ですが、少なくとも根と茎については、彼の「説」の正しさが確かめられています。短く切った根や茎をさまざまな濃度のオーキシン溶液に浮かべ、伸び方を比べると、ティマンの報告したような結果が得られるのです。第6章には、芽生えを水平に置いたときに、茎は重力と反対の方向に、根は重力の方向に伸び、それがオーキシンの働きによることが出てきますが、それには、オーキシンの作用が組織（茎と根）と濃度によって違うという特徴が効《き》いています。

　芽については、根や茎のように切片にした実験はできませんし、1937年の報告の中でも、芽に作用する濃度を直接調べる実験は行なわれていません。ですから、どうしてティマンが芽に関する曲線を描けたのか不思議です。私自身は、「芽の成長速度がオーキシンの濃度によって異なる」というのは、ティマンの思い込みにすぎず、「きっとこうなっているに違いない」と思って実験的根拠もないままに描いてしまったのではないかと思っています。当時ティマンは「茎を流れているときは成長を促進している濃度のオーキシンが、わき芽に達すると成長を抑えるように働く」という「オーキシン直接抑制説」という考えをもっていたからです。これはあとでも述べますが、明らかな間違いです。間違いは仕方がありませんが、ティマンがあまりに植物ホルモン研究の先駆者として立派だったために、その1937年の図をいまでも疑いもせずに、教科書に使っているほうが問題かもしれません。

　ティマンのあとにつづいた研究者たちも、さまざまな実験を行ない、頂芽優勢に関して、ほかにもいろいろなことがわかってきました。

新たな研究手法を手にして

私が頂芽優勢の研究を本格的にはじめたのは10年ほど前ですが、そのころまでに明らかになっていた事実をまとめると、つぎのようになります。

1　オーキシンは頂芽や葉でつくられ、茎の中を下に向かって移動する（「極性移動」といいます）。
2　頂芽でつくられたオーキシンは、休眠中のわき芽には移動しない。
3　頂芽を切除した後で、わき芽にオーキシンを直接与えても休眠は維持されない。
4　頂芽を切除し、切り口にオーキシンを投与すると休眠が維持される。
5　サイトカイニンは根でつくられ、茎の中を上に向かって移動する。
6　サイトカイニンは、わき芽の休眠を解除する。

ティマンは、オーキシンが直接わき芽に働きかけて休眠させていると考えましたが、2、3という事実からみると、この考えは間違っています。むしろ、「上から下に向かうオーキシンの流れ」が、休眠を引き起こしていると考えたほうがよさそうです。「流れ」と「わき芽の休眠」はほんとうに関係しているのか。そうだとしたら、「流れが途切れること」と「わき芽の休眠の解除」はど

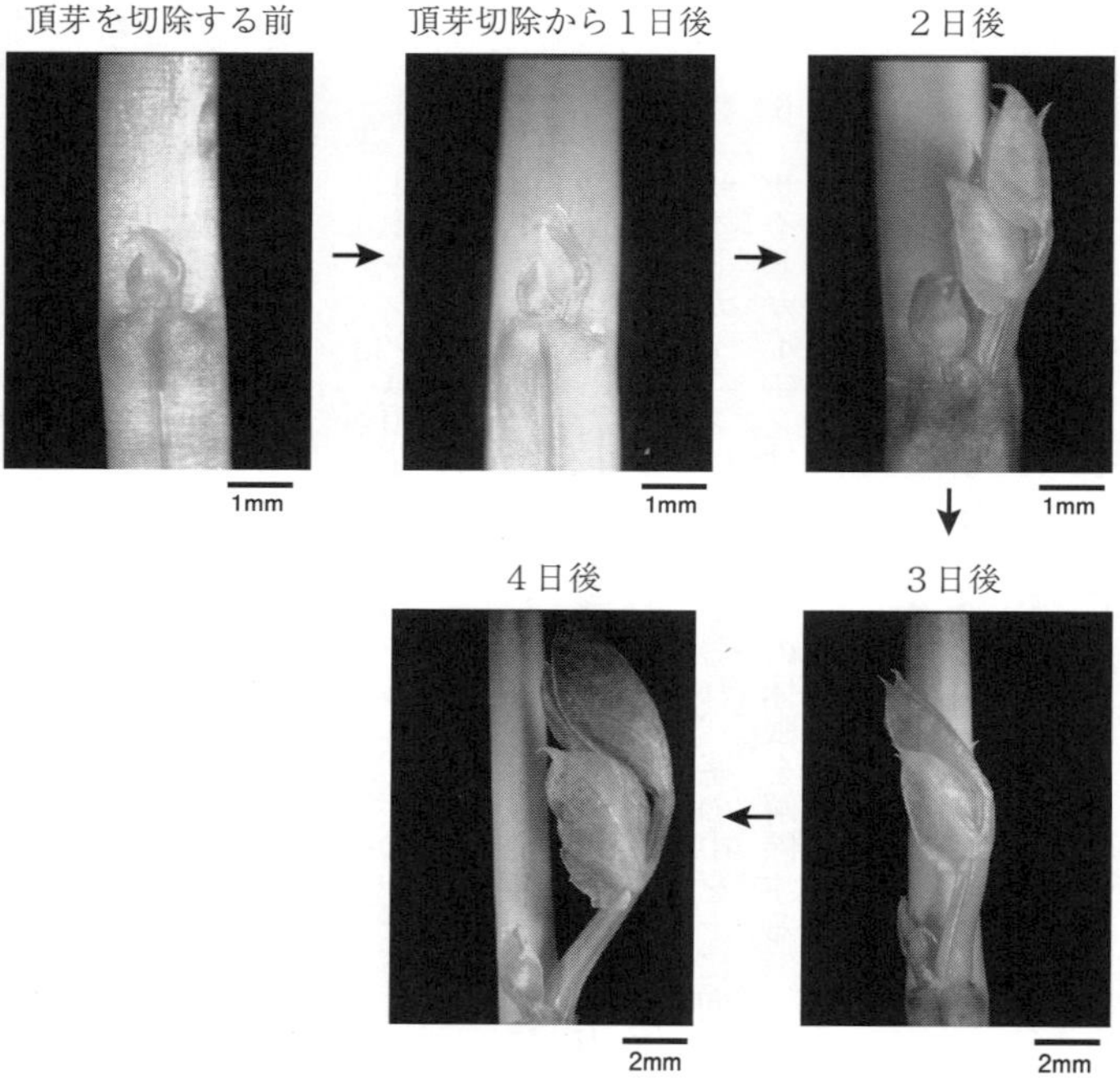

図９－４　エンドウのわき芽の成長

のようにつながっているのか。それを解明したいと考え、私は研究に着手しました。

30年くらい前まで、植物ホルモンの研究は、ホルモンを振りかけたとき植物がどのように変化するかを観察するというものが中心でした。植物の中でどんな変化が起こっているのかを調べることはできなかったのです。しかし、分子生物学が発展し、ある現象が起こるとき、どんな遺伝子がどれくらい働いているのかを調べることができるようになってきました。さらに、シロイヌナズナというモデル植物（第2章参照）についての研究が進み、ある遺伝子が欠けた場合、植物の形や性質がどのように変わるかについてのデータもずいぶん蓄積されてきました。

私も、遺伝子の働きという面から、頂芽優勢の仕組みに切り込みたいと考えました。材料としたのはエンドウです。種子を蒔《ま》いてから1週間すれば実験できるので、都合がよいのです。

エンドウのわき芽は1カ所に4つついていて、頂芽を切ると、すぐ下のわき芽が4つ一緒に成長をはじめます（**図9-4**）。しかし、2日目くらいからは、4つの中でいちばん大きいものだけが成長をつづけ、あとの3つは成長が止まります。おもしろいことに、成長をはじめたナンバー1を切ってしまうと、ナンバー2が伸びてきます。そのナンバー2も切ってしまうとナンバー3が、ナンバー3を切ってしまうとナンバー4が伸びてきます。代打が4人も用意されているわけです。

「ほんとうに起こっていること」をまず確認

最初に調べたのは、休眠中のわき芽の細胞周期がどの段階で止まっているかということです。頂芽優勢にオーキシンやサイトカイニンがかかわっていることは明らかでしたが、私はあえて、植物ホルモンが直接かかわらない観点から調べてみたかったのです。なぜなら、植物ホルモンという観点から、非常に多くの先行研究が行なわれてきましたが、どの研究も頂芽優勢の仕組みを明らかにできるような気がしなかったからです。私も同じように植物ホルモンという観点から調べたのでは、ゆきづまるような気がしたのです。

細胞は増殖するときに、細胞分裂とその準備のための期間を繰り返しています。この細胞分裂とＤＮＡ複製に見られる周期性、分裂サイクルを「細胞周期」といいます。休眠中のわき芽の中では、

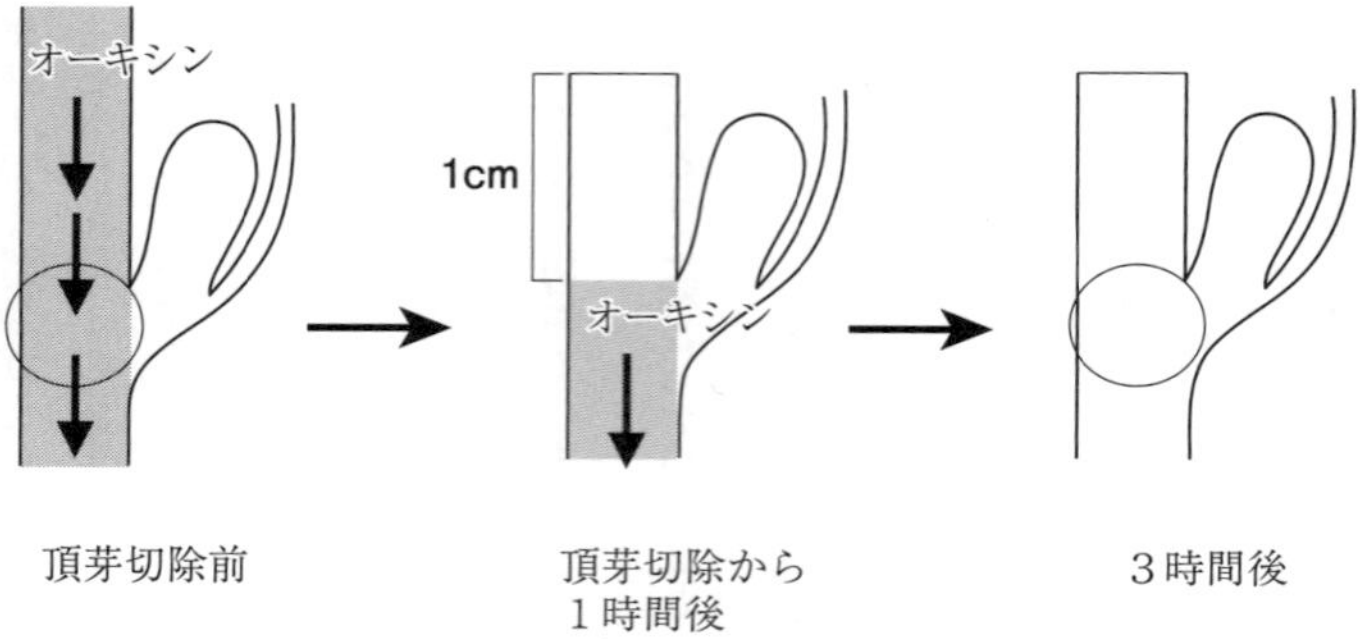

図９－５　オーキシンは１時間に１センチ移動する

細胞は分裂しない状態でじっと生きています。わき芽が休眠から覚めて成長をはじめるときには、止まっていた細胞周期が回り出し、細胞が活発に分裂をはじめます。つまり、細胞周期に必要な遺伝子が働きはじめるはずです。そういう遺伝子に、私は着目しました。

エンドウの中から細胞周期に必要な遺伝子をいくつか探し出し、まず、頂芽を切らないときはこれらが働いていないことを確かめました。つぎに、頂芽を切り、時間を追って遺伝子の働き具合を調べました。細胞周期を開始させる遺伝子がまず働きはじめ、順を追って必要な遺伝子が働きはじめることがわかり、「G１期」という段階で細胞周期が停止していることがわかりました。細胞周期には、細胞を取り巻く環境や状況を見て「増殖してよいか悪いか」とチェックする関所が２カ所あります。それを「G１チェックポイント」と「G２チェックポイント」と呼んでいます。その関所のチェックを受け、問題がなければ、細胞周期はつづいて回ることができるのです。つまり、休眠しているわき芽は、G１チェックポイントでとめられているのです。予想どおりの結果でした。というのは、ヒトをはじめ動物の細胞周期も「G1期」で停止していることが多いのです。がんはこの細胞周期を「G1期」で停止する仕組みに異常が起こり、勝手に細胞が増殖する病気です。大袈裟《おおげさ》にいえば、ヒトががんにならないのと同じ仕組みで、わき芽の細胞周期は止まっているといえます。

この実験では、わき芽の1センチ上の茎を切ると、だいたい2時間後くらいから細胞周期が回り出しました。そこで、わき芽の上、2センチと4センチのところで茎を切ったとき、細胞分裂を開始させる遺伝子が何時間後に働きはじめるかを調べてみました。すると、2センチ上で切ったときは3時間後から、4センチ上で切ったときは5時間後からその遺伝子が働きはじめることがわかりました。これは何かが流れている！　そう感じたのです。もちろん、その有力な候補はオーキシンです。オーキシンは頂芽でつくられ、茎を下に流れています。前にも触れたように、これを「極性移動」といいます。エンドウの場合、その速さは約1時間に1センチです。このため、わき芽の1センチ上で茎を切れば、頂芽からのオーキシンは断たれ、1時間後には、切り口からわき芽の付け根のあたりまでのオーキシンはなくなってしまいます（**図9-5**）。ですから、茎を切る位置を1センチずらしたときに、遺伝子の働きはじめが1時間ずれるということは、オーキシンの移動ととてもよく一致します。つまり、茎のオーキシンが切れたあとで働きはじめるわけです。植物ホルモンのことを「忘れて」調べていたつもりだったのですが、結局、植物ホルモンに戻ってきてしまいました。

これで、「やっぱり茎でのオーキシンの流れが、わき芽の成長を止めているらしい」と思うようになりました。ティマンは、オーキシンが直接わき芽に働きかけて休眠させていると考えましたが、オーキシンの作用点は茎にあったのです。

ストーリーをつなぐ役者が見つかった!

しかし、茎でのオーキシンの作用とはなんでしょうか。オーキシンの流れがなくなったことは、どのようにしてわき芽の成長開始につながるのでしょうか。こうした疑問を解明するため、今度は、茎の中で、オーキシンが流れてこなくなったときに働き方の変わる遺伝子があるかどうかを調べました。

オーキシンの流れは1時間に約1センチですから、わき芽の1センチ上で茎を切れば、3時間後には、わき芽の付け根のあたりの遺伝子の働き方は、すっかり「オーキシンのない時モード」になっているはずです(図9-5参照)。そこで、わき芽の付け根あたりの茎の、頂芽を切る前と、切ってから3時間後の遺伝子の働き方を比べてみたところ、3時間後に働きが活発になったもの、おとなしくなったものがそれぞれ数個ほどありました。

働きが活発になった遺伝子の中に、「イソペンテニルトランスフェラーゼ(IPT)」という酵素(生物の体の中で化学反応が起こるのを手助けするタンパク質)をつくる遺伝子があることを見つけました。この舌をかみそうな名前の酵素は、植物の中でサイトカイニンがつくられるときにとても重要な働きをしていることが知られていたものでした。

さらっと書きましたが、賢明な読者はもうお気づきでしょう。サイトカイニンは、わき芽にかけると休眠を解除することがわかっていましたね。そのサイトカイニンをつくるのに重要な遺伝子が、オーキシンが来なくなると働きはじめるらしいというわけです。つまり、「ふだんはオーキシンが*IPT*（アイ・ピー・ティー）の働きを抑えている→頂芽が切られてオーキシンが来なくなると*IPT*が働き出す→*IPT*が働くとサイトカイニンがつくられる→サイトカイニンがわき芽に移動してわき芽が成長をはじめる」というストーリーが浮かび上がったのです。

ほんとうにこのようなことが起こっているのか、確かめることにしました。さまざまな実験を行ない、「ふだんはオーキシンが*IPT2*の働きを抑えているが、オーキシンが来なくなると*IPT*が働き出す」ことをまず確認しました。逆にオーキシンがなくなって*IPT*が働いているところにオーキシンがやってくると、*IPT*の働きが抑えられることも確認しました。

つぎに、ほんとうにサイトカイニンがつくられているのかどうかを調べました。わき芽と茎（わき芽の付け根の部分の茎）のサイトカイニン量は、頂芽を切除する前には非常に低かったのに、6時間後にはどちらも急上昇しました。しかし、サイトカイニンは根でつくられ、茎を上るとされています。根からサイトカイニンが運ばれてきた可能性も否定できません。

そこで、わき芽の上下で切った茎を寒天の上に立て、上の切り口にオーキシンを置いたときと置かないときのサイトカイニン量を調べてみました。果たせるかな、オーキシンを置かなかったほうだけがサイトカイニンが増えました。これまで、「サイトカイニンは根でつくられる」というのが常識でしたが、頂芽が切られたときは茎でつくられることがわかったのです。

さらに、頂芽を切除してからのオーキシンの量の変化も追跡しました。特に注目したのは、わき芽の付け根よりも少し下の茎です。この部分のオーキシン量は、はじめにがくんと減少しますが、

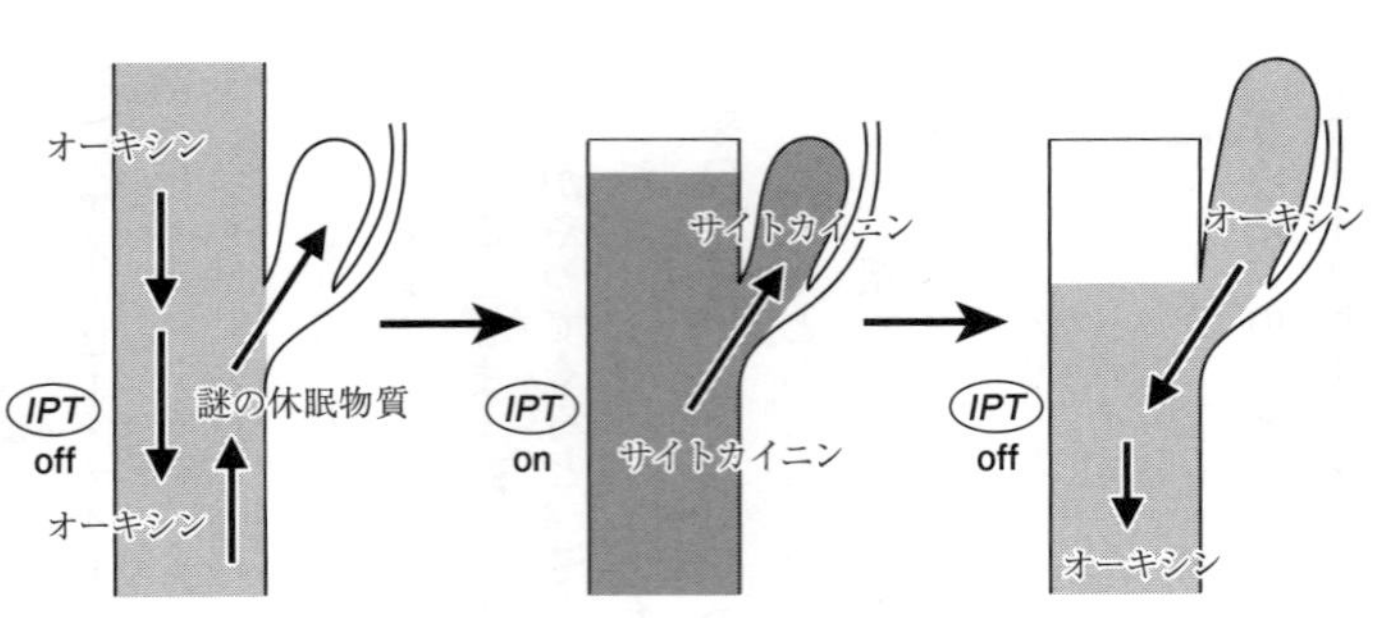

頂芽を切除する前：謎の休眠物質がわき芽の成長を抑えている

頂芽を切除してから６時間後：サイトカイニンがわき芽の成長を促す

頂芽を切除してから24時間後：わき芽が２代目の頂芽となり、オーキシンをつくりはじめる

図９－６　頂芽優勢とその解除の仕組み

わき芽が成長をはじめると、次第に元のレベルまで復帰します。それまでのわき芽が2代目の頂芽となり、オーキシンを盛んにつくりはじめるからです。

　こうして確かめたストーリーをまとめると、**図9-6**のようになります。このストーリーが描けたことはうれしく思っていますが、個々の段階の詳しい仕組みについては、まだわからないことがたくさんあり、これからの研究課題となっています。

植物の周到な準備に脱帽

　さて、実はもっと大きな疑問が残っています。それは、わき芽を休眠させるのは何かという疑問です。わき芽はごく小さいものの、葉や葉柄《ようへい》になる部分の形の基本がすでにできあがっています。逆にいうと、わき芽は成長のごく早い段階で休眠させられ、その状態を保っているのです。

　最初に植物ホルモンのいろいろを紹介したときに、芽を休眠させるアブシシン酸というのが出てきました。

これがわき芽も休眠させるのだろうと思う読者も多いと思います。私もそう思い、休眠しているわき芽とアブシシン酸の関係についていろいろ調べてみました。

エンドウのわき芽が休眠しているとき、たしかにアブシシン酸はたくさん含まれていました。休眠しているわき芽の中には、アブシシン酸をつくることにかかわっている遺伝子や、アブシシン酸があると活発に働きはじめる遺伝子もたくさん見つかりました。しかし、調べれば調べるほど、アブシシン酸は、芽を寝かしつける働きをしているわけではなく、眠っている芽を「快適に保つふとん」を準備するために必要なもののような気がしてきました。実際、シロイヌナズナではアブシシン酸をつくることのできない変異体が見つかっていますが、わき芽はちゃんと休眠するのです。

そこで、逆の発想で休眠を促すものを探した研究者がいます。英国ヨーク大学のオットリン・レイサーです。彼女は、シロイヌナズナの中から、枝分かれの激しい変異体を4つ見つけ、*max*（*more axillary branching*：マックス）と名づけました。ふつうのシロイヌナズナではわき芽の休眠を促す働きをする遺伝子が、*max* 変異体では壊れているだろうと考えたのです。そして、休眠物質をつくるのに関係している遺伝子を3つ、休眠物質の受容に関係している遺伝子を1つ見つけました。

エンドウでも、同様の遺伝子群が見つかっています。こちらを見つけたのは、オーストラリア・クイーンズランド大学のクリスチン・ビベリッジです。そのうちの1つ、*rms1*（アール・エム・エス1）変異体（*ramosus*：ラテン語で「枝の多い」という意味で、英語の ramose）と、野生型のエンドウとの接木実験をすると（**図9-7**）、休眠物質は根や茎でつくられ、上に向かって移動することがわかります。このことは、シロイヌナズナの *max* 変異体群でも確かめられています。そのほか、

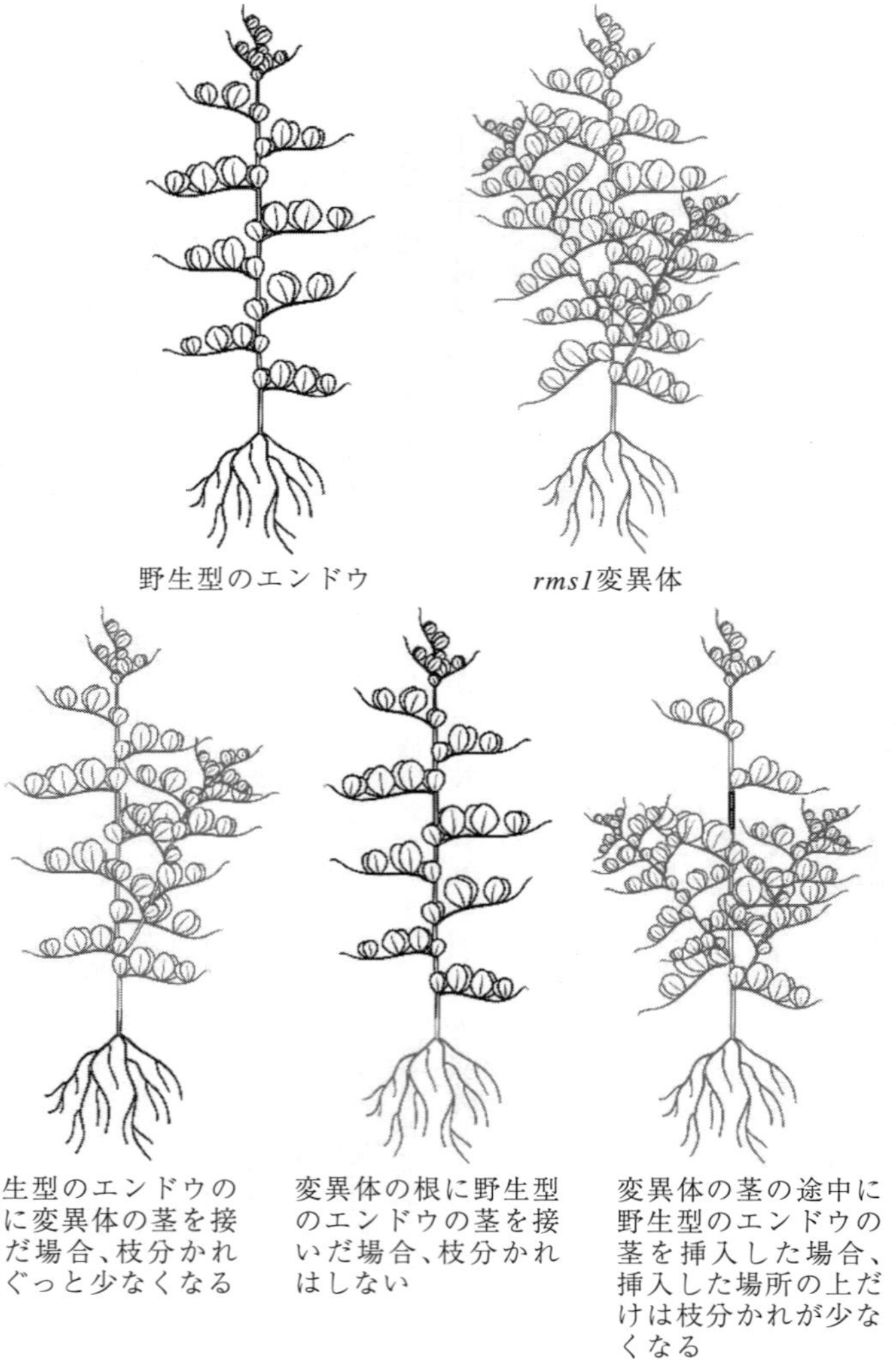
野生型のエンドウ
*rms1*変異体
野生型のエンドウの根に変異体の茎を接いだ場合、枝分かれはぐっと少なくなる
変異体の根に野生型のエンドウの茎を接いだ場合、枝分かれはしない
変異体の茎の途中に野生型のエンドウの茎を挿入した場合、挿入した場所の上だけは枝分かれが少なくなる

図 9 - 7　野生型のエンドウと *rms1*変異体の接木実験
（O. Leyser and S. Day：*Mechanisms in Plant Development,* 2003, Blackwell, p.218, Fig. 9. 14 を改変）

同様の遺伝子群はイネやペチュニアでも見つかっています。双子葉《そうしよう》植物、単子葉《たんしよう》植物にかかわらず、同じような仕組みがあると推定できます。

さて、この謎の休眠物質は新奇な植物ホルモンとなるでしょうが、いったいどんな化合物なのか、興味が湧《わ》いてきます。ビタミンAのもとになることでおなじみのβ-カロテンという分子からできてくるようですが、最後にできるのがどんなものなのか、つまり、実際に働く休眠物質がどんな化合物なのかは、まだわかっていません。ちなみにレイサーはこの謎の休眠物質をMCX（mysterious compound X）とか、MDS（MAX dependent signal）とか、MAX factor（化粧品みたいですね）とか呼んでいます。ビベリッジはSMS（shoot multiplication signal）と呼んでいます。さて、どれがいいと思いますか。

また、この謎の休眠物質とオーキシンの関係も気になるところです（**図9-6**参照）。ビベリッジは、オーキシンがあると*RMS1*遺伝子の働きが活発になると報告していますが、私が調べたところでは、はっきりした関係はなさそうです。シロイヌナズナで見つかった類似の*MAX4*遺伝子も、オーキシンがあるからといって活発に働くことはありません。「オーキシンがあると、休眠物質ができる」といえるほど、話は単純ではないようです。

これまでの研究結果に想像を交えて、私は以下のようなストーリーを考えています。「植物は最初、せっせと細胞分裂を行ない、小さなわき芽を準備する→準備ができたら、謎の休眠物質がやってきてわき芽を眠らせる→アブシシン酸が寝ている芽の面倒を見て、起きたらすぐに成長できる状態に保つ→そこにサイトカイニンがやってくると芽は目を覚ます」。これらの過程を統括しているのがオーキシンということになります。こう見てくると、さまざまな遺伝子や植物ホルモンが相互に関係し合い、生き延びるための戦略を必死にめぐらせているような気がしませんか。

魅力的な研究対象

ここまでは、1本の茎がどんどん伸びるタイプの植物の話をしてきました。しかし、植物の中には、頂芽を切らなくてもわき芽が伸び、盛んに枝分かれするものもたくさんあります。両者の違いは、頂芽優勢の強い植物では1本の茎がどんどん伸びていくが、頂芽優勢の弱い植物ではわき芽がいくつも成長するためと考えることができます。頂芽優勢の強さは、植物の形を決める大きな要因となっているのです。

ちなみに、イネのわき芽は「分げつ」です。分げつが起こるので、イネは一般的に頂芽優勢が弱いような印象がありますが、収量を上げるために分げつが多くなったイネを選抜して育種してきた結果ですし、まだ休眠しているわき芽もあります。より分げつが多くなった突然変異体の中には、イネの*MAX*関連遺伝子に変異の入っているものが発見されています。また、頂芽優勢の強さは植物の「年齢」によっても変わり、歳をとるにつれて弱くなるのがふつうです。たとえばタバコは一見頂芽優勢の強い植物ですが、成長するにつれてわき芽がだんだん目覚めてきます。

私が見つけたことをあてはめれば、サイトカイニンがたくさん出ている植物は、枝分かれが盛んなのだろうという話になります。しかし、キーワードだけを拾ってつなぎ、それでストーリーができたと喜ぶのは危険です。実際の植物の中ではさまざまなことが起こっていますから、まだほかの要素が関係しているのかもしれません。すべてがオーキシンやサイトカイニンの量で説明できるほど、植物は単純ではありません。

また、遺伝子の働き具合を調べられるようになったからといって、それを過信するのも危険です。細胞の中で、DNAはmRNAに変わり、さらにタンパク質に変わります。分子生物学の手法で調べやすいのは、mRNAの段階です。しかし実際に働くのはタンパク質ですから、この違いにはいつも注意を払わなければなりません。

このようなことを自戒しつつ、研究に取り組む毎日です。植物ホルモンが時、場所、状況に応じてさまざまな作用を示すことはやはり不思議ですし、頂芽優勢という植物ならではの興味深い現象そのものが、私を引きつけてやまないからです。

10章

「第2の緑の革命」に向けて

◉芦苅基行

ダイエットの経験がある方ならば、ご飯やパンが、意外なほどに高カロリーな食べものであることを知っていると思います。茶碗によそった1杯のご飯。6枚に切ったうちの1枚の食パン。これらはどちらも約200キロカロリー。仮に同じカロリーをバナナから摂《と》ろうとすれば2・5本を食べなければなりません。ダイエットにとって穀物は難敵。裏を返せば、エネルギー補給源として、穀物がいかに優秀であるかがわかります。

一方、世界を見渡すと、食糧難の危機がすぐそこまで迫ってきていると予想されています。

ここでは、植物科学の成果を穀物生産の向上にどのように応用していくかを紹介したいと思います。

ご飯やパンのおかずとして食べている肉類も、穀物からできているといったら驚くでしょうか。食肉となる牛、豚、鶏などの家畜も、穀物を「主食」としています。スーパーマーケットで買ってきた１００グラムの牛肉の塊《かたまり》は、１１００グラムの穀物でできています。豚肉であれば７００グラム。鶏肉であれば４００グラム。私たちは肉を食べているときも、間接的に穀物の恩恵を受けていることになるのです。

直接的にまたは間接的に、人は穀物を重要なエネルギー源として摂《と》っています。人類が活動をするために得るカロリーのうち、実に50％は、コメ、ムギ、トウモロコシという、たった3種類の穀物で占めている計算になります。

中でも、人が得る全カロリーの23％を占めているのが、この章でとりあげるコメです。世界の人

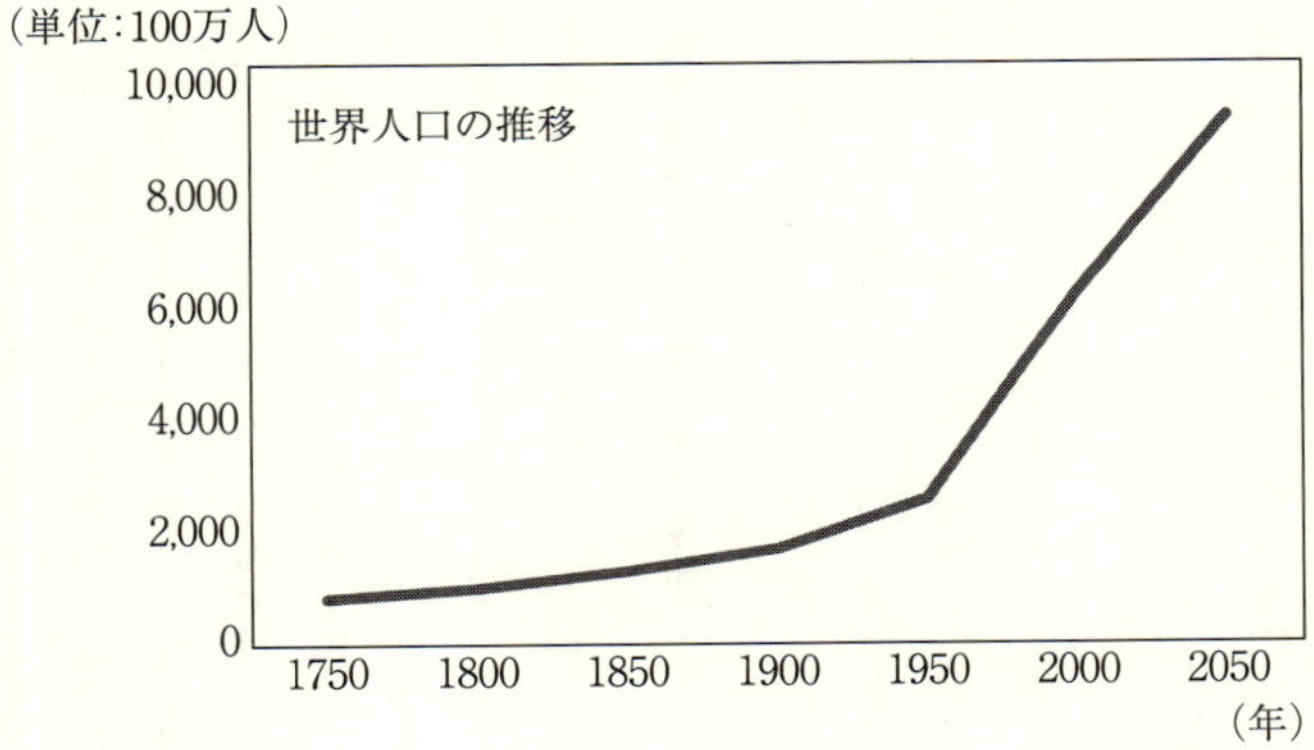

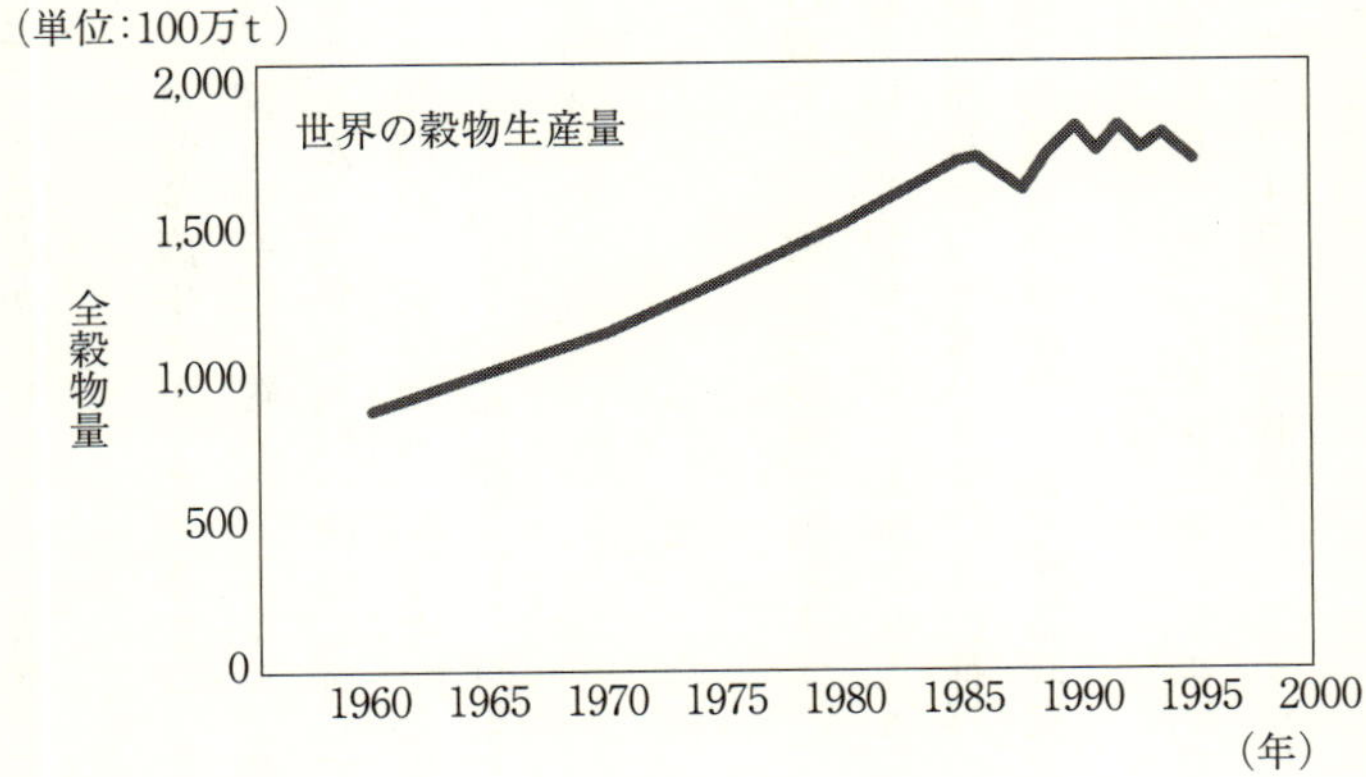

図10－1　世界の人口の推移(上)と穀物生産量(下)
上：国立社会保障・人口問題研究所「人口統計資料集(2007年版)」により作図。1900年以前は、United Nations, *The Determinants and Consequences of Population Trends*, Vol. 1, 1973による。1950年以降は、United Nations, *World Population Prospects* : The 2004 Revision(中位推計)による
下：G. S. Khush : *Genome,* 42, 646–655, 1999 による

口の半分以上の人々がコメを食糧として利用していることからも、コメが人間の活動に切っても切れない存在であることがわかるでしょう。

不安を煽《あお》るようですが、ご飯を食べるという「日常茶飯事」が、このままつづくという保証はありません。現に世界を見渡せば、いまも開発途上国を中心に、約8億の人々が栄養失調などで苦しんでいます。問題は開発途上国だけにとどまりません。世界の人口の増加に対して、食糧の増加が追いついていないからです。世界人口は2006年時点で約65億人。20年とたたぬ2025年には79億人に達すると予測されています（**図10-1**）。この79億人の食糧需要を満たすには、2025年までに現在よりも50%、食糧を増産する必要があるのです。

「結果優先」だった「緑の革命」

人類には、そう古くない過去に一度、食糧危機を乗り越えた経験があります。

1960年代のはじめ、地球上では現在の総人口の半分足らず、約30億人しか暮らしていませんでした。ところがこの時期から世界人口の急激な増加がはじまります。人口推移のグラフで見ると、1960年ころは、ちょうどこのグラフの極端な角度で曲線が昇りはじめる時期に当たります（**図10-1**）。

いわゆる人口爆発を迎えようとしていたその1960年、フィリピンのマニラで、ある国際研究機関が産声《うぶごえ》を上げました。米国のフォードとロックフェラーの両財団と、フィリピン政府の連携のもとで設立された「国際イネ研究所（IRRI）」です。

「将来の穀物不足にそなえ新種のイネを開発すること」。IRRI設立の目的はこの点にありました。IRRIはイネの品種改良に着手します。そして8年後の1968年、「ミラクルライス」とも呼ばれた新品種「IR8」が誕生しました。

IR8は、コメ生産量を大幅に増やし、主にコメを主食とするアジア地域の食糧事情を劇的に改善しました。これこそが、「緑の革命」と呼ばれている技術革新です。

さて、「ミラクルライス」とまで呼ばれたIR8は、いったいどのような点が「ミラクル」だったのでしょう。写真を見てください（**図10‐2**）。左側はそれまでの野生型のイネ。一方の右側はIR8。見た目で明らかなように、IR8は背丈が低いことが最大の特徴です。

図10‐2　野生型のイネ(左)とミラクルライス「IR8」(右)

化学肥料は植物の生長を旺盛にし、イネにおいても収量の増加をもたらします。ところが、十分な化学肥料を与えると、普通のイネは背丈が伸びすぎてしまい、少しの雨風でも倒れてしまう結果となりました。今度はイネの背丈を低くする必要が出てきたわけです（**図10‐3**）。それをかなえたのがIR8でした。

IR8は、「親」となる2品種を交配させるこ

図10－3　背が高く、雨風に弱いイネの品種(左)とＩＲ８(右)

とにより誕生しました。人間の世界でもたとえば、頭脳明晰《めいせき》な父親と容姿端麗《たんれい》な母親の特質を子どもが受け継げば、親にとって喜ばしいことに、知能と美貌を兼ねそなえた子どもに育つ可能性は高くなります。イネの世界でも同じことがいえます。ＩＲ８は、背丈が低いという特徴をもつ台湾の品種「低脚烏尖《ていきゃくうせん》」と、風味が良いという特徴をもつインドネシアの品種「Ｐｅｔａ」のもとに誕生しました。収量が多いながら背丈は低く、かつ風味の良いＩＲ８は、当時の食糧危機を救う、まさに「ミラクルライス」だったのです。

コメの増産という成果を出したことにより、「緑の革命」は目的が達成されました。ここで特筆すべきことは、「緑の革命」は、いわば結果優先の取り組みだったという点です。育種家や現場の農家にとって重要な点は、「そのイネは倒れにくいかどうか」という「結果」であり、「そのイネはなぜ倒れにくいのか」という「理論」ではありませんでした。理論的な解明は、とりあえず脇に置かれていたのです。

では、理論のほうは、どこまで解明されたのでしょう。なぜ、ＩＲ８やその「親」である低脚烏尖は、肥料を与えても背丈が低いままなのでしょうか。

「緑の革命」以降の科学的研究により、イネの背丈を低くする鍵を「*sd1*（エス・ディー1）」という遺伝子が握っていることがわかりました。*sd1* は、「半分」を意味する semi と「矮小《わいしょう》」を意味する dwarf、それに「1番目」をあらわす「1」の文字から名づけられており、IR8の一方の親である低脚烏尖がもっていた遺伝子です。いま世界でもっとも多く栽培されているイネの品種「IR64」にも、この *sd1* 遺伝子が利用されています。

2002年、私の所属している名古屋大学の生物機能開発利用研究センターの研究グループは、*sd1* 遺伝子のクローニングを試みました。ここで「クローニング（塩基配列を決めること）」とは、「*sd1* 遺伝子がいったいどこの何ものであるのか、その正体を探る」と言い換えてもよいかもしれません。以降では、*sd1* 遺伝子をクローニングするまでの経緯をお話ししましょう。

イネの遺伝子を研究する理由

研究の道筋を紹介する前に、あらかじめつぎの疑問に対しての答えを示しておいたほうがすっきりするかもしれません。

疑問とは、「そもそもなぜ、遺伝子をクローニングしなければならないのか」というものです。「緑の革命」では、「理論」よりも「結果」のほうが重要だったという話をしました。「品種改良を重ねてきた『結果』の知識がすでにあるのならば、イネの遺伝子の働きを『理論』として解明する意義はどこにあるのか」と思う人もいるかもしれません。

この疑問に対していえることは、「イネの遺伝子レベルの仕組みがわかれば、イネの品種改良をより効率よく行なえるようになる」ということです。これまでのイネの品種改良では、数々の品種を交配した結果、どれがもっとも理想形に近いかを見ることで、最良の新品種をつくっていたわけです。けれども、たとえば「背丈を低くする遺伝子」や「塩害に強い遺伝子」などのように、そのイネの特質を決定づける遺伝子のクローニングができれば、いつでもそのイネの特質を必要とする場面で、「背丈を低くする遺伝子」のみや「塩害に強い遺伝子」のみを、元の品種に組み込むことができるようになるのです。

イネの遺伝子の働きを「理論」として解明する意義をさらにもう1ついうと、「ほかの穀物への品種改良の道が開ける」ことです。章の冒頭で、人類が活動をするために得るカロリーの50％が、イネ、ムギ、トウモロコシの3種の穀類であると述べました。これら穀類は、実はみんなイネ科に属する作物。イネ科に属するイネ、ムギ、トウモロコシは、DNAも塩基対の並び方が重なる部分も多くなります。仮に、イネとコムギの両方のゲノム（DNAの全塩基配列）のとある場所に、「AATTGGCC」という塩基配列の遺伝子が共通にあるとしましょう。イネにおいて、この遺伝子が「害虫に強い」という特質をもっていたとすれば、同じくコムギにおいても、この遺伝子の特質は「害虫に強い」となるはずです。研究の進んだイネの遺伝子を参考に、まだ研究の進んでいないムギやトウモロコシの遺伝子についての品種改良に向けた目星をつけることも可能になるわけです。とりわけイネは、ゲノムのサイズが約4億塩基対で、コムギの40分の1、トウモロコシの8分の1しかありません。ムギやトウモロコシなどのほかの種と共通する重要な遺伝子を発見するには、ゲノムサイズが小さいイネから探すほうが容易でかつ効率的であると考えるのが妥当です。

イネの背丈を決める「ジベレリン」

２０００年、私は、生物機能開発利用センターでイネの突然変異の研究をしていました。ある日、「緑の革命」の主役ＩＲ８を目の前にして、おもしろいことに気づきました。「ＩＲ８と、ジベレリンの欠けた突然変異のイネとは、形がとてもよく似ているな」ということです（**図10－4**）。

図10－4　ＩＲ８とジベレリンが欠けた突然変異体は、見たところよく似ている

「ジベレリン」は、日本人研究者が発見やクローニングに携わった、日本に縁のある植物ホルモンです。

古くから、日本のコメ農家は、イネの背丈が異常なまでに高くなり、葉が黄色に変わる「イネ馬鹿苗《ばかなえ》病」に頭を悩ませていました。１９３８年に、その毒素を東京帝国大学（現在の東京大学）の藪田《やぶた》貞治《ていじ》郎《ろう》と住木《すみき》諭介《ゆすけ》がクローニングし、「ジベレリン」と名づけました。ジベレリンの名は、毒素をつくりだす病原菌の名が「Gibberella fujikuroi（Sawada)」であることにちなみます。その病原菌も日本の沢田兼吉《かねよし》が発見しています。なお、ジベレリンは、「ＧＡ」と略されることが多いのですが、この「Ａ」は、「ビタミンＡ」の「Ａ」のような接尾辞です。構造が同じホルモンが発見されるたびに、「ＧＡ$_1$」「ＧＡ$_2$」「ＧＡ$_3$」と、番号が与えられ、現在では１２６種類がジベレリンとして登録されています。

さて、「緑の革命」のＩＲ８は、背丈が低い点が特徴です。一方、イネ馬鹿苗病にかかったイネは、ジベレリンの仕業《しわざ》により背丈が異常に伸びるという症状がありました。このことから私は、「イネの背丈が伸びない場合、ジベレリンが働いていないのではないか」と、さらに「ＩＲ８の背丈を低くしている遺伝子*sd1*こそが、通常量のジベレリンが働く・働かない（背が伸びる・伸びない）を決める鍵を握っているのでは」と、直観したのです。

そこでまず、ＩＲ８に一定量のジベレリンを加えてみることにしました。私の仮説があたっていれば、この加えられたジベレリンが働いて、ＩＲ８の背丈はふつうのイネと同じくらいの高さになるはずです。結果は、案の定、ジベレリンを加えたＩＲ８は、ふつうのイネと同じ背丈になってしまいました。このことから、「ＩＲ８の背丈が低いのは、植物ホルモンのジベレリンが働いていないからだ」ということがわかったのです。

つぎに私たちは、ＩＲ８においてジベレリンが働かないのはなぜかをつきとめることにしました。ジベレリンなどの植物ホルモンが働くかどうかは、その植物ホルモンの「生成プロセス」が滞《とどこお》りなく進むかどうかにかかっています。これは、たとえば「背伸びをせよ」というメッセージをＡさんから伝達し、最後のＺさんがメッセージ内容を理解して背伸びをする「伝言ゲーム」と似ています。

もし、途中段階のＰさんがなんらかの理由で隣のＱさんに伝言できなければ、そこで伝達は滞ってしまいます。私たちは、働くはずのジベレリンが、どの段階で問題を抱えているのかを探ることにしました。

　すると、ジベレリンが働くまでの、「GA_{53}」から「GA_{20}」という段階に移るあたりで問題が発生していることがわかりました。GA_{53}の量は正常だったのに、GA_{20}の量はぐんと少なくなっていたのです。

　このことから、「ジベレリンが働くまでの過程で、GA_{20}という要素が欠けたために、ジベレリンは働かなくなったのではないか」と推定したのです。

イネの背丈にかかわる遺伝子をとらえた！

　*sd1*遺伝子の正体に迫るための材料が、だんだんとそろってきました。いま私たちの前には、「緑の革命のＩＲ８には、*sd1*遺伝子が含まれている」という事実と、「ＩＲ８の背丈を低くしているのはジベレリンが働いていないから」という研究結果、さらに「ジベレリンが働かないのは、途中段階のGA_{20}の量に異常があったから」という私たちの推定が並んでいます。ここからは、*sd1*遺伝子とGA_{20}の関連性を明らかにしていきましょう。

　GA_{20}の合成をつかさどる遺伝子はすでにつきとめられており、「GA_{20}酸化酵素遺伝子」という名がついています。ただ、やっかいなことに、この遺伝子には第１から第４までの４タイプがあり、*sd1*遺伝子と関係のあるタイプを区別する必要がありました。

ここで役に立ったのが、「染色体地図」です。

訪れたい建てものの名前はわかっているものの、それが実際にどこにあるのかわからない場合に、頼りになるのが地図です。たとえば、「名古屋大学」という目的地の名前が地図から見つかれば、目的地にたどり着くことができます。

イネゲノムについても、１９９８年から、「地図づくり」のプロジェクトがはじまりました。イネゲノムについての正確な情報を提供するために、日本が中心となり、「国際イネゲノム塩基配列プロジェクト」が発足したのです。作業の結果、プロジェクトは２００４年12月にイネゲノム塩基配列の完全読解を完了。これで、調べている遺伝子が、第何染色体のどの位置にあるかを特定することができるようになったのです。たとえば、「ＡＡＴＴＧＧＣＣ」という並び順の遺伝子がどこにあるかを調べたい場合に、読解されたイネゲノム塩基配列における「ＡＡＴＴＧＧＣＣ」と照合すれば、位置がわかるわけです。

私たちが考えていたことは「*sd1* 遺伝子が、GA_{20}の量を異常にさせてジベレリンを働かなくさせる鍵を握っているのであれば、きっと *sd1* 遺伝子とGA_{20}酸化酵素遺伝子とは、同じ位置にあるはずだ」ということでした。

sd1 遺伝子については１９９５年に、日本の研究者が第1染色体の末端に位置していることを発表しています。一方、GA_{20}酸化酵素遺伝子の位置はというと、4タイプあるうちの第1タイプは、第3染色体に位置していることが知られていました。*sd1* 遺伝子とは遠く離れた住所ですから、*sd1* とは関係がなさそうです。後日の研究で、このGA_{20}の第1タイプは、背丈の長短ではなく、花や実

図10-5　3組の写真とも左側は普通の背丈のイネ。右側は左から順に「カルロース76」「レイメイ」「十石」

の形成に関与していることがわかりました。

私たちは、GA_{20}酸化酵素遺伝子の第2タイプに着目してみました。これまでに報告されていたGA_{20}酸化酵素遺伝子の塩基配列のデータをもとに第2タイプを単離し、イネゲノムの地図上の位置を調べてみたのです。

するとどうでしょう。今度の第2タイプは、*sd1*遺伝子の位置と同じ場所にあるではありませんか。これで、*sd1*遺伝子とは、GA_{20}酸化酵素遺伝子の第2タイプであるに違いないと確信しました。

念押しのため、私たちは**図10-2**に示したIR8のほか、東北農業試験所の「レイメイ」、アメリカの「カルロース76」、それに九州の在来品種「十石《じっこく》」という3種のイネを用意したのです。写真のとおり、これらはいずれも背丈の低い品種です（**図10-5**）。なおかつ、これら3種は、それぞれ独立した育種家が「*sd1*遺伝子が入っているかどうか」など知らずにつくったものです。3品種のGA_{20}酸化酵素遺伝子の第2タイプの塩基配列を見てみたところ、塩基の一部が欠損したり変異したりしていました。まったく独立した育種家が育てた3品種みな共通して、同じ遺伝子に問題があったということは、まさにその遺伝子こそが、イネの背丈を低くしている原因そのものであるということに間違いありません。

これら、数多くのステップを踏むことにより、「緑の革命」に必須だった *sd1* 遺伝子は、GA[20]酸化酵素遺伝子（第2タイプ）であり、この遺伝子に突然変異が起きることで、イネの背丈が低くなると結論しました。

「戻し交配」でつくった「ほとんどコシヒカリ」

イネの品種をつくるには、約20年もの歳月がかかります。育種家が、何千のイネの中から、とりわけ優《すぐ》れた「エリートたち」を選抜して交配するという作業を繰り返します。

けれども、イネの形質を特徴づける遺伝子が同定されていれば、新品種の開発までの手順を、大幅に短縮することができます。これまで紹介してきたような、遺伝子同定の成果を生かして、私たちはコシヒカリとハバタキという品種から、「ほとんどコシヒカリ」ともいうべき新品種の開発に成功しました（**図10‐6**）。

コシヒカリはご存じのように、日本の代表的品種で味が良いことで評判です。一方、ハバタキという品種は粒量が多く、かつ背丈が低いという特徴をもっています。ハバタキの粒量の多さは、「*Gn1*（ジー・エヌ1）」という遺伝子が、また、背丈の低さは「*Sd1*」遺伝子が鍵を握っていることがわかりました。

まず、コシヒカリとハバタキを交配すると、その「子」には「両親」から50％ずつ情報が遺伝されます。その「子」に、「親」のコシヒカリをもう一度、交配します。これは「戻し交配」と呼ば

図10‐6　コシヒカリ（左）とハバタキからつくった「ほとんどコシヒカリ」（右）

れ、新品種づくりのときに一般的に使われる手段です。戻し交配により、コシヒカリ75％、ハバタキ25％の遺伝情報をもった「孫」が生まれました。このようにして戻し交配をするたびに、コシヒカリの割合を多くし、ハバタキの割合を少なくしていきます。ここで重要なのは、戻し交配の繰り返しでコシヒカリの割合を多くしていきつつも、粒量の多さを決めるハバタキの *Gn1* 遺伝子と、背丈の低さを決める *Sd1* 遺伝子は残していくということ。*Gn1* 遺伝子も *Sd1* 遺伝子も同定されているので、交配された次世代のイネにこの２つの遺伝子が残っているかどうかを確認することができます。

こうして私たちは、ハバタキの粒量の多さと背丈の低さの特徴だけを残し、あとはすべてコシヒカリの特徴をもった「ほとんどコシヒカリ」をつくることができました。コシヒカリの１株の粒量が約２２００粒で茶碗１杯ほどなのに対して、

「ほとんどコシヒカリ」は約3000粒となります。

味はどうでしょう。残念ながら私の舌では「従来のコシヒカリと絶対に同じ」とは言い切れません。けれども、もし仮に新品種の味が従来のコシヒカリより10％劣るとしても、収量が30％上がるのであれば、やはりメリットは大きいというのが、私の考えです。

交配技術と遺伝子組み換え技術

いま、バイオテクノロジーの世界では「遺伝子組み換え」技術が盛んに研究されています。遺伝子組み換えは、遺伝子を植物の中から直接的に取り出したり、取り出した遺伝子を別の生物に導入したりすることを意味します。イネの分野では、スイセンの遺伝子をイネに導入することで、β-カロテンを産出する「ゴールデンライス」が開発されています。

一方、私が本章でこれまで紹介してきた技術は、遺伝子組み換えとは異なります。有用な遺伝子の特定をして、その遺伝子をつぎの代に導入してはいるものの、従来の「交配」という技術を基本としているからです。遺伝子の組み換え技術を用いなくても、コメの収量を増やすことは十分可能なのです。

では、「遺伝子組み換え」技術は必要ないのでしょうか。その技術を必要としている人が社会に存在している以上、認めなくてはならないと考えています。

私たちの行なっている研究開発の方法では、「何かの特性をもたらす遺伝子」をつくりだすことはできません。一方、遺伝子組み換えの分野では、この技術により薬をつくるプロジェクトが進行中です。たとえば、糖尿病の治療に使われる「インスリン」というタンパク質は、人間の遺伝子を組み込んだ酵母の細胞によって大量につくられています。酵母には本来、人間が生きていくために必要なタンパク質をつくる能力はありません。しかし、遺伝子組み換えによって、人間に役に立つ物質（薬）をつくるようになるのです。このように、障害や病気を抱えている人たちの中には、遺伝子組み換え技術の成果を、「便利」を超えて「必要」としている人も多いのです。交配技術と遺伝子組み換え技術は、車の両輪としての役割を果たしていくことになるのではないでしょうか。

純粋なサイエンスが生活を豊かにしているという側面は、どの分野にもあると思います。研究者は常に「新しい技術が生まれた。こういうことを知る手がかりとしての可能性をもっている」ということを発信していくべきだと考えています。

一方で、やはり、技術で人を救う研究を推《お》し進めていかなければなりません。現に世界では、約8億もの人が栄養不足で困っているのです。それに、私たちの研究には、市民の税金が使われています。社会に還元できるような研究は必要不可欠でしょう。

「緑の革命」は、1960年代に差し迫っていた食糧の危機的状況を乗り越える大きな力となりました。それから約半世紀。いま、また私たちは、今後の食糧危機に対して、さらなる技術革新を必要としています。食物の生産性向上にかかわる遺伝子を探索し、従来の品種に導入していけば、さらなる増収が望めます。私たちの研究が、来《きた》る食糧危機を回避するための「第2の緑の革命」に少しでも寄与することを望みつつ、研究を進めていきます。

バイオテクノロジーにかぎらず、衣・食・住すべてにわたり、植物は私たちの生活を支えつづけてきました。人間を含めた動物は、生きていくかぎり、植物を頼りにしつづけていかなければならないのです。これからも、ずっと。

あとがき

お楽しみいただけたでしょうか。

本書は、植物とは何者なのか？　どんなふうにして彼らの姿はつくられているのか？　そういったことを中心テーマとして、10個の話題を選び、構成してみました。内容は、それぞれを専門とする日本人の現役植物科学者10名による語りからなっています。ですので、植物の話ばかりではなく、この日本で植物科学の第1線で活躍する研究者の人間的側面や、研究のおもしろさも読み取っていただけたのではないかと思います。

本書が生まれたきっかけは、ちょっと変わっています。順に紹介してみましょう。

日本の場合、私たち科学者の研究活動は、その多くが文部科学省や日本学術振興会といった機関から配分される科学研究補助金によって支えられています。すなわち科学研究は、大元をただせばみなさんの——そして私たち自身の——納税によって支えられているわけです。そういう大事なお金ですから、使いみちは慎重に考える必要があります。そのため何か科学研究をしたいと思った場合には、それぞれ我こそはという研究計画書を作成し、各自が適当と思われる補助金計画に応募する仕組みとなっています。するとそういう応募書類に対して、専門家の審査会が開かれ、そこでの審査結果によって、研究費の配分が決まるわけです。

本書の編者となっている「『植物の軸と情報』特定領域研究班」は、実はそうした競争的資金の1つ、特定領域研究という研究補助に支えられて活動していた共同研究体です。この計画では、植物の体の軸を決める仕組み（第1章で説明したあの軸です）や植物の体の中を流れている情報（たとえば、第3章で説明した「フロリゲン」のようなもの）を明らかにすることで、植物の体づくりに関して謎とされてきた、さまざまな課題を明らかにしようとしてきました。これはいま、世界的にも研究競争が激しい分野です。ここ十数年、日本人研究者もその第1線で成果を上げつづけていますが、超一流の研究水準を保つには、さらなる努力が必要です。そこでより優《すぐ》れた成果を上げるべく、共同研究体の計画を提案した結果、幸い、文部科学省からの認可を得て、この5年間、志を一にする多くの日本人研究者の集結のもと、研究を進めてきました。

その成果ですか？　うまくいきました。この5年間、このジャンルでは日本発の大発見が相次《あいつ》ぎ、めざましい研究の進展がありました。植物科学の世界において、日本人研究者の活躍ぶりは国際的にもさらに注目を集めるようになったのです。その点、当初の目的は十分達成できたと自負して良いと思います。

とはいえ、それだけでいいのでしょうか。もともと科学研究費補助金は、一流の科学研究の成果を上げることが最終目標ですから、確かに義務は充分果たしています。しかしこのせっかくの成果は、専門家の科学者に対してだけでなく、納税者である一般の方々にもできるだけわかりやすく、すみやかに伝えていく義務があるのではないかと、私たちは考えました。

でもどうやって?

私たち科学者も、文章はたくさん書いています。科学の成果は文章の形、つまり論文になってはじめて正式に認められることになっているため、年中、研究論文や総説といったものを書いているからです。そのうえ、研究費の申請や報告もありますから、ほぼ年中、研究についての解説文を書いていると言ってもよいでしょう。下手をすれば、寡作《かさく》な小説家よりもたくさん文章を書いているかもしれません。

しかし逆にそれが裏目に出て、私たちはなかなか一般の方々に向けた解説を書くだけの時間的ゆとりが得られません。現役の、第1線で活躍中の研究者ほど、そうした問題を抱えています。しかしいまここでお伝えしたいことは、せっかくみなさんの納税に支えられて得られた、発見されたばかりのほやほやの科学の成果であり、研究の現場からの息吹です。私たち自身が執筆に関与しないかぎり、世に伝えることができません。どうしたらいいでしょう。

本特定領域研究の代表者である福田裕穂さんが、よりによって私にこんな難題を持ち込んでこられたのは、ほぼ1年前のことでした。いままでに新書を何回か書いた経験を踏まえて、なんかアイデアを、というのです。難問です。しかしこの5年間、この特定領域のメンバーとして存分に研究をさせていただいてきた手前、むげに断るわけにもいきません。むしろ、ちょっとおもしろそうだなとも思いました。試してみたいことがあったからです。いま流行《はや》りの、サイエンスライティングの活動をここで活かしてみたいと思ったのです。

途中経過は省略します。本書はこんなふうにしてつくられました。

まず専門家以外の方々にもできるだけ広く読んでいただくために、手頃な選書か新書のスタイルを想定しました。そのうえで、本書の狙《ねら》いと構成案とを作成し、企画書を用意しました。そうして私たち自身ができることとできないことを整理したうえで、本書の刊行を引き受けてくださる出版社を探しました。ここに、1つ大きな条件がありました。出版のタイミングです。福田さんの意向として、この特定領域研究の5年間の集大成にすべく、2007年の春、研究計画の終結とともに出版したいということがあったのです。これは大きなハードルでしたが、幸い、以前に私のエッセイ集を担当してくださったことのある、朝日選書の赤岩なほみさんが快諾《かいだく》してくださいました。しかも編集部も乗り気だとのこと、心強く先に進むことといたしました。

つぎに書き手です。書き手については、本書の登場人物の1人である荒木崇さんから、サイテック・コミュニケーションズの古郡悦子さんを推薦する声が上がりました。荒木さん自身の研究について、以前、一般向け紹介記事を書かれたことのある方だということでした。正直な話、これは希有《けう》なことです。といいますのは、「サイエンスコミュニケーション」なる新しいカタカナ語が出回るようになって、ほんの数年。科学者との間の意思疎通の点でも、また文章力の点でも、取材された側が満足する例はまだあまり多くないからです。しかし荒木さんはご自身でもいい文章を書く人ですから、その荒木さんがほめる方ならきっと大丈夫でしょう。さっそく打診してみると、これまた快諾を得ました。ただし時間的制約から、お1人ではむずかしいということで、古郡さんの推薦により、同じグループで活動するサイエンスライターの方々や、早稲田大学大学院でサイエンスコミュニケーションを専攻する方々、あわせて6名の助力を得ることにいたしました。青山聖子さん、池田亜希子さん、漆原次郎さん、田中幹人さん、西村尚子さん、秦千里さんです。こうして編集態勢が正式発足したのは2006年9月のことでした。

ここからは疾風怒濤《しっぷうどとう》のごとき取材・執筆・編集でした。まず内容については、特定領域研究で活躍された多くの方々の中から、身近な話題に近い研究領域を扱ってこられた方を絞り込み、最終的に福田さんの指名により10名の取材先を選びました。花粉の受精から胚の発生、根や葉の形が決まる仕組み、枝分かれの理由や花が咲く仕組み、いろいろな姿の花がある理由と共生の話。そして私たち植物科学の成果が、いかに生活につながっていくべきかという応用の話。ご一読のとおり、本書を通読していただくだけで、植物の一生と植物科学の意味がわかる話題ばかりです。

そのうえでその方々に対し、1人1人書き手を割り当て、取材をしていただきました。研究の成果だけでなく、研究のおもしろさや現場の雰囲気も入れていただくことにしたのは、ご覧のとおりです。その後、しばらくして書き手の方から上がってきた原稿を、取材元であらためてチェックしていただきました。誤解や勘違いなどを正すためです。ですからもちろん、内容の科学的事項に関しては、全面的に編者の私たち『植物の軸と情報』特定領域研究班」が保証いたします。また校正段階になってからは、赤岩さんと私とでさらにチェックをしました。赤岩さんは、専門外の読者の身になっての表現のチェックを、私は大元の研究成果を知る立場としてのチェックを行ない、また、2人で、全体のスタイルの統一も心がけました。

実はいま、まさにその最後の確認をしているところです。通読してみるに、この試みはなかなかおもしろい、いいものだったなと思います。ほんの短い期間のうちに、現役の、第1線の植物科学の「いま」を伝える本ができたからです。これを端緒《たんしょ》として、今後、こうしたサイエンスライティングによる、科学と社会との橋渡しが、さらに発展し活発になっていけば、日本の科学の未来は明るいものとなるでしょう。科学立国を目指す日本の政策も、実現に近づくと期待されます。ぜひとも、こうした試みがよりいっそう活発になっていってほしいと思います。

最後に、お礼を。本書を実際に執筆された書き手のみなさん、取材にまた原稿の推敲《すいこう》に全面的に協力された研究班のみなさんにはたいへんお世話になりました。編集の途中から、夕刊編集部に移られつつも、最後まで本書の編集に力を注いでくださった赤岩さん、制作の実務を担当された菱沼陽子さんにも、感謝を申します。

しかし何よりも、植物科学に興味を抱いて、本書を最後まで読んでくださった読者のみなさんに、深く感謝の意を表したいと思います。最後に、これを機にどうかこれからも、植物科学の活動に関心をもっていただき、そして支えつづけてくださいますようお願いして、本書を閉じたいと思います。

2007年春

編者を代表して　塚谷　裕一

口絵説明

口絵 1
ボルネオの熱帯雨林。私たちを含め、地球上の生命は植物の光合成などのいとなみによって支えられている。植物はどんな仕組みで生きているのだろうか(2004年12月、撮影：塚谷裕一)

口絵 2
ヒャクニチソウの葉の細胞を培養してつくることのできるさまざまな細胞。しましま模様のあるものは、「道管」をつくる細胞に分化したことを意味する。第 8 章参照(提供：吉田彩子博士)

口絵 3
シロイヌナズナの雌しべの中を伸びる花粉管が、いま、胚嚢の中にある卵にたどり着こうとしている。花粉管がどうやって卵を見つけるかの仕組みが最近、急速に明らかになってきた。第 5 章参照(撮影：東山哲也)

口絵 4
マメ科のモデル植物・ミヤコグサの自生風景と花、そして根に着く根粒。根粒に共生するバクテリアの働きで空気中の窒素が肥料分になる。第 7 章参照(2007年 2 月、撮影：川口正代司)

口絵 5
稲作の将来の鍵を握るイネ *sd1* 変異体(左下の写真右側。左は野生株)と、それが育種された国際組織 IRRI のフィールド風景。第10章参照（2006年10月、撮影：芦苅基行)

口絵 6
根が枝分かれして、側根ができてくる様子。細胞全体を赤く染め、ある特定の細胞に特徴的な遺伝子が働く場所を緑に光らせると、下の写真のようにきれいなパターンが見える。第 6 章参照(撮影：深城英弘)

口絵 7
イネの花の形づくりの研究は、変異体の観察からはじまる。上の写真は実体顕微鏡像(左は野生型、右は *dl* 変異体)。下の写真は、走査電子顕微鏡像に、花の各器官に色をつけたもの。緑は雌しべ、黄色は雄しべ、紫は「りんぴ」(左から野生型、*osmads3* 変異体、*osmads58* 変異体)。第 4 章参照(提供：山口貴大博士)

口絵 8
京都に帰化した、野生状態のシロイヌナズナを連続撮影した。長い冬が終わり、花芽をつくりはじめ、いよいよ花茎を伸ばしていく。花を咲かせるホルモンが働き出したのである。第 3 章参照(2005年 2 月～ 3 月、撮影：荒木崇)

福田裕穂（ふくだ・ひろお）第８章担当

1953年生まれ。東京大学大学院理学系研究科教授。専門分野は植物の形づくり。1982年東京大学大学院理学系研究科博士課程修了。理学博士。大阪大学理学部助手，東北大学理学部助教授・教授を経て現職。途中ドイツ・マックスプランク育種学研究所に留学。著書：『生命科学』『理系総合のための生命科学』など。

森仁志（もり・ひとし）第９章担当

1957年生まれ。名古屋大学大学院生命農学研究科教授。専門分野は植物生理学。1987年名古屋大学大学院農学研究科博士課程後期課程満期退学。農学博士。明治乳業ヘルスサイエンス研究所研究員，基礎生物学研究所助手，名古屋大学大学院農学研究科助教授を経て現職。

●コーディネート——青山聖子・古郡悦子
（サイテック・コミュニケーションズ）

●取材・構成

第１章　植物と動物——秦千里

第２章　葉の形を決めるもの——秦千里

第３章　花を咲かせる仕組み——田中幹人

第５章　受精のメカニズムをとらえた！——田中幹人

第６章　根——池田亜希子

第７章　根における共生のいとなみ——古郡悦子

第９章　成長をつづけるためのしたたかな戦略——青山聖子

第10章　「第２の緑の革命」に向けて——漆原次郎

●協力

第４章　遺伝子の働きによる花の形づくり——西村尚子

第８章　４億年の歴史をもつ維管束——池田亜希子

●図版作成——鳥元真生

田坂昌生 (たさか・まさお) 第 1 章担当

1951年生まれ。奈良先端科学技術大学院大学バイオサイエンス研究科教授。専門分野は植物の体づくりや環境応答に関する研究。1980年京都大学大学院理学研究科博士課程修了。理学博士。カナダ・ヨーク大学などで博士研究員，基礎生物学研究所助手，京都大学理学部助教授を経て現職。論文：「重力を感じて植物が動く」(駒嶺穆編『植物が未来を拓く』所収)，「発芽以降の体づくりを決定する。」(『植物学がわかる。』所収)など。

塚谷裕一 (つかや・ひろかず) 第 2 章担当

1964年生まれ。東京大学大学院理学系研究科教授。自然科学研究機構基礎生物学研究所客員教授。専門分野は植物学。1993年東京大学大学院理学系研究科博士課程修了。博士(理学)。東京大学分子細胞生物学研究所助手，岡崎国立共同研究機構基礎生物学研究所助教授などを経て現職。著書：『植物の〈見かけ〉はどう決まる』『変わる植物学広がる植物学』『果物の文学誌』など。

東山哲也 (ひがしやま・てつや) 第 5 章担当

1971年生まれ。名古屋大学大学院理学研究科教授。専門分野は植物の生殖を中心とした細胞生物学。1999年東京大学大学院理学系研究科博士課程修了。博士(理学)。東京大学理学系研究科助手，ルイパスツール大学での研修を経て現職。論文：「トレニア」(『細胞工学』2002年12月号)，「受精のメカニズム」「体外受精」(『プラントミメティクス』所収)。

平野博之 (ひらの・ひろゆき) 第 4 章担当

1954年生まれ。東京大学大学院理学系研究科教授。専門分野は，発生遺伝学(植物の形づくり)。1983年名古屋大学大学院農学研究科博士課程修了。農学博士。国立遺伝学研究所助手，東京大学大学院農学生命科学研究科助教授を経て現職。

深城英弘 (ふかき・ひでひろ) 第 6 章担当

1969年生まれ。神戸大学大学院理学研究科准教授。専門分野は根の形づくりとオーキシン応答の仕組みに関する研究。1998年京都大学大学院理学研究科博士課程修了。博士(理学)。ニューヨーク大学博士研究員，奈良先端科学技術大学院大学バイオサイエンス研究科助手を経て現職。論文：「植物の重力感知システム」(『植物学がわかる。』所収)など。

[編者]

「植物の軸と情報」特定領域研究班
（しょくぶつのじくとじょうほうとくていりょういきけんきゅうはん）

植物の発生について先端的研究を行なうべく，文部科学省の支援のもと，平成13年に立ち上げられた科学研究班（平成18年度完了）。一見とらえどころのない植物の体にも，茎や根を縦に貫く軸や，葉の裏表や左右といった軸がある。このような軸をつくるうえでは，植物ホルモンなど細胞の間の情報のやりとりがあるのに違いない。この研究班ではそうしたアイデアのもと，「軸」と「情報」という２つの視点から植物の研究を進めてきた。研究代表は福田裕穂東京大学教授。現在までに参加した研究者は80名，いずれも世界的に著名な植物科学の研究者ばかりである。

[執筆者]
（50音順）

芦苅基行（あしかり・もとゆき）第10章担当

1969年生まれ。名古屋大学生物機能開発利用研究センター准教授。専門分野は植物遺伝学。九州大学大学院農学研究科博士課程修了。博士（農学）。名古屋大学生物分子応答研究センター助手を経て現職。

荒木崇（あらき・たかし）第３章担当

1963年生まれ。京都大学大学院生命科学研究科教授。専門分野は植物発生遺伝学。1992年東京大学大学院理学系研究科博士課程修了。博士（理学）。カリフォルニア大学サンディエゴ校博士研究員，京都大学大学院理学研究科助手，同助教授を経て現職。論文：「花を咲かせるしくみ」（『植物学がわかる。』所収）

川口正代司（かわぐち・まさよし）第７章担当

1961年生まれ。東京大学大学院理学系研究科准教授。専門分野は植物と微生物の共生に関する研究。1992年東京大学大学院理学系研究科博士課程修了。博士（理学）。東京大学教養学部助手，新潟大学理学部助教授を経て現職。論文：「ミヤコグサで解き明かす菌根・根粒共生系の分子基盤」（『蛋白質核酸酵素』2006年８月号）など。

朝日選書 821

植物の生存戦略

「じっとしているという知恵」に学ぶ

2007年 5 月25日　第 1 刷発行

編者　「植物の軸と情報」特定領域研究班

発行者　花井正和

発行所　朝日新聞社
〒104-8011　東京都中央区築地5-3-2
電話・03(3545)0131（代）
編集・書籍編集部　販売・出版販売部
振替・00190-0-155414

印刷所　大日本印刷

ISBN978-4-02-259921-6
定価はカバーに表示してあります。